中國高級會計師
考照實務

張禮虎 編著

財經錢線

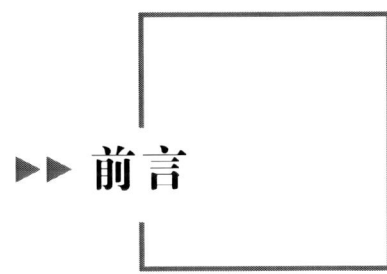

一、高級會計師考試簡介

中國會計專業技術職務分為三個級別：高級職務、中級職務和初級職務，高級職務包括高級會計師和正高級會計師，中級職務為會計師，初級職務為助理會計師。其中，高級會計師相當於高校系列的副教授，正高級會計師相當於教授。要達到會計職稱的最高級別，應取得正高級會計師資格。目前高級會計師採用考試加評審相結合的方式。考試有關情況如下：

（一）考試分數和合格線

全卷考試總分數120分，其中企業部分90分，行政事業單位部分30分。全國合格分數線一般為60分，三年有效；各省有省線，一般在55分以上，一年有效，具體以當地的政策為準。

（二）考試題型

考試為開卷考試，計算機作答，題型為案例分析題，9個案例題中必答題為1~7題，選答題為8~9題，兩道題中選答1題。2018年考試內容如下：

案例一（15分）：第一章的公司總體戰略；第二章的企業投資決策評價指標、外部融資和最優資本結構、財務公司的業務範圍。

案例二（10分）：第三章的企業預算目標、預算編製、預算控制、預算調整；第四章的經濟增加值法。

案例三（10分）：第五章的企業風險管理，包括風險分類、風險評估、風險對策和風險管理流程。

案例四（15分）：第六章的企業內部控制，包括商業擔保業務、重大研究開發項目的內部控制及會計師事務所的內部控制審計。

案例五（10分）：第七章的企業成本管理，包括標準成本法的成本差異分析、作業成本法的增值作業和非增值作業、目標成本法的主要優點。

案例六（10分）：第九章的金融工具會計，包括金融資產和金融負債的分類、金融資產減值和套期保值。

案例七（10分）：第十章的行政事業單位的預算結餘、預算績效管理和政府採購。

案例八（20分）：第八章的企業合併會計，包括同一控制下的企業合併和非同一控制下的企業合併。

案例九（20分）：第十章的行政事業單位，包括預算管理、政府採購、國有資產管理、會計制度和內部控制。

（三）考試特點

（1）考試時間長：考試時間為210分鐘，既考腦力，又費體力，考生需要健康的身體和堅強的毅力。

（2）題量大：閱讀量和答案字數合計近2萬字，平均每分鐘達90多字，很多同學不能在規定的時間內完成試卷。

（3）考點細：不少題目不僅要回答正確與否，還要說明理由。

（4）難度適中：鑒於應考人員多為中老年同志，靈敏度有所減退，總體難度適中。

（5）綜合性強：跨章節組合逐漸增加，財務管理和會計業務組合越來越緊密。2015年案例七綜合了第八章和第九章的可轉換債券、合營安排、合併範圍、套期保值等內容。2017年案例八綜合了第八章和第九章的內容。2018年案例一綜合了第一章公司戰略和第二章的投融資決策，案例二綜合了第三章預算管理和第四章的業績評價。

（四）考試對策

（1）聽：俗話講，「聽君一席話，勝讀十年書」。最好能夠認真聆聽有豐富實戰經驗的老師講課，做好筆記，深入領會。

（2）讀：「讀書百遍，其義自見。」如果不熟讀輔導教材，考試時，有可能翻書都不知道在哪裡尋找。

（3）研：認真研究歷年考題，掌握命題規律和答題要求。

（4）補：補充相關知識，增加對大綱和輔導教材的理解。

（5）練：常言道，「只要功夫下得深，鐵杵磨成繡花針」。只有勤加練習，方能熟能生巧。

二、作者簡介

張禮虎，男，高級會計師、註冊會計師，歷任機關和大中型企事業單位財務負責人，從事中級會計師、高級會計師、註冊會計師考試培訓20餘年，具有豐富的實踐經驗和深厚的理論基礎。

三、本書簡介

《高級會計師實務》是作者專為參加高級會計師中國統一考試的考生編寫的一部輔導用書，是作者多年教學經驗和實戰經驗的結晶。該書緊扣考試大綱，深入淺出、案例翔實、善於歸納、畫龍點睛，被學員稱為「學習的良師」和「應試的寶典」。

全書主要內容包括三部分：

（1）前言：主要介紹考試特點、考試對策和學習方法。

（2）主體部分：一共包括十章內容，第一章（企業戰略與財務戰略），第二章（企業投資、融資決策和集團資金管理），第三章（企業全面預算管理），第四章（企業績效評價），第五章（企業風險管理），第六章（企業內部控制），第七章（企業成本管理），第八章（企業併購），第九章（金融工具會計），第十章（行政事業單位預算管理、會計處理與內部控制）。主要內容有知識精講、復習重點、同步案例題。

（3）公式總結：便於學員總復習和開卷考試查閱。

編著者

目錄

1 / 第一章　企業戰略與財務戰略

18 / 第二章　企業投資、融資決策和集團資金管理

51 / 第三章　企業全面預算管理

69 / 第四章　企業績效評價

81 / 第五章　企業風險管理

90 / 第六章　企業內部控制

126/ 第七章　企業成本管理

147/ 第八章　企業併購

185/ 第九章　金融工具會計

233/ 第十章　行政事業單位預算管理、會計處理與內部控制

301/ 參考文獻

302/ 附錄　全書計算公式總覽

第一章 企業戰略與財務戰略

【知識精講】

第一節　戰略管理的基礎

一、戰略與戰術

戰略來自希臘軍事用語，戰爭講策略，大策略叫戰略，小策略叫戰術。

戰略針對全局問題、長期問題、基本問題；戰術針對局部問題、短期問題、具體問題。

(一) 成功的戰略

【例1】孫子兵法

全勝戰略思想：夫用兵之法，全國為上，破國次之；全軍為上，破軍次之；……不戰而屈人之兵，善之善者也。

戰術：故上兵伐謀，其次伐交，其次伐兵，其下攻城。……故用兵之法，十則圍之，五則攻之，倍則分之，敵則能戰之，少則能逃之……

【例2】毛澤東的戰略戰術

毛澤東在《論持久戰》一文中總結了抗日戰爭的戰略與戰術。戰略上：反駁「速勝論」和「亡國論」，提出「持久戰」戰略，即經歷戰略防禦、戰略相持、戰略反攻三個階段，中國最終戰勝日寇。戰術上：運用殲滅戰、消耗戰、運動戰、陣地戰和遊擊戰等，極大地消滅敵人的有生力量。

【例3】鄧小平的「三步走」戰略

鄧小平作為中國改革開放的總設計師，設想了著名的「三步走」戰略：第一步，實現國民生產總值比1980年翻一番，解決人民的溫飽問題；第二步，到20世紀末，使國民生產總值再增長一倍，人民生活達到小康水準；第三步，到21世紀中葉，人均國民生產總值達到中等發達國家水準，人民生活比較富裕，基本實現現代化。

黨的十九大報告指出，前兩個目標已經提前實現，現在已經進入全面建成小康社會的決勝期，以及從黨的十九大到黨的二十大「兩個一百年」奮鬥目標的歷史交匯期。

【例4】比爾·蓋茨的戰略

比爾·蓋茨19歲創立微軟企業時，他的外祖父給他100萬美元創業資金，他從兩個人小本經營發展到擁有兩萬名雇員、年銷售超過60億美元以及個人財富達560億美元的頂峰，靠的是宏偉的戰略目標及發展戰略規劃。

1. 戰略目標

針對IBM巨型電腦一統天下的局面，比爾·蓋茨提出「我們的目標是讓每一個辦公桌上以及每個家庭都擁有計算機」，取名「微軟」，即微型電腦軟件。

2. 戰略規劃

（1）主營業務突出戰略：只做軟件不做其他。

（2）不斷創新戰略：為了防止競爭對手趕上自己，不斷更換產品，平均每2~3年就推出一款新軟件，從最初的Windows 1.0到大家熟知的Windows 95、Windows 98、Windows 2000、Windows 7、Windows 10等。

（二）失敗的戰略

【例5】北宋梁山泊英雄宋江起義，挑起「替天行道」大旗，殺富濟貧，多次挫敗官軍圍剿，後來實行「招安」投降戰略，導致起義失敗，眾英雄魂斷蓼兒窪。

【例6】二戰時期，希特勒喪心病狂，撕毀「蘇德互不侵犯條約」大舉侵略蘇聯，最終導致慘敗。日本偷襲珍珠港，美國被迫宣戰，最後投下兩顆原子彈，日本投降。

二、戰略管理要素

（1）產品與市場：「沒有產品就沒有企業」，產品是形象、是生命力，如格力空調、華為手機。

（2）成長方向：專業化方向和多元化方向。

（3）競爭優勢：突出核心競爭力。

（4）協同效應：包括經營協同效應、管理協同效應、財務協同效應等，取得「1+1>2」的效應。

三、企業戰略管理體系

（一）公司戰略體系

公司戰略體系包括四個層次，具體如表1-1所示。

表1-1　公司戰略體系

第一層次	第二層次	第三層次	第四層次		
公司戰略	（1）成長型戰略	（1）密集型戰略	市場滲透戰略	市場開發戰略	產品開發戰略
		（2）一體化戰略	橫向一體化	縱向一體化	
		（3）多元化戰略	相關多元化	不相關多元化	

表1-1(續)

第一層次	第二層次	第三層次	第四層次		
公司戰略	(2) 穩定型戰略	(1) 無增戰略	—	—	—
		(2) 維持利潤戰略	—	—	—
		(3) 暫停戰略	—	—	—
		(4) 謹慎實施戰略	—	—	—
	(3) 收縮型戰略	(1) 扭轉戰略	—	—	—
		(2) 放棄戰略	—	—	—

(二) 經營戰略體系

經營戰略體系包括三個層次，具體如表1-2所示。

表1-2 經營戰略體系

第一層次	第二層次	第三層次
經營戰略	(1) 成本領先戰略	(1) 簡化產品型成本領先戰略
		(2) 改進設計型成本領先戰略
		(3) 材料節約型成本領先戰略
		(4) 人工費用降低型成本領先戰略
		(5) 生產創新及自動化型成本領先戰略
	(2) 差異化戰略	(1) 產品差異化戰略
		(2) 服務差異化戰略
		(3) 人事差異化戰略
		(4) 形象差異化戰略
	(3) 集中化戰略	(1) 單純集中化
		(2) 成本集中化
		(3) 差別集中化
		(4) 業務集中化

(三) 職能戰略體系

職能戰略體系包括兩個層次，具體如表1-3所示。

表1-3 職能戰略體系

第一層次	第二層次
職能戰略	(1) 市場營銷戰略
	(2) 研究與開發戰略
	(3) 生產戰略
	(4) 人力資源戰略
	(5) 財務戰略

四、戰略管理程序

戰略管理程序如下：
(1) 戰略分析：包括外部環境分析、內部環境分析。
(2) 戰略制定：包括公司戰略、經營戰略、職能戰略。
(3) 戰略實施：包括戰略實施模式、戰略實施支持系統。
(4) 戰略控制：包括管理控制程序、管理控制模式。
(5) 戰略評價：包括事前、事中、事後的評價。
(6) 戰略調整：比如李嘉誠撤資轉投英國。

五、戰略分析

（一）外部環境分析（11個）

1. 宏觀環境的分析（6個：PESTEL）
(1) 政治環境的分析。
【例7】甲公司併購澳大利亞鋁礦企業，必須分析當地政府的政治干預，制定對策，比如參股當地公司或合作等。同理，目前中國政府對外國企業併購中國公司進行安全審查，也是政治和法律環境的體現。
(2) 經濟環境的分析：經濟結構、經濟增長率、財政和貨幣政策、能源和運輸成本等。
【例8】以前引進外資入西部成績並不理想，原因在於產業不配套。比如引入葡萄酒加工企業，結果當地不種植葡萄，種麥了、高粱等，別人就不來。
(3) 社會環境因素。
【例9】水電五局在非洲的項目遭遇的情況與中國截然不同：中國的上班族通常是「做五休二」，即一週工作五天，休息兩天；而非洲人是領完工資先消費、狂歡，直到花完再來上班，所以中國人投標非洲項目一定要注意社會文化、風俗習慣等環境因素。
(4) 技術環境因素：如人工智能技術。
(5) 生態環境：如環境污染。
(6) 法律環境：如大陸法系、英美法系環境。

2. 行業環境分析（2個）
(1) 行業競爭程度的分析：第一，現有企業之間的競爭；第二，新加入企業之間的競爭；第三，替代產品或服務的威脅。
(2) 市場議價能力：第一，對供應商的議價能力；第二，對客戶的議價能力。
【例10】邁克爾·波特的「五力模型」包括五大競爭力量，決定了產業的盈利性。以羅莎蛋糕製作銷售為例：
(1) 行業新進入者的威脅：安德魯森蛋糕。
(2) 供應商的議價能力：麵粉、雞蛋、牛奶供應商。
(3) 購買商的議價能力：VIP客戶和普通客戶。
(4) 替代產品的威脅：如月餅等。
(5) 同業競爭者的強度：同一街區蛋糕房的分佈密度和競爭強度。

3. 經營環境的分析（5個）

（1）競爭對手的分析：「知己知彼，百戰不殆。」華為、中興是一對競爭對手，彼此分析對手；為迎戰「石佛」李昌鎬，中國棋手共同分析其下棋的特點和規律。

（2）競爭性定位的分析：如戰略群組分析。

（3）消費者分析：如消費者偏好分析。

（4）融資者分析：如資金成本的承受力分析。

（5）勞動力市場分析：建立工廠後存在「招工難、用工荒」問題，就是對勞動力分析不足。

（二）內部環境分析

（1）企業資源分析：包括有形資源、無形資源、組織資源等。有形資源如高速公路網絡；無形資源如馳名商標；組織資源如強大的「統一戰線」。

（2）企業能力分析：研發能力、生產管理能力、營銷能力、財務能力和組織管理能力。

（3）企業核心競爭力。

【例11】核心競爭力舉例：

（1）重慶棒棒軍：體力。

（2）車工、焊工：技術。比如倪志福鑽頭。

（3）專家、科學家：研究能力。

（4）美國稱霸世界的核心競爭力：科技、石油能源、軍事能力、美元的世界貨幣地位。

六、戰略制定和選擇

【注意】就本質而言，戰略制定過程也是戰略選擇過程。

【歸納】掌握戰略選擇的類型：

（1）從戰略層級上看有公司戰略選擇、事業部戰略選擇、職能戰略選擇三種類型。

（2）按照發展思路有內部發展戰略、併購戰略、聯合發展和戰略聯盟三種類型。

七、戰略實施

（一）實施模式

（1）指揮型模式：高層制定，下級執行。這種模式的缺點是把制定者和執行者分開，下級缺乏積極性。

（2）變革型模式：改良和改革性。這種模式的缺點是環境不確定性的企業難以採用。

（3）合作性型模式：高層和經營班子合作性。這種模式的缺點是作為不同目的和觀點的參與者互相折中協商的產物，會使戰略的經濟合理性有所降低。

（4）文化型模式：企業總經理運用企業文化的手段，不斷向全體成員灌輸戰略思想。這種模式的缺點：這種模式是建立在企業職工都是有學識的假設基礎上的，在實踐中，受職工文化程度及素質的限制，該模式缺乏可操作性。

【例12】不同的組織環境有不同的文化。①學校：以理服人。②機關：以權管人。③宗族：尊長服人。④暴力組織：以勢壓人。

【例13】如果讓一個博士去當村主任，他不一定能當得好。原因在於：村民不一定能夠接受他的文化和價值觀。相反，從當地選拔能力較強的村民當村主任，他可能治理得井井有條。

(5) 增長型模式：激勵下屬發揮創造精神。

(二) 戰略支持系統

(1) 組織支持系統：是基礎和關鍵。

【例14】毛澤東同志說：「政治路線確定之後，幹部就是決定的因素。」

(2) 資源支持系統：時間、信息、人力、財務、技術等資源。

(3) 管理支持系統：管理的理念、制度和企業文化。

八、戰略控制

(一) 層次

(1) 廣義的含義：戰略控制包括戰略制定控制、管理控制、作業控制。

(2) 狹義的含義：戰略控制僅指管理控制。

(二) 管理控制的程序

(1) 戰略目標分解：通過業務戰略體系完成。

(2) 控制標準制定：通過全面預算體系完成。

(3) 內部控制報告：通過管理報告體系和內部審計體系完成。

(4) 經營業績評價：通過業績評價體系完成。

(5) 管理者報酬：通過經理人考核體系實現。

(三) 管理模式

1. 四種模式的比較（見表1-4）

表1-4 四種模式的比較

控制模式	控制特徵	控制目標	控制優勢	控制障礙	控制環境
制度控制	規則	正確做事	規則明確、易於操作	缺乏量化和能動性	管理基礎與環境較差
預算控制	過程	完成任務	量化目標及時調控	缺乏變化和能動性	管理基礎與環境較好
評價控制	目標	挖掘潛能	突出結果、鼓勵進取	缺少過程調控和環境	管理基礎和環境良好
激勵控制	利益	創造財富	利益相關、隨機應變	缺少相應環境和相應條件	管理基礎和環境優秀

2. 四種模式的關係

(1) 各具特色，各有區別。

(2) 既獨立又統一。

(3) 具有完整性和靈活性。

(4) 具有層次性和適用性。

第二節　公司戰略

一、公司戰略的類型

(一) 成長型戰略

1. 密集型戰略

密集型戰略是指企業充分利用現有產品或服務的潛力，強化其競爭地位的戰略。

【例15】（2018年考試題）甲公司是一家集成電路製造類的國有控股集團公司，總經理發言稱：「……要秉承『從管理效率提升中求生存，從產品研發和創新中謀發展』的企業文化，不斷鞏固和強化公司現有產品的競爭優勢，實現公司快速增長。」

要求：判斷總經理發言所體現的公司總體戰略的具體類型，並指出甲公司是否符合該戰略的適用條件。

【解析】總經理發言所體現的公司總體戰略屬於成長型戰略中的密集型戰略。甲公司符合該戰略的適用條件。

密集型戰略具體包括以下三種類型：

（1）市場滲透戰略：提高現有顧客的使用頻率，吸引競爭對手的顧客和潛在顧客購買現有產品。

【例16】彩電的推銷：城市居民人均達到兩臺彩電，客廳和臥室分別放一個。

（2）市場開發戰略：將現有產品打入新市場。比如彩電下鄉、汽車下鄉。

（3）產品開發戰略：改進和改變產品或服務以增加產品銷售量的戰略。比如手機增加功能、改變款式等。

【例17】（2015年考試題）甲公司召開總經理辦公會，提出要貫徹落實董事會制定的「國際業務優先發展」為主導的密集型戰略，公司積極回應國家「一帶一路」倡議，在「一帶一路」沿線國家（包括已經開展業務和尚未開展業務的國家）爭取更多業務訂單，一方面提高現有產品與服務在現有市場的佔有率，另一方面以現有產品與服務積極搶占新的國別市場。

要求：指出甲公司採取的密集型戰略的具體類型，並說明理由。

【解析】甲公司採取的密集型戰略類型有：市場滲透型和市場開發型。其中，提高現有產品和服務的市場佔有率為市場滲透型戰略；提高現有產品與服務打入新國別市場屬於市場開發型戰略。

2. 一體化戰略

（1）橫向一體化：該戰略的特徵是適度壟斷，併購競爭對手。其具體方式包括購買、合併、聯合。

（2）縱向一體化：該戰略包括後向一體化（併購上游企業）、前向一體化（併購下游企業）。

【例18】某化學工業公司向石油冶煉、採油擴展，屬於後向一體化；向塑料製品、人造纖維擴展，屬於前向一體化。

3. 多元化戰略

（1）相關多元化：在技術、工藝、業務、產品等方面具有共同或相近的特點。如，肥皂廠開發洗衣粉、洗衣液等產品。

（2）不相關多元化：跨行業發展。

【例19】史玉柱從電子行業跨到房地產、保健品、網絡游戲等行業，屬於不相關多元化。

（二）穩定戰略

（1）無增戰略：除每年按照通貨膨脹率調整其目標外，其他暫時保持不變。

（2）維持利潤戰略：利潤不變。

（3）暫停戰略：在一定時間內降低企業的目標和發展速度，積蓄能量。

（4）謹慎實施戰略：步步為營。比如，先在上海試行自貿區，然後向全國推廣。

（三）收縮戰略

（1）扭轉戰略：轉向。比如史玉柱在巨人大廈崩潰後，轉入腦黃金、腦白金的生產銷售和游戲產業。

（2）放棄戰略：企業賣掉下屬某個經營單位或主要部門。例如，李嘉誠賣掉中國的房地產轉入投資英國公用事業。

二、公司戰略選擇的條件

公司戰略選擇的條件見表1-5。

表1-5 公司戰略選擇的條件

項目	成長戰略	穩定戰略	收縮戰略
條件1	與宏觀經濟景氣和產業經濟狀況相適應	行業穩定、外部環境波動小	經濟衰退
條件2	合法、合規	資源不足	經營失誤，保存實力
條件3	與可獲取的資源相適應	擔心政府干預	尋找更有利的發展機會
條件4	企業文化支撐	管理難度和成本增加	—

第三節 經營戰略與職能戰略

一、經營戰略

（一）成本領先戰略

成本領先戰略是指企業的成本低於競爭對手，甚至在同行業中最低。

（1）簡化產品型：汽車將豪華型改為基本型，智能手機改為老年人手機。

（2）改進設計型：將鋼結構改為磚混結構。

（3）材料節約型：用紙杯代替瓷杯。

（4）人工費節約型：臺灣企業富士康從國內轉移到東南亞國家，是為了獲取更加廉價的勞動力。

（5）生產創新和自動化型：如智能停車場系統、自選超市等。

（二）差異化戰略

（1）產品差異化：方便面和方便飯的差異。

（2）服務差異化：自行取貨與送貨上門的差異。

（3）人事差異化：市場化招聘和組織任命制的差異。

（4）形象差異化：加多寶和王老吉在標誌上的差異。

（三）集中化戰略

1. 按照集中化的類型分類

按照集中化的類型其可分為產品集中化、顧客集中化、地區集中化等。

2. 按照集中化的實施方法分類

（1）單純集中化：選擇一種產品或技術或服務。如肯德基專門經營炸雞。

（2）成本集中化：為低成本需求的特定顧客服務。比如為工地送盒飯。

（3）差別集中化：針對肥胖人群定制寬鬆休閒的衣服。

（4）業務集中化：比如，春秋航空公司專為「草根群眾」服務。

二、職能戰略

（一）研發戰略

（1）進攻型戰略：比如，比爾・蓋茨不斷地創新操作系統。

（2）防禦型戰略：仿製或模仿別人的做法，如山寨手機。

（3）技術引進型戰略：購買別人的專利技術。

（4）部分市場戰略：為特定大企業服務，比如美國安達信事務所專為安然公司服務。

（二）生產戰略

（1）降成本：河北邯鄲鋼鐵廠控制成本，精確到每個車間用幾把笤帚。

（2）提質量：質量是生命，如德國西門子追求質量卓越。

（3）搶時間：縮短產品的開發週期和製造週期。比如成都荷花池市場的服裝製造。

（三）營銷戰略

營銷戰略是指對企業市場營銷目標、產品和市場定位、營銷策略及其組合的總體謀劃。

（四）財務戰略

財務戰略是指謀求企業資本的合理配置與有效利用，提高資本營運效率，增強企業競爭優勢的職能戰略。財務戰略包括投資戰略、融資戰略和分配戰略三個部分。

（五）人力資源戰略

人力資源戰略是指企業為了實現戰略目標，在人力資源規劃、招聘與選拔、績效考核、薪酬福利、培訓和發展等各個方面制定並實施的全局性、長期性的思路和謀劃。

三、業務組合管理模型

（一）波士頓矩陣

1. 矩陣圖示（見圖1-1）

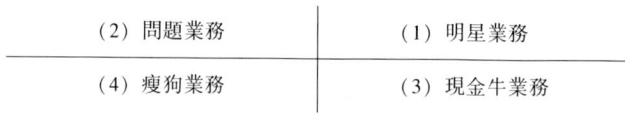

圖1-1　波士頓矩陣圖示

2. 特點

（1）明星業務：高增長、強競爭地位。企業應該進行資源傾斜。

（2）問題業務：高增長、低競爭地位，處於最差的現金流量狀態。對問題業務企業需要進一步分析。

（3）現金牛業務：低增長、強競爭地位，處於成熟的低速增長市場，市場地位有利、盈利率高，而且能為企業帶來大量的現金，用以支持其他業務發展。

（4）瘦狗業務：低增長、弱競爭地位，處於飽和的市場之中，競爭激烈，盈利率低，不能成為現金來源。企業的瘦狗業務若能自我維持，則應該收縮經營範圍；若是難以為繼，則應該果斷清理。

（二）SWOT模型

SWOT模型如圖1-2所示。

象限（1）：具有很好的內部條件和眾多的外部機會，企業應該採取擴張戰略。

象限（2）：面臨巨大的外部機會，卻受到內部劣勢的限制，企業應該採取轉型戰略。

象限（3）：存在內部劣勢和外部強大的威脅，企業應該採取防禦戰略。

象限（4）：具有一定的內部優勢，企業應該在多元化經營方面尋求長期發展機會。

圖1-2　SWOT模型

【例題20】（2017年考試題）甲公司為一家境內上市的集團公司，主要從事基礎設施建設、設計及裝備製造等業務，正實施從承包商、建築商向投資商、營運商的戰略轉型。2017年一季度末，甲公司召開由中高層管理人員參加的公司戰略規劃研討會。有關人員發言要點如下：

（1）投資部經理：近年來，公司積極謀求業務轉型，由單一的基礎設施工程建設向包括基礎設施工程、生態環保和旅遊開發建設等在內的相關多元化投資領域擴展。在投資業務推動下，公司經營規模逐年攀升，2014年至2016年年均營業收入增長率為

10.91%，而同期同行業年均營業收入增長率為7%。預計未來五年內，中國基礎設施工程和生態環保類投資規模仍將保持較高的增速，公司處於重要發展機遇期。在此形勢下，公司應繼續擴大投資規模。投資部經理建議2017年營業收入增長率調高至12%。

（2）營運部經理：考慮到當前全球經濟增長乏力，海外建築市場面臨諸多不確定因素，加之公司國際承包項目管理相對粗放，且已相繼出現多個虧損項目，公司應在合理控制海外項目投標節奏的同時，果斷採取措施強化海外項目的風險管理。營運部經理建議2017年營業收入增長率調低至8%。

要求：根據發言要點（1）和（2），結合SWOT模型，指出甲公司的優勢、劣勢、機會和威脅。

【解析】①優勢：公司積極謀求業務轉型，由單一基礎設施工程建設向多元化投資領域擴展。經營規模逐年攀升，近三年年均營業收入增長率高於同期同行業。②劣勢：公司國際承包項目管理相對粗放，且已相繼出現多個虧損項目。③機會：未來五年內，中國基礎設施工程和生態環保類投資規模仍將保持較高的增速。④威脅：當前全球經濟增長乏力，海外建築市場面臨諸多不確定因素。

第四節　財務戰略

一、財務戰略目標

財務戰略目標是指通過資本的配置與使用為企業創造價值並實現價值最大化。通俗地講，財務戰略目標即通過資金的運籌賺錢。

二、財務戰略的分類

（一）擴張型財務戰略（進攻型財務戰略）

（1）特點：公司對外投資規模不斷擴大，現金流出量不斷增多，資產報酬率下降，債務負擔增加。

（2）典型案例：成功的有日本松下公司和中國的海爾集團；失敗的有韓國大宇公司和中國的巨人集團。

【例21】1967年由金宇中創建的韓國大宇集團，初創時主要從事勞動密集型產品的生產和出口，20世紀70年代側重發展化學工業，80年代後向汽車、電子和重工業領域投資，並參與國外資源的開發，經營範圍包括外貿、造船、重型裝備、汽車、電子、通信、建築、化工、金融等，有系列公司29個，國外分公司30多個。大宇集團曾經為僅次於現代集團的韓國第二大企業，世界20家大企業之一，資產達650億美元。在韓國一代人的心目中，金宇中及大宇集團是韓國的象徵。

然而，讓大宇帝國倒塌的，是金宇中的冒險。從1993年起，大宇集團大量舉債，在110個國家雇用了32萬多名雇員，業務擴展到幾乎所有產品行業，包括利潤率很低的釀酒業。1997年亞洲爆發了金融危機，外國銀行和機構投資者開始撤走資金，大

宇集團的籌資狀況趨向惡化。其高負債率對集團造成了巨額債務負擔，加上盈利的減少又造成股價的下降，投資遭受巨大的打擊，大宇的債務危機隨之全面爆發。1999年，負債800億美元的大宇宣告破產，一個輝煌的企業帝國就這樣灰飛煙滅。金宇中則在某一天神祕地出走國外，直到2005年，他才結束6年逃亡生涯回國自首謝罪。

（二）穩健型財務戰略（平衡型財務戰略）

（1）特點：充分利用現有資源，對外集中競爭優勢，兼有戰略防禦和戰略進攻的雙重特點。

（2）典型案例：日本佳能公司。

【例22】日本佳能公司是生產影像產品和信息化產品的跨國集團。其主要產品包括照相、傳真機、複印機等辦公產品，個人產品以及醫藥工業設備等，在世界擁有200多家子公司，僱員達93,000多人。它不斷地加強其在精密機器、精密光學、微電子與激光領域的核心技術能力，從而使其產品在激烈的市場競爭中立於不敗之地。

（三）防禦型戰略（收縮型財務戰略）

（1）特點：一般是盡可能減少現金流出、增加現金流入，盤活存量資產，公司規模迅速縮小，現金流入量迅速增加，資產報酬率提高，債務負擔減輕。

（2）典型案例：美國克萊斯勒公司和TCL公司出售非核心的業務。

【例23】艾柯卡，22歲以推銷員的身分加入福特公司，25歲成為地區銷售經理，38歲成為福特公司副總裁兼總經理，46歲升為公司總裁。他創下了空前的汽車銷售紀錄，公司獲得了數十億美元的利潤，從而成為汽車界的風雲人物。54歲被亨利·福特二世解雇，同年以總裁身分加入瀕臨破產的克萊斯勒公司。六年後，他創下了24億美元的盈利紀錄，比克萊斯勒此前60年的利潤總和還要多。艾柯卡由此成為美國家喻戶曉的大人物，美國人心目中的英雄。

可是，當初克萊斯勒公司的狀況比他預料的還糟。克萊斯勒的員工長期以來一直很鋪張浪費，講究奢侈。由於前任的無能，公司幾乎處於癱瘓狀態，紀律鬆弛，35位副總裁各霸一方，互不通氣；財務混亂，現金短缺；產品粗製濫造，積壓嚴重。就在艾柯卡上任當天，該公司宣布連續3個季度的虧損達1.6億美元。在公司處於生死存亡的關鍵時刻，艾柯卡沒有氣餒，更不想退縮，而是深入員工中調查研究，認真分析國內外汽車市場的發展趨勢。為了拯救克萊斯勒，確保65萬名員工的工作和生活，他沒有簡單地裁員，而是決定以緊縮開支為突破口，提出了「共同犧牲」的大政方針。艾柯卡從自己做起，把36萬美元的年薪降為1美元，與此同時，全體員工的年薪也減少了125倍。

「要想渡過難關，克萊斯勒人流出的血必須一樣多。如果有人光等待別人為他付出，自己卻袖手旁觀，那就會一無所有。」他強調道：「作為企業的領導，最重要的一點就是身先士卒，做出樣子。這樣員工的眼睛都看著你，大家都會模仿你。」

老總的表率作用是最好的動員令。從各級領導到普通員工，漸漸地達成共識，大家毫無怨言，心甘情願地勒緊褲腰帶。「共同犧牲」給克萊斯勒公司帶來了生機，使廣大員工看到了希望。

艾柯卡率領高層領導班子對營銷、信貸、財務、計劃和人事等部門進行整頓改革，積極扶持新產品的開發，花大力氣抓生產製造。1982年，「道奇400」新型敞篷車先聲奪人，暢銷市場，多年來第一次使克萊斯勒公司走在其他公司前面。K型車面市，也

一下子占領小型車市場的20%以上。

艾柯卡曾經說過——「齊心協力可以移山填海」。1983年8月15日，艾柯卡把他生平僅見的面額高達8億1,348萬多美元的支票，交到銀行代表手裡。至此，克萊斯勒還清了所有債務。而恰恰是5年前的這一天，亨利·福特開除了他。

三、財務戰略的選擇

任何事物都有其自身發展的客觀規律，我們只有遵循了客觀規律，才能取得成功。企業財務戰略的選擇必然要順應經濟週期的波動和企業發展階段的特點。

（一）基於經濟週期的財務戰略選擇
（1）經濟復甦階段：穩定或擴張型財務戰略。
（2）經濟繁榮階段：擴張和穩健相結合的財務戰略。
（3）經濟衰退階段：採用防禦收縮型戰略和擴張性相承接的戰略。
（二）基於企業發展階段的財務戰略選擇
（1）初創期：穩定或擴張型財務戰略。
（2）成長期：擴張型財務戰略。
（3）成熟期：採用穩健型財務戰略。
（4）衰退期：採用防禦型財務戰略。

四、投資戰略

（一）投資戰略的原則
（1）集中性原則：有限資金集中投放。
【例24】巴菲特講：把雞蛋放在不同的籃子裡這種分散投資的做法其實是一種很無知的表現，我們應當向馬克·吐溫先生說的那樣做，應當把所有雞蛋放在同一個籃子裡，然後小心看好這個籃子。
（2）適度性原則：投資適時，規模適量，風險可控。
（3）權變性原則：靈活調整。
【例25】關於「炒」的演變：成都市場20多年來演繹各種「炒」的熱潮；從炒蘭草、炒西施犬、炒股票，到炒房地產、炒生姜、炒大蒜，直到今天的炒黃金、炒基金、炒字畫、古董，等等，不停變化投資的品種，令人眼花繚亂。一些聰明的投資人，由於踏準了這些投資「風口」，獲得了巨額財富。
（4）協同性原則：合理搭配，產生協同效益。
【例26】有人理財講求「3個1/3原則」：1/3吃飯；1/3儲蓄；1/3用於投資，力求效益總和最大。
（二）投資戰略的選擇
1. 直接投資戰略的選擇
（1）提高規模經濟的投資戰略：如「共享單車」一次性投資上百億元，覆蓋全國各大中城市，形成規模效應。
（2）提高技術進步的投資戰略：如中國搞「兩彈一星」。

（3）提高資源配置的投資戰略：如四川省國企改革中推進「文化旅遊資源整合」，組建四川文旅投資集團。
（4）盤活資產存量的投資戰略：如通過兼併、重組盤活老國企的存量土地資源。
2. 間接投資戰略的選擇
間接投資戰略的選擇包括證券投資、證券組合投資等。
3. 投資時機戰略的選擇
（1）投資側重於初創期，兼顧成長期和成熟期。
（2）投資側重於成長期和成熟期，幾乎放棄初創期和衰退期。
（3）投資側重於初創期和成長期而且放棄成熟期、衰退期。
4. 投資期限的戰略選擇
（1）長期投資戰略：如李嘉誠善於長期投資，有時長達數十年的等待和觀察。
（2）短期投資戰略：如「資本大鱷」索羅斯，善於突然襲擊。
（3）投資組合戰略：多元化發展，但是必須有資源支持。

五、融資戰略

（一）融資戰略的原則

1. 低成本原則
2. 規模適度原則
3. 結構優化原則
4. 時機最佳原則
5. 風險可控原則

（二）融資戰略的方式選擇

1. 內部融資戰略：利用留存收益
2. 股權融資戰略：發行股票等
3. 債務融資戰略：貸款和融資租賃
4. 銷售資產戰略：固定資產處置

【例27】四川達州運輸集團處置達縣、大竹等地的客運汽車場站資產，集中資金購地700餘畝打造物流基地。

【例28】（2016年考試題）甲公司為一家境內上市的集團公司，主要從事能源電力及基礎設施建設與投資。2016年年初，甲公司召開X、Y兩個項目的投融資評審會。有關人員發言要點如下：……（3）財務部經理：隨著公司投資項目的不斷增加，債務融資壓力越來越大。建議今年加快實施定向增發普通股方案，如果公司決定投資X項目和Y項目，可將這兩個項目納入募集資金使用範圍；同時，有選擇地出售部分非主業資產，以便有充裕的資金支持今年的投資計劃。……

要求：根據財務部經理的發言，指出財務部經理的建議體現了哪些融資戰略（基於融資方式），並說明這些融資戰略存在的不足。

【解析】融資戰略類型：股權融資戰略和銷售資產融資戰略。

【評分說明】將「內部融資戰略、股權融資戰略、債務融資戰略和銷售資產融資戰略」全部列示的，不得分；其他情形按得分點給分。

股權融資戰略存在的不足：股份容易被惡意收購從而引起控制權的變更，並且股

權融資方式的成本也比較高。銷售資產融資戰略存在的不足：比較激進，一旦操作就無回旋餘地，而且如果銷售時機選擇不準，銷售價格會低於資產本身價值。

（三）基於資本結構優化的戰略選擇
1. 內部和外部資金結構優化
2. 短期和長期資金結構優化

（四）基於投資戰略的融資戰略
該融資戰略符合辯證法思想。
1. 保守融資戰略
該戰略適用於快速增長階段，也就是保持一個適度的資產負債率。
2. 積極融資戰略
該戰略適用於低增長階段，即保持較高的資產負債率水準。

六、分配戰略

分配戰略包括五種股利政策。

（一）剩餘股利戰略
該戰略以公司投資為先，發展為重。

【例29】某公司2018年稅後淨利潤為1,000萬元，2019年的投資計劃需要資金1,200萬元，公司的目標資本結構中權益資本為60%，債務資本為40%。假定該公司2018年流通在外的普通股有1,000萬股，請用剩餘股利政策計算該公司每股股利。

【解析】2018年年末該公司剩餘股利＝1,000－1,200×60%＝280（萬元），每股股利＝280/1,000＝0.28（元）。

（二）固定股利政策或持續增長的股利政策

【例30】某公司2018年每股股利為1元，假定採用固定股利政策，2019年的每股股利仍為1元。如果採用持續增長的股利政策，假定持續增長率為10%，則2019年為每股1.1元。

（三）固定股利支付率政策

【例31】某公司長期以來採用固定股利支付率30%的政策，2018年淨利潤為1,500萬元，請問2019年用於股利分配的金額是多少？

【解析】1,500×30%＝450（萬元）。

（四）低正常股利和額外股利政策

【例32】某公司2019年的低正常股利和額外股利政策規定：淨利潤在1,000萬元以內時，每股股利固定為0.1元，當淨利潤超過1,000萬元，按照超過部分的20%發放額外股利，假定2019年該公司淨利潤為1,500萬元，普通股為1,000萬股，求每股股利。

【解析】每股股利＝0.1＋500×20%/1,000＝0.2（元）。

（五）零股利戰略
零股利戰略通常出現在企業成長階段。當企業進入成熟期就應當改變這種策略。

【復習重點】

1. 公司戰略和經營戰略的類型及判斷。
2. 四種管理控制模型比較。
3. 財務戰略的三種類型，在經濟週期和企業發展階段的應用選擇。
4. 投資戰略的原則及分類。
5. 融資戰略的原則及分類。
6. 股利分配戰略的目標及類型。
7. 波特五力模型。
8. 波士頓矩陣和 SWOT 模型。

【同步案例題】

【資料】史玉柱是一位富有傳奇色彩的商業奇才，他 1984 年畢業於浙江大學數學系，畢業後分配至安徽省統計局，1989 年 1 月畢業於深圳大學研究生院，獲得軟件科學碩士學位，隨即下海創業。

1991 年，史玉柱成立巨人集團公司，先後開發巨人漢卡軟件和「M-6401 桌面排版印刷系統」等 5 款產品，當年巨人漢卡的銷量一躍成為全國同類產品之首，公司獲純利 1,000 多萬元。1992 年，巨人集團公司的資本超過 1 億元，史玉柱挖得第一桶金。

1994 年 8 月，在國外軟件大舉進軍中國，搶走了漢卡的市場份額，侵占了巨人集團其他軟件產品的生存空間之後，急於從 IT 困境中突圍的史玉柱把目光轉向保健品和房地產行業，他斥資 1.2 億元開發全新產品——腦黃金，同時修建巨人大廈。當年這個中國十大改革風雲人物之一的史玉柱手裡攥著的錢僅僅能為這棟樓打樁，但很快這棟原本計劃修建 18 層的房子就被拔高到 70 層，為當時中國第一高樓，需資金超過 10 億元。史玉柱基本上以集資和賣樓花的方式籌款，集資超過 10 億元，同時抽干了發展保健品和電腦軟件的生產資金，但竟然未向銀行貸一分錢的款。

聯想集團總裁柳傳志這樣形容當時的史玉柱：「他意氣風發，向我們請教，無非表明一種謙虛的態度……而且他還很浮躁，我覺得他遲早會出大婁子。」果然，1994 年年初，巨人大廈動工，計劃 3 年完工。1997 年年初，巨人大廈未能按期完工，國內購樓花者天天上門要求退款。媒體地毯式報導巨人財務危機。不久只建至地面三層的巨人大廈停工。巨人集團名存實亡，但一直未申請破產。

2000 年，史玉柱在朋友的幫助下再度創業，開展「腦白金」業務，利用強大的廣告促銷方式獲得成功，然後乘勝追擊，迅速開拓「黃金搭檔」、五糧液黃金酒市場，同時進軍銀行業、打造《徵途》網絡游戲業務。

2009 年 3 月 12 日公布的福布斯全球富豪排行榜中，史玉柱以 15 億美元居第 468 位；2012《財富》中國最具影響力的 50 位商界領袖排行榜中，史玉柱榜上有名，排名第 22 位。

要求回答：

（1）從史玉柱創業發展史來看，他堅持的公司總體戰略是什麼類型？（回答到二級戰略）

（2）1994年電腦軟件業受到國外商家衝擊時，史玉柱採用了什麼公司戰略？（回答到二級戰略）

（3）巨人大廈投資失誤，違背了投資戰略中的哪些原則？

（4）從巨人大廈的資金來源方面凸顯了史玉柱在融資戰略中存在的什麼問題？

（5）巨人公司在快速增長階段應當採用何種融資戰略？

【解析】

（1）多元化發展戰略中的不相關多元化戰略。

（2）收縮型戰略中的扭轉戰略。

（3）適度性原則、協同性原則。

（4）融資規模不合理，融資結構不合理，融資風險不可控。

（5）採用快速增長和保守融資戰略。

第二章　企業投資、融資決策和集團資金管理

【知識精講】

第一節　建設項目投資決策

一、投資決策的重要性

　　財務管理需要解決兩類問題：①錢少了如何辦的問題——籌資；②錢多了如何辦的問題——投資。今天的投資將決定未來的命運。比如，創業者李某有現金 100 萬元，有三個投資方向：一是購買奢侈消費品——悍馬汽車，二是炒股，三是學習深造。未來的命運顯然是不同的：購買奢侈消費品可能將背負沉重的負擔。炒股既可能一夜暴富，也可能血本無歸。學習深造將有一個較為穩定的預期：成長壯大。所以，投資決策的重要性不言而喻。

二、投資決策的步驟

　　（一）事前：立項—可研—決策
　　（1）進行企業內外環境分析。
　　（2）識別投資機會，形成投資方案。
　　（3）估算現金流量和各種價值指標（包括淨現值、現值指數、內含報酬率、會計收益率等）。
　　（4）進行指標分析，選擇投資方案。
　　（二）事中：過程控制
　　企業要嚴格管理投資過程，動態評估投資風險。其主要包括立項審批、招投標管理、合同管理、監督跟蹤、項目負責制和風險控制。
　　（三）事後：評價
　　評估投資效果，進行項目後評價。

三、投資的類別

（一）一般分類

（1）獨立項目：彼此互不相關，只要資金足夠，項目本身可行，就可以上馬。

【例1】 某工廠修建一座車間和一棟職工宿舍，彼此互不關聯，為獨立項目。再如，某IT企業購買一套ERP管理軟件，同時添置一條PC生產線，彼此也屬於獨立項目。

（2）互斥項目：彼此互相排斥，猶如「魚和熊掌不可兼得」。

【例2】 只有一塊地，如果修住宅，就不能修建廠房，彼此為互斥項目。

（二）按照投資的原因分類

（1）固定資產投資項目：如建造、購買、更新經營性或非經營性固定資產。

（2）研發投資項目：如研究開發新產品、新服務。

（3）其他投資項目：其他投資項目包括小型技改措施、信息化建設、節能環保、消防保衛等方面的投資。

四、投資決策的方法

（一）回收期法

1. 靜態回收期法

（1）每年投資回收額（NCF）相等的情況。

公式：靜態回收期＝原始投資/每年的現金淨流量

【例3】 某公司投資 50,000 元購入一臺設備，該設備每年提供的現金淨流量相等，均為 5,000 元，求靜態回收期。

【解析】 靜態回收期＝50,000/5,000＝10（年）。

（2）每年回收額（NCF）不相等的情況。

公式：靜態回收期＝收回投資當年之前的年限＋該年年初未收回投資額/該年現金淨流量

【例4】 如表2-1所示，某投資項目各年的預計現金淨流量分別為：NCF_0＝-200萬元，NCF_1＝-50萬元，$NCF_{2\sim3}$＝100萬元，$NCF_{4\sim11}$＝-250萬元，NCF_{12}＝150萬元，則該項目包括建設期的靜態投資回收期為（　　）。

A. 2.0年　　　　B. 2.5年　　　　C. 3.2年　　　　D. 4.0年

表2-1　各年的預計現金淨流量　　　　單位：萬元

年份	0	1	2	3	4	5~12
每年NCF	-200	-50	100	100	250	略
累計NCF	-200	-250	-150	-50	200	略

【解析】 選C。

該項目包括建設期的靜態回收期＝3+50/250＝3.2（年）

2. 動態回收期

(1) 每年投資回收額（NCF）相等的情況。

公式：設動態回收期為 n，列方程式：每年現金淨流量 × $(P/A, i, n)$ = 原始投資

【例5】某公司投資 50,000 元購入一臺設備，該設備每年提供的現金淨流量相等，均為 10,000 元，資金成本率為 10%，求回收期。

【解析】列方程式為：$10,000 \times (P/A, 10\%, n) = 50,000$

$(P/A, 10\%, n) = 5$，採用插值法，$(n-7)/(8-7) = (5-4.868,4)/(5.334,9-4.868,4)$

解得：$n = 7.28$（年）

(2) 每年回收額（NCF）不相等的情況。

公式：動態回收期 = 收回投資當年之前的年限 + 該年初未收回投資額的現值/該年現金淨流量現值

【例6】假設某公司需要對 A、B 兩個投資項目進行決策，資金成本率為 10%，有關資料如表 2-2 所示。

表 2-2

年限	項目 A	項目 B
0	-1,000	-1,000
1	500	100
2	400	300
3	300	400
4	100	600

要求：分別計算 A、B 項目的動態回收期。

【解析】項目 A（見表 2-3）：

表 2-3

項目 A	第 0 年	第 1 年	第 2 年	第 3 年
當年現金流量	-1,000	500	400	300
累計現金流量	-1,000	-500	-100	200
當年的現值	-1,000	454.55	330.56	225.39
累計的現值	-1,000	-545.45	-214.89	10.5

項目 B（見表 2-4）：

表 2-4

項目 B	第 0 年	第 1 年	第 2 年	第 3 年	第 4 年
當年現金流量	-1,000	100	300	400	600
累計現金流量	-1,000	-900	-600	-200	400
當年的現值	-1,000	90.91	247.92	225.39	409.80
累計現值	-1,000	-909.09	-661.17	-360.65	49.15

項目 A 的動態回收期 = 2+214.89/225.39 = 2.95（年）
項目 B 的動態回收期 = 3+360.65/409.80 = 3.88（年）

3. 回收期法的優缺點

（1）優點：計算回收期可以在一定程度上反應項目的流動性和風險，在其他條件相同的情況下，回收期越短，方案越優。

（2）缺點：未考慮回收期之後的現金流量。

（二）淨現值法

1. 公式

NPV = 未來現金流量的現值 - 原始投資的現值 = Σ 每年淨現金流入量×（P/F, i, n）

【例7】 某項目原始投資為10萬元，在建設起點一次性投入，建設期為兩年，投產後每年產生淨現金流量為4萬元，營運期為10年，求淨現值。

【解析】 NPV = -10+4×[（P/A, 10%, 12）-（P/A, 10%, 2）] = -10+4×[6.813,7-1.735,5] = 10.384,8（萬元）。所以該項目可行。

2. 評價標準

對於獨立方案：NPV≥0，方案可行。對於互斥方案：首先，NPV≥0；其次，NPV最大的方案最優。

3. 優缺點

（1）淨現值法使用現金流而非利潤，主要因為現金流相對客觀。
（2）淨現值法考慮的是投資項目整體，在這一方面優於回收期法。
（3）淨現值法考慮了貨幣的時間價值。
（4）淨現值法與財務管理的最高目標——股東財富最大化緊密聯結。
（5）淨現值法允許折現率的變化，而其他方法沒有考慮該問題。

（三）內含報酬率法

1. 含義

當某項目的淨現值＝0時，所使用的折現率就是內含報酬率。內含報酬率為預期收益率，它包含了本金和時間價值因素，當內含報酬率大於或等於資本成本時，該項目可行；當內含報酬率小於資本成本時，該項目不可行。

2. 計算內含報酬率的方法

（1）未來每年淨現金流量相等時。

【例8】 長安化工廠擬購入一臺設備，購買價為160萬元，使用年限為10年，無殘值，該方案的資金成本為12%，新設備每年將預計產生現金淨流量30萬元，請計算內含報酬率並判斷該方案是否可行。

【解析】

NPV = -160（萬元）+30×（P/A, IRR, 10）= 0
（P/A, IRR, 10）= 5.333,3

採用內插法：

（IRR-12%）/（14%-12%）=（5.333,3-5.650,2）/（5.216,1-5.650,2）

IRR = 13.46% 大於 12%。該項目可行。

（2）未來的現金流量不相等時。

【例9】興旺公司有一投資方案，需一次性投資120,000元，使用年限為4年，每年的現金淨流量分別為30,000元、40,000元、50,000元、35,000元，如果資金成本率為12%，試計算內含報酬率並判斷方案是否可行。

【解析】
列方程式
$NPV = 30,000 \times (P/A, IRR, 1) + 40,000 \times (P/F, IRR, 2) + 50,000 \times (P/F, IRR, 3) + 35,000 \times (P/F, IRR, 4) - 120,000 = 0$

（1）採用試誤法。
令 $i = 12\%$，代入上式：
$NPV = 30,000 \times (P/F, 12\%, 1) + 40,000 \times (P/F, 12\%, 2) + 50,000 \times (P/F, 12\%, 3) + 35,000 \times (P/F, 12\%, 4) - 120,000 = -3,470$

令 $i = 10\%$，代入上式：
$NPV = 30,000 \times (P/F, 10\%, 1) + 40,000 \times (P/F, 10\%, 2) + 50,000 \times (P/F, 10\%, 3) + 35,000 \times (P/F, 10\%, 4) - 120,000 = 1,765$

（2）採用插值法。
（IRR-12%）/（10%-12%）= 3,470/（1,765-3,470））
IRR = 12% - 2% × 0.66 = 10.67%，小於12%，所以該方案不可行。

3. 內含報酬率的優缺點
（1）優點：考慮了貨幣時間價值和項目週期的現金流，作為一種相對數指標可以和資金成本率、通貨膨脹率、利率等一系列經濟指標進行比較。
（2）缺點：作為相對數指標無法衡量公司價值的絕對增長，衡量非常規項目時可以產生多個IRR，造成項目評估困難；在衡量互斥項目時，內含報酬率與淨現值可能得出矛盾的意見，但是淨現值法的結論正確。

（四）修正的內含報酬率法
修正的內含報酬率認為項目的收益被再投資時不是按照內含報酬率來折現的，而是按照資金成本來折算的。

【例10】假設丁項目需要初始投資24,500元，預計在第一年和第二年分別產生淨現金流15,000元，在第三年和第四年分別產生淨現金流3,000元，項目的資金成本為10%，見表2-5。

表2-5

年限	現金流	折現系數（10%）	現值（10%）	折現系數（25%）	現值（25%）
0	(24,500)	1.000	(24,500)	1.000	(24,500)
1	15,000	0.909	13,635	0.800	12,000
2	15,000	0.826	12,390	0.640	9,600
3	3,000	0.751	2,253	0.512	1,536
4	3,000	0.683	2,049	0.410	1,230
淨現值			5,827		(134)

【解析】$\text{IRR} = \dfrac{\text{IRR}-10\%}{25\%-10\%} = \dfrac{0-5,827}{-134-5,827}$，求得 IRR = 24.7%。

修正的內含報酬率法假設項目的現金流被按照10%的資金成本立即再投資，結果見表2-6。

表2-6

年限	現金流	到第4年年末的年數	利率乘數	在第四年的現金流
1	15,000	3	$(1+10\%)^3 = 1.331$	19,965
2	15,000	2	$(1+10\%)^2 = 1.21$	18,150
3	3,000	1	$(1+10\%)^1 = 1.1$	3,300
4	3,000	0	$(1+10\%)^0 = 3,000$	3,000
各期現金流終值合計				44,415

方法一：修正的內含報酬率 $= \sqrt[n]{\dfrac{\text{回報階段的終值}}{\text{投資階段的現值}}} - 1 = \sqrt[4]{\dfrac{44,415}{24,500}} - 1 = 16\%$

方法二：修正的內含報酬率 $= \sqrt[n]{\dfrac{\text{回報階段的現值}}{\text{投資階段的現值}}} \times (1+\text{折現率}) - 1$

$= \sqrt[4]{\dfrac{(13,635+12,390+2,253+2,049)}{24,500}} \times (1+10\%) - 1$

$= \sqrt[4]{\dfrac{30,327}{24,500}} \times (1+10\%) - 1 = 16\%$

【歸納】淨現值法和內含報酬率法的比較
(1) 在獨立項目中，兩者的結論一致。
(2) 在互斥方案中，兩者的結論可能不一致，應當以淨現值法為準。

(五) 現值指數法
1. 公式：現值指數＝未來現金淨流量/原始投資額的現值
2. 決策標準：PI≥1，方案可行；PI<1，方案不可行

【例11】某公司需要對A、B兩個項目進行決策，每年的現金淨流量如表2-7所示。

表2-7　　　　　　　　　　　　　　　　　　　　　單位：元

年份	項目A	項目B
0	-1,000	-1,000
1	500	100
2	400	300
3	300	400
4	100	600

假設資金成本為10%，A、B具有相同風險，現金流量（除初始投資外）均在年末發生。分別求A、B的現值指數。

【解析】

(1) 項目 A 的未來現金淨流量的現值。

$= 500 \times (P/F, 10\%, 1) + 400 \times (P/F, 10\%, 2) + 300 \times (P/F, 10\%, 3) + 100 \times (P/F, 10\%, 4)$

$= 454.55 + 330.56 + 225.39 + 68.90 = 1,078.80$（元）

項目 A 的現值指數 $= 1,079.80/1,000 = 1.079$

(2) 項目 B 的未來現金淨流量的現值。

$= 100 \times (P/F, 10\%, 1) + 300 \times (P/F, 10\%, 2) + 400 \times (P/F, 10\%, 3) + 600 \times (P/F, 10\%, 4)$

$= 90.91 + 247.92 + 300.52 + 409.80 = 1,049.15$（元）

項目 B 的現值指數 $= 1,049.15/1,000 = 1.049$

(3) 決策。

①當 A 項目和 B 項目均為獨立項目時，兩個項目均可行。

②當 A 項目和 B 項目為互斥項目時，因為 A 項目的現值指數大於 B 項目的現值指數，所以 A 項目較優。

(六) 會計收益率法

1. 公式：會計收益率＝年均收益額/原始投資額

2. 特點

決策原則是比例越高越好。優點：計算簡便，應用範圍廣泛，可以直接使用會計報表數據計算；缺點：未考慮貨幣的時間價值。

【例12】甲工廠的加工車間擴建項目有 A、B 兩個風險相當的備選擴建方案。原始投資額均為 1 億元，建設期均為半年，當年均可以投產，營運期均為 10 年；A、B 兩方案年度平均收益額分別為 0.25 億元和 0.31 億元，請採用會計收益率法比較擇優。

【解析】A 方案會計收益率 $= 0.25 \div 1 \times 100\% = 25\%$；B 方案會計收益率 $= 0.31 \div 1 \times 100\% = 31\%$；B 方案會計收益率較大，優於 A 方案。

五、投資方法的特殊應用

(一) 不同規模的項目

壽命週期相同，規模不同。

【歸納】

(1) 投資的目的：獲取最大利潤，而不是最大利潤率。內含報酬率法是獲得最大利潤率，而淨現值法是獲得最大利潤。

(2) 壽命週期相同，規模不同時，應將規模小的項目擴大數倍，使項目的投資規模相同，然後比較淨現值，淨現值最大的方案最優。

【例13】有 X、Y 兩個互斥項目，現在的市場利率為 10%，投資期限為四年，各期現金流和計算的內含報酬率、淨現值如表 2-8 所示。

表 2-8

年限	項目 X	項目 Y
0	-100,000	-30,000
1	40,000	22,000
2	40,000	22,000
3	60,000	2,000
4	60,000	1,000
IRR	26.4%	33.44%
NPV	40,455	10,367

要求：採用擴大規模法，採用淨現值比較法選擇最優方案。

【解析】將項目 Y 擴大 10/3 倍，但 IRR 保持不變。如表 2-9 所示。

表 2-9

年限	項目 A	項目 B
0	-100,000	-100,000
1	40,000	73,333
2	40,000	73,333
3	60,000	6,667
4	60,000	3,333
IRR	26.4%	33.44%
NPV	40,455	34,557

在相同的投資規模下，項目 X 的淨現值大於項目 Y，所以 X 項目最優。

(二) 不同壽命週期的項目

壽命週期相同，規模相同或不同。

【例 14】甲公司有 A、B 兩個互斥投資項目，有關資料如表 2-10 所示。

表 2-10

內容	項目 A	項目 B
項目週期（年）	10	15
折現率（%）	12	12
NPV（萬元）	756.48	795.54

要求：分別採用重置現金流量法和約當年金法比較兩個項目的優劣。

【解析】

(1) 重置現金流量法（也叫方案重複法或最小公倍數法）。

①A、B 年份的最小公倍數為 30 年。

②A 項目重複三次。淨現值＝756.48＋756.48×(P/F,12%,10)＋756.48×(P/F,12%,20)＝1,078.47（萬元）
③B 項目重複 2 次。淨現值＝795.54＋795.54×(P/F,12%,15)＝940.88（萬元）
④因為重複後 A 項目淨現值大於 B 項目淨現值，所以 A 項目更優。
（2）約當年金法。

【歸納】約當現金 ANCF＝$\dfrac{淨現值}{普通年金現值係數}$＝$\dfrac{NPV}{(P/A,i,n)}$

A 項目約當年金＝756.48/(P/A,12%,10)＝756.48/5.650,2＝133.88（萬元）
B 項目約當年金＝795.54/(P/A,12%,15)＝795.54/6.810,9＝116.80（萬元）
可見，項目 A 更優。

六、現金流量的估計

（一）基本概念
（1）總成本＝付現成本＋非付現成本＝變動成本＋固定成本（注意：此處的變動成本和固定成本不包含利息費用）
（2）邊際貢獻＝銷售收入－變動成本
（3）息稅前利潤 EBIT＝銷售收入－變動成本－固定成本＝邊際貢獻－固定成本
（4）稅後淨營業利潤＝EBIT×(1－T)＝(利潤總額＋利息費用)×(1－T)
　　　　　　　　　＝淨利潤＋利息費用×(1－T)＝淨利潤＋稅後利息
（5）稅前利潤＝利潤總額＝息稅前利潤－利息費用
（6）稅後利潤＝淨利潤＝利潤總額－所得稅＝利潤總額×(1－所得稅稅率)

【例 15】甲公司 2019 年發行在外普通股為 100 萬股，當年銷售產品 10 萬件，每件單價為 100 元，單位變動成本為 60 元，固定成本總額為 20 萬元，平均負債為 100 萬元，年利率為 10%，所得稅稅率為 25%，請分別計算下列指標。

【解析】
①總成本＝60×10＋20＝620（萬元）。
②邊際貢獻＝10×100－60×10＝400（萬元）。
③息稅前利潤 EBIT＝400－20＝380（萬元）。
④稅後淨營業利潤＝EBIT×(1－T)＝380×(1－25%)＝285（萬元）。
⑤稅前利潤＝EBIT－I＝380－100×10%＝370（萬元）。
⑥稅後利潤＝(EBIT－I)×(1－T)＝370×(1－25%)＝277.5（萬元）。

（二）現金流量的分類及計算公式
1. 從現金的流動方向劃分
從現金的流動方向劃分，現金流量可劃分為現金流入量、現金流出量、現金淨流量。

【例 16】丙企業擴充生產能力，準備增加兩條生產線，有關現金流量如表 2-11 所示。

表 2-11

項　目	內　容
現金流出量	(1) 購置機器設備的價款、稅金、運雜費、安裝費等 (2) 增加的流動資金=增加的流動資產-增加的流動負債
現金流入量	(1) 經營性現金流入=營業性現金流入 (2) 殘值收入：設備殘值、出售收入、租金等 (3) 收回流動資金
現金淨流量	現金淨流量=現金流入量-現金流出量

2. 從現金流動的時間階段劃分
(1) 投資期間。
NCF=-原始投資的絕對值（原始投資包括固定資產投資、流動資產投資、其他資產投資、機會成本等）
【注意】
①一般假定：原始投資在建設期內投入；建設期末投入營運資金，在終結點等額收回；營運期的經營現金流發生在每期期末；終結點的回收額包括固定資產的殘值和營運資金的回收。
②機會成本：在互斥方案中選擇此方案而放棄彼方案，喪失的收益就是機會成本。
(2) 營業期間。
①完整公式：考慮擴大規模有二次投資的情況，比如，更新改造、大修理和追加營運資金投入等。該公式與第八章的企業自由現金流量公式相同。
　　NCF=稅後淨營業利潤+折舊+攤銷-該年營運資金增加額-該年資本支出
　　　　=（淨利潤+稅後利息）+折舊+攤銷-該年營運資金增加額-該年資本支出
【注意】由於利息費用屬於籌資活動現金流量，所以無論其是否流入或流出現金，均與營業活動現金流無關。因此，我們在計算營業現金淨流量時，當計算起點為稅後淨營業利潤時，無論是否存在利息費用均不做任何處理。但是當計算起點為淨利潤時，應將淨利潤調整為稅後淨營業利潤，即：淨利潤+利息費用×(1-T)=稅後淨營業利潤。
②簡化公式：如果沒有擴大規模二次投資的情況，按照以下公式計算。
　　NCF=淨利潤+折舊、攤銷等非付現費用　　（間接法）
　　　　=營業收入-付現成本-所得稅　　　　　（直接法）
　　　　=（收入-付現成本）×（1-所得稅稅率）+折舊等非付現費用×所得稅稅率
　　　　　　　　　　　　　　　　　　　　　　　　　　　　　　　　（直接法）

【例17】某公司投資甲項目，在營業階段年度營業收入為1,000萬元，年度總成本800萬元（其中付現成本為500萬元，非付現成本為300萬元），假定所得稅稅率為25%，無利息費用，請計算營業現金淨流量。
【解析1】營業性現金流入=營業收入-付現成本-所得稅
　　　　　　　　　　　　=1,000-500-(1,000-800)×25%=1,000-500-200×25%
　　　　　　　　　　　　=450（萬元）
【解析2】營業性現金流入=稅後淨利潤+折舊等非付現費用
　　　　　　　　　　　　=(1,000-800)×(1-25%)+300=200×75%+300
　　　　　　　　　　　　=450（萬元）

【解析3】

營業性現金流入=(收入-付現成本)×(1-所得稅稅率)+折舊等非付現費用×所得稅稅率
= (1,000-500)×(1-25%)+300×25% = 500×75%+300×25%
= 375+75 = 450（萬元）

(3) 終結階段。

NCF=營業階段的NCF+回收的營運資金+回收的固定資產殘值或處置固定資產的變價收入-殘值收入或變價收入繳納的稅金

【例18】某投資項目需要3年建成，每年年初投入建設資金為90萬元，共投入270萬元，建成投產時，需投入營運資金140萬元，以滿足日常經營活動需要，項目投產後，估計每年可獲稅後淨營業利潤60萬元，固定資產使用年限為7年，使用後第5年預計進行一次改良，估計改良支出為80萬元，分兩年平均攤銷。資產使用期滿後，估計有殘值淨收入為11萬元，採用使用年限法折舊，項目期滿時，墊支營運資金全額收回。資本成本率為10%。

要求：編製現金流量表求每年NCF，項目的淨現值。

【解析】

表2-12　　　　　　　　　　　　　　　　　　　單位：萬元

項目 年限	固定資產投資	固定資產折舊	改良支出	改良支出攤銷	淨利潤	殘值淨收入	營運資金	總計
0	(90)							(90)
1	(90)							(90)
2	(90)							(90)
3							(140)	(140)
4		37			60			97
5		37			60			97
6		37			60			97
7		37			60			97
8		37	(80)		60			17
9		37		40	60			137
10		37		40	60	11	140	288
合計	(270)	259	(80)	80	420	11	0	420

NPV = -90 - 90×(P/F,10%,1) - 90×(P/F,10%,2) - 140×(P/F,10%,3) + 97×[(P/A,10%,7)-(P/A,10%,3)] + 17×(P/F,10%,8) + 137×(P/F,10%,9) + 288×(P/F,10%,10) = 56.68（萬元）

(三) 現金流量估計中應注意的問題

(1) 計算投資項目現金流量時，不用考慮籌資活動現金流，因為籌資活動現金流的因素已經反應在資金成本中。

(2) 只有增量現金流量才是與項目相關的現金流量。

【注意】沉沒成本是不相關的因素；機會成本、抵消和互補等關聯影響成本均為相關的因素。

【例19】（2015年考試題）甲公司是一家從事汽車零配件生產、銷售的公司，在創業板上市。2015年3月，公司召開了由中高層人員參加的「線上營銷渠道項目與投融資」專題論證會。部分參會人員的發言要點如下：……①經營部經理：在項目財務決策中，為完整反應項目營運的預期效益，應將項目預期帶來的銷售收入全部作為增量收入處理。②投資部經理：根據市場前景、項目經營等相關資料預測，項目預計內含報酬率高於公司現有的平均投資收益率，具有財務可行性。

要求：逐項判斷經營部經理和投資部經理的觀點是否存在不當之處；對存在不當之處的，分別說明理由。

【解析】（1）經營部經理的觀點存在不當之處。理由：公司在預測新項目的預期銷售收入時，必須考慮新項目對現有業務潛在產生的有利或不利影響。因此，不能將其銷售收入全部作為增量收入處理。

（2）投資部經理的觀點存在不當之處。理由：如果用內含報酬率作為評價指標，其判斷標準為：項目預計內含報酬率大於公司或項目的加權平均資本成本。

（3）所得稅對投資項目現金流量的影響。

【歸納】

①現金流量項目不影響所得稅，比如設備投資，墊支營運資金等、處置固定資產的變價現金流入（會計分錄：借：現金；貸：固定資產清理）。

②損益項目會影響所得稅，比如：處置固定資產的淨收益結轉營業外收入，將繳納所得稅；折舊費用將抵減所得稅等。

七、投資項目風險調整

（一）項目的風險衡量

1. 敏感分析

公式：敏感系數＝目標值變動的幅度／參量值變動的幅度

【例20】某項目參量值和目標值的變動幅度如表2-13所示，分別計算敏感系數。

表2-13

序號	各參量值的變動幅度	目標值NPV的變動幅度	敏感系數
1	數量−30%	−0.545,2	1.87
2	價格−30%	−2.015	6.72
3	單位變動成本−30%	1.47	−4.9
4	固定成本−30%	0.196,4	−0.65
5	加權平均成本−30%	0.199,8	−0.67

2. 情景分析

【歸納】

（1）根據最好、最差和一般三種情況計算平均值＝Σ個別值×概率

（2）求出標準差＝$\sqrt{\sum (個別值 - 平均值)^2 \times 概率}$

（3）求出標準離差率＝$\dfrac{標準差}{平均值}$

3. 蒙特卡洛模擬

蒙特卡洛模擬將敏感性和概率分佈相結合分析項目風險的方法。具體步驟是：多次隨機輸入一組變量求出淨現值，不斷重複上述程序，求出若干個淨現值的平均值作為預期的淨現值，再求淨現值的標準差。

4. 決策樹法

決策樹法是一種展現一連串相關決策及其期望結果圖像的方法。決策樹法在考慮預期結果的概率和價值基礎上，輔助企業做出決策。

（二）項目風險的處置方法

1. 項目風險和公司風險的關係

【歸納】項目風險不等於公司風險，因為公司風險是所有項目風險的平均水準。評價項目的可行性，應當採用本項目的風險水準。

【例21】A項目生產計算機，資本成本為10%；B項目生產環保設備，資本成本為5%；但是該公司的加權平均資本成本為8%，如果以8%作為折現率，將會導致A項目的淨現值虛增，B項目的淨現值虛減，決策可能失誤。

2. 處理方法

（1）確定當量法。

① 含義：將不確定的現金流量轉化為肯定的現金流量，轉換系數為確定當量系數。

【例22】有M項目，無風險折現率為4%，現金流量見表2-14和表2-15。

表2-14

項目＼年限	0	1	2	3	4	5
不確定現金流入量（億元）	-5,000	800	1,500	2,500	1,600	1,300
確定當量（億元）	1	0.9	0.8	0.7	0.7	0.6
確定現金流入量（億元）	-5,000	720	1,200	1,750	1,120	780
折現系數（4%）	1	0.961,5	0.924,6	0.889	0.854,8	0.821,9
現值（億元）	-5,000	692.28	1,109.50	1,556	957.38	641.08
淨現值（億元）	43.76					

（2）風險調整折現率法：假定上例中的風險利率為6%，折現率＝無風險利率＋風險利率＝4%＋6%＝10%。

表2-15

項目＼年限	0	1	2	3	4	5
不確定現金流入量（億元）	-5,000	800	1,500	2,500	1,600	1,300
折現系數（10%）	1	0.909,1	0.826,4	0.751,3	0.683,0	0.620,9
現值（億元）	-5,000	727.28	1,236.90	1,878.25	1,092.80	807.17
淨現值（億元）	742.40					

第二節　私募股權投資決策

一、概念

私募股權投資是指通過私募方式募集資金，對非上市公司進行股權投資或者準股權投資，待上市後在二級市場上套現退出。其實際上就是籌集資金組建基金，然後投資項目，通過轉讓項目的股權獲利。

二、基金的組織形式

基金實際上也是一家企業，主要形式有：有限合夥制、公司制、信託計劃。

（一）有限合夥制

有限合夥制由有限合夥人（LP）和普通合夥人（GP）構成。其中有限合夥人僅是財務投資者，不參與基金管理，承擔基金管理費和分享收益；普通合夥人不僅是投資人，同時也是基金管理人，不但要收取管理費，還要參與分紅。通常有限合夥人的出資比例佔基金全部份額的比例為 80% 以上，而普通合夥人則不少於 1%。

【例 23】甲公司出資 3 億元，乙公司出資 1.9 億元，丙公司出資 0.1 億元，成立某基金（有限合夥制企業 W 公司），其中甲公司和乙公司為有限合夥人，丙公司為普通合夥人且成為基金管理人。2018 年 6 月該基金購買興盛公司股權 100%，並注入股權資金 2 億元，興盛公司同時購入了成都天府新區的房產 1.5 億元。注意：基金為了便於隨時退出，一般不直接購置資產，比如房產等，而是購買有關項目公司的股權。

（二）公司制

基金以有限責任公司或股份有限公司的形式設立，投資人為公司的股東；基金的管理人可以是股東之一（作為董事參與管理）；或者是股東之外的獨立管理公司。與有限合夥制不同，公司制基金管理人會受到股東的嚴格監督管理。

（三）信託制

投資人（受益人）購買信託公司的信託收益份額（也叫信託計劃，相當於理財產品），實現委託信託公司理財，信託公司可以再委託基金公司投資，或者和基金公司共同投資管理有關項目獲取收益以回報投資人。信託制的實質就是委託制。

三、基金投資的步驟和種類

（一）投資的步驟

投資的步驟為：投資立項—投資決策—投資實施。

（二）投資的種類

1. 創業投資

創業投資也叫風險投資，一般採用股權形式投資於具有創新性的專門產品或服務的初創型企業。例如：投資於中關村的高新技術企業。

2. 成長資本

成長資本也叫擴張資本，投資於已經具備成熟的商業模式、較好的顧客群並具有正的現金流的企業。例如：投資於「萬達城市綜合體」的企業。

3. 併購基金

併購基金是指專門進行企業併購的基金，其對象主要是成熟的並且具有穩定現金流量、呈現出穩定增長趨勢的企業。例如：投資併購希臘雅典機場。

4. 房地產基金

房地產基金通常和開發商合作，共同開發特定房地產項目。

5. 夾層基金

夾層基金主要投資於企業的可轉換債券或可轉換優先股等「夾層工具」。它是槓桿收購特別是管理層收購中的一種融資來源，它的主要作用是填補股權資金、普通債權資金之後仍然不足的收購資金缺口。

6. 母基金

母基金是指專門投資於其他基金的基金。母基金向機構或個人投資者募集資金，並分散化投資於私募股權、對沖基金（如期貨和現貨套期保值對沖基金）和共同基金（如社保基金）等。

7. 產業投資基金

中國近年來具有政府背景的投資人發起的私募股權投資基金，一般是指經過政府核准，向國有企業或金融機構募資並投資於特定產業（如清潔能源產業）或特定地區的資金（如成都天府新區開發基金）。

四、基金投資的退出方式

基金投資的退出方式有以下幾種：
（1）首次上市公開發行（IPO）退出。
（2）二次出售退出，即在二級市場上出售投資退出。
（3）股權回購，包括控股股東回購、管理層回購等。
（4）清算退出。這是指投資失敗的退出方式。

第三節　境外直接投資決策

一、境外直接投資的動機

境外直接投資的動機包括獲取原材料、降低成本、分散和降低經營風險、發揮自身優勢和提高競爭力、獲取先進技術和管理經驗、實現規模經濟等。

二、境外直接投資的方式

境外直接投資的方式包括合資經營、合作經營、獨資經營、新設企業和併購五種。

三、國有企業境外投資財務管理

根據財政部關於國有企業境外投資管理辦法，國有企業境外投資財務管理主要包括以下幾個方面：
（1）境外投資財務管理的職責：職責特別明確，國有企業應當在董事長、總經理、副總經理、總會計師、財務總監等企業領導班子成員中確定一名主管境外投資財務工作的負責人，確保決策層有專人承擔財務管理職責。
（2）境外投資決策管理：包括盡職調查、可行性研究、敏感性分析和內部決策。
（3）境外投資營運管理：包括預算管理、臺帳管理、資金管理、成本費用管理、股利分配管理等。管理特別明確：一般資金往來應當由經辦人和經授權的管理人員簽字授權；重大資金往來應由境外投資（項目）董事長、總經理、財務負責人中的二人或多人簽字授權，且其中一人須為財務負責人。
（4）境外投資財務監督：國有企業要建立健全對境外投資的內部財務監督制度和境外投資企業（項目）負責人離任審計和清算審計制度。
（5）境外投資績效評價：國有企業應當建立健全境外投資績效評價制度。

四、境外直接投資風險管理

境外投資的國家風險主要分為政治風險和經濟風險。
政治風險：政變、社會動亂、貨幣不可兌換、資金匯回限制等。
經濟風險：宏觀經濟政策變化、國際收支失衡、財政赤字、通貨膨脹等。

第四節　融資決策與企業增長

一、概述

（一）融資渠道和融資方式
1. 融資渠道（從資金供應者角度看）
（1）國家財政資金。
（2）個人閒置資金。
（3）企業自留資金。
（4）境外資金。
2. 融資方式（從資金需求者角度看）
（1）直接融資方式：需求者直接和資金供應者打交道融資。比如發行股票、債券等。
（2）間接融資方式：通過銀行等仲介機構融資。比如銀行貸款。
3. 中國融資方式改革的方向
改革方向為擴大直接融資的比重。

（二）企業融資的戰略評價

企業融資的戰略評價有三個維度。
（1）與企業戰略相匹配並支持企業投資增長。
（2）風險可控。
（3）融資成本下降。
這是評價融資效率效果的核心財務標準。

二、融資規劃和企業增長管理

（一）銷售百分比法

1. 步驟

（1）確定敏感性資產和敏感性負債。
（2）計算資產銷售百分比，負債銷售百分比。
公式：資產銷售百分比＝基期敏感性資產÷基期銷售收入
負債銷售百分比＝基期敏感性負債÷基期銷售收入
（3）按照公式計算外部融資額。
外部融資額＝資產增加－負債自然增加－預計留存收益
　　　　　＝銷售增加額×資產銷售百分比－銷售增加額×負債銷售百分比－預計銷售總額×銷售淨利率×（1－現金股利支付率）

【例24】某公司2016年12月31日資產負債表如表2-16所示。

表 2-16　　　　　　　　　　　　　　　　　　　　單位：萬元

資產	金額	與銷售的關係	負債與所有者權益	金額	與銷售的關係
庫存現金	5,000	相關	應付費用	10,000	相關
應收帳款	15,000	相關	應付帳款	5,000	相關
存貨	30,000	相關	短期借款	25,000	不相關
固定資產淨值	30,000	不相關	公司債券	10,000	不相關
			實收資本	20,000	不相關
			留存收益	10,000	不相關
資產合計	80,000	—	負債與所有者權益合計	80,000	—

假定該公司2016年的銷售收入為100,000萬元，銷售淨利潤為10%，股利支付率為60%，公司現有生產能力尚未飽和，增加銷售無須追加固定資產投資。經預測，2017年銷售收入將增加到120,000萬元，企業銷售淨利潤和利潤分配政策不變。求：該公司2017年對外籌資額。

【解析】
資產銷售百分比＝（5,000+15,000+30,000）/100,000＝50%
負債銷售百分比＝（10,000+5,000）/100,000＝15%
外部融資額＝20,000×（50%－15%）－120,000×10%×40%＝2,200（萬元）

【例 25】ABC 公司 2018 年有關的財務數據如表 2-17 所示。

表 2-17

項目	金額（萬元）	占銷售額的百分比（%）
流動資產	1,400	35
非流動資產	2,600	65
資產合計	4,000	100
短期借款	600	無穩定關係
應付款項	400	10
長期借款	1,000	無穩定關係
實收資本	1,200	無穩定關係
留存收益	800	無穩定關係
負債和所有者權益合計	4,000	10%
銷售額	4,000	100
淨利潤	200	5
現金股利	60	—

要求：假定 ABC 公司的實收資本一直保持不變，計算回答以下三個互不關聯的問題：

（1）2019 年計劃銷售收入為 5,000 萬元，需要補充多少外部融資額（保持目前的股利支付率、銷售淨利率和資產週轉率）？

（2）假定股利支付率為零，銷售淨利率提高到 6%，目標銷售額為 4,500 萬元，需要籌集多少外部融資額？

【解析】

（1）外部融資額 = 1,000×（100%-10%）-5,000×5%×（1-60/200）= 900-175 = 725（萬元）

（2）外部融資額 = 500×（100%-10%）-4,500×6%×100% = 450-270 = 180（萬元）

（二）內部增長

1. 含義

企業完全沒有「對外融資」，僅靠留存收益支持帶來的銷售增長率，相當於完全靠「自力更生」帶來的增長。

2. 公式一

基本原理：外部融資額 = 資產增加 - 預計留存收益 = 0

公式推導過程略，得到的結果如下：

銷售增長率 = 內部增長率 = 銷售淨利率×(1-現金股利支付率)/[資產銷售百分比-銷售淨利率×(1-現金股利支付率)]

【例 26】甲公司是一家小家電製造商，已知該公司 2015 年的銷售收入為 2,000 萬元，銷售淨利潤率為 5%，現金股利支付率為 50%，總資產為 1,000 萬元（其中負債為 550 萬元，所有者權益為 450 萬元），該公司預計 2016 年的銷售收入增長率為 20%，資產銷售百分比為 50%，請計算內部增長率。

【解析】已知：銷售淨利率＝5％，現金股利支付率＝50％，資產銷售百分比＝1,000/2,000＝50％，所以，內部增長率＝5％×(1-50％)/[50％-5％×(1-50％)]＝5.26％。

3. 公式二

將公式一的分子分母同時乘以銷售收入，並同時除以資產總額，可以得到公式二：
內部增長率＝稅後總資產報酬率×(1-現金股利支付率)/[1-稅後總資產報酬率×(1-現金股利支付率)]

其中，稅後總資產報酬率＝淨利潤/平均總資產

【例27】承【例26】，計算稅後總資產報酬率＝2,000×5％/1,000＝10％

根據公式二，計算內部增長率＝10％×(1-50％)/[1-10％×(1-50％)]＝5.26％

(三) 可持續增長率

1. 含義

可持續增長率是指在保持某一產權比率（最佳債務/權益比例）下，不對外發行新股等權益融資的前提下（可以對外負債和內部留存收益增加並匹配），所能夠達到的最高銷售增長率。

2. 公式一

可持續增長率＝銷售淨利率×(1-現金股利支付率)×(1+最佳債務/權益比例)/[資產銷售百分比-銷售淨利率×(1-現金股利支付率)×(1+最佳債務/權益比例)]

3. 公式二

(1) 淨資產收益率＝淨利潤/平均淨資產

(2) 可持續增長率＝淨資產收益率×(1-現金股利支付率)/[1-淨資產收益率×(1-現金股利支付率)]

【例28】承【例26】，該公司的銷售淨利率為5％，資產銷售百分比為50％，最佳債務/權益比例＝550/450＝1.222,2，淨資產收益率＝2,000×5％/450＝22.22％，請計算可持續增長率。

【解析一】可持續增長率＝5％×(1-50％)×(1+1.222,2)/[50％-5％×(1-50％)×(1+1.222,2)]＝12.5％

【解析二】可持續增長率＝22.22％×(1-50％)/[1-22.22％×(1-50％)]＝12.5％

(四) 企業可持續增長率和增長管理的策略

1. 實際增長率大於可持續增長率（增長過快）

(1) 發售新股。

(2) 增加借款以提高槓桿率。

(3) 削減股利。

(4) 剝離無效資產。

(5) 供貨渠道的選擇。

(6) 提高產品定價。

(7) 其他。

2. 實際增長率小於可持續增長率（增長過慢）

(1) 支付股利。

(2) 調整產業。

(3) 其他。

三、企業融資方式決策

(一) 權益融資方式

1. 吸收直接投資和引入戰略合作者

(1) 戰略合作者的特徵：資源互補、長期合作、可持續增長和長期回報。但是要防止「引狼入室」。

2. 股權再融資

(1) 配股。

配股是指向原股東按照其持股比例，以低於市價的某一特定價格配售一定數量的新股。

公式：配股除權價格(基準價格) = (配股前股票市價+配股數量×配股價格)/(配股前股數+配股數量) = (配股前每股價格+配股價格×股份變動比例)/(1+股份變動比例)

【注意】

①如果全體股東參與配股，則股份變動比例等於實際配售比例；否則，不等於。

②除權價為基準價格，股票實際交易價格大於除權價格，為「填權」，表明股東財富增加；股票實際交易價格小於除權價格，為「貼權」，表明股東財富減少。

③老股東因執行價低於除權價格，所以配股權具有期權的特點。

【例29】長江公司擬採用配股的方式進行融資，假定2019年3月25日為配股除權登記日，現以公司2018年12月31日的總股本5億股為基數，擬每5股配售一股新股。配股價格為配股說明書公布前20個交易日的公司股票收盤價的平均值（10元/股）的80%，即配股價格為8元/股。在所有股東均參與配股的情況下，要求計算：

(1) 配股後每股價格（配股除權價格）。

(2) 每份配股權的價值。

(3) 如果股東張某擁有5,000萬股甲公司股票並參與配股，其股東財富增加多少？

(4) 如果某股東李某擁有5,000萬股甲公司股票不參與配股，其股東財富減少多少？

【解析】

(1) 配股後的除權價格 = (50,000×10+10,000×8)/(50,000+10,000) = 9.667（元）

(2) 每份配股權的價值 = (9.667-8)/5 = 0.333（元）

(3) 張某參與配股的財富增加 = 配股後總價值9.667×(5,000+配股1,000) - 配股前股票總價值10×5,000萬+配股支出1,000×8) = 5.8億-5.8億=0（元）

(4) 股東李某不參與配股，那麼參加配股的僅有9,000萬股。

配股後的股票除權價 = (50,000×10+9,000×8)/(50,000+9,000) = 9.694,9（元/股）

該股東配股後持有5,000萬股的股票價值 = 9.694,9×5,000萬股 = 4.847,45（億元）

未行使配股權，財富減少 = 配股前的價值5,000×10萬-4.847,5億 = 0.152,55(億元)。

(2) 增發。

①含義。增發是指已經上市的公司向指定的投資者額外發行股份的方法，發行價格為前一階段的平均價格的某一比例。

②分類。

公開增發：公開增發需要滿足證券監管部門所設定的盈利狀況、分紅要求等各項條件，並且認購方式為現金。

定向增發：定向增發只針對特定對象（如大股東或大機構投資者），以不存在嚴重損害其他股東合法權益為前提。

定向增發的規則見表2-18。

表2-18

要 素	規 則
發行對象	不超過10名，且符合股東大會設定的相關條件
發行定價	不低於發行定價基準日前20個交易日的公司股票價格的90%，定價基準日為本次非公開發行股票發行期的首日
限售期的規定	一般對象在發行股份的12個月內，戰略投資者在36個月內不得轉讓
財務狀況	最近1年或1期的財務報表未被註冊會計師出具保留意見、否定意見或無法表示意見的審計報告，即使有以上情況的也已經消除重大影響
資金用途	符合國家產業政策

關於規範上市公司融資的新規包括以下幾點：

（1）上市公司申請非公開發行股票的，擬發行的股份數量不得超過本次發行前總股本的20%。

（2）上市公司申請增發、配股、非公開發行股票的，本次董事會決議日距離前次募集資金到位日原則上不少於18個月。

（3）上市公司申請再融資交易的，除金融企業外，原則上最近一期期末不存在持有金額較大、期限較長的交易性金融資產和可供出售金融資產，以及借予他人款項、委託理財等財務性投資的情形。

（二）債務融資

1. 集團授信貸款

（1）概念：集團授信貸款目前為主要的融資方式，指商業銀行將某一集團的所有公司作為一個客戶進行統一評估，以確定一個貸款規模的貸款方式。

（2）授信對象：集團客戶。

（3）管理重點：①確立授信業務範圍；②明確集團授信額度；③要求提供相關信息資料；④貸款提前收回。

（4）好處：①便於集團客戶對成員公司資金集中調控和統一管理，增強集團財務控制力；②便於集團客戶集中控制信用風險；③可以獲得多家銀行的優惠授信條件，降低融資成本；④成員單位依託集團可以提高融資能力。

2. 可轉換債券

（1）基準股票：可以是發債公司自身股票或其子公司股票。

（2）轉換期：等於或短於債券期限。

（3）轉換價格：普通股每股價格。例如轉股價格為普通股每股20元。一般以發行前一段時間的股價均價為基礎，上浮一定的幅度作為轉換價格。

（4）轉換比率＝債券面值/轉換價格。

【例30】某公司的每份可轉換債券面值為1,000元，轉股價格為普通股每股20元，則轉換比率＝1,000/20＝50

（5）轉換價值＝轉換比率×股票市價。

【例31】承【例30】，假定每股市價為25元，轉換價值＝50×25＝1,250（元）。

（6）贖回條款：發行人在債券發行一段時間後，無條件或有條件地提前購回可轉換債券。一般在股票市價大於轉股價格的條件下出現。例如，股票市價為每股10元，轉股價格為每股6元，發債人直接賣股票比通過轉換可轉債換股多賺4元，所以對發債人有利。

贖回溢價＝贖回價格－債券面值

【例32】假定【例31】中，發行人在1年後按照面值的106%贖回，贖回溢價＝1,000×（106%－1）＝60（元）

（7）強制性轉股條款：必須轉換為股票。

（8）回售條款：債券持有人在約定的時間及條件下享有將債券賣給發行人的權利。一般在股票市價低於轉股價格的條件下出現。例如股票市價為3元，轉股價格為6元，持有人以3元就可以買一股，但是以6元轉股就不合算，所以為保全自身利益，就按照轉股價回售給發債人。

（9）性質：可轉換債券屬於混合債券，具有債權、股權、期權的特徵。

（三）企業集團分拆上市與整體上市

1. 集團分拆上市

（1）類型。

①集團總部將尚未上市的子公司從集團整體中分拆出來進行上市。如四川全興集團分拆水井坊上市，聯想集團分拆神州數碼上市。

②集團總部對下屬成員單位的相關業務進行分拆、資產重組並經過整合後獨立上市。

③對已經上市的公司將其中的部分業務單獨分拆出來進行獨立上市。

（2）優缺點。

①優點：分拆有利於建立多個融資平臺，增強集團整體的融資能力和發展潛能。

②缺點：有市場「圈錢」的嫌疑；管控難度加大。

2. 企業集團整體上市

（1）模式。

①換股合併：上市公司退市，股東手中的股票換成集團公司的股票。如TCL公司。

②定向增發與反向購買。集團下屬的上市子公司增發相應的股份，然後反向收購集團公司資產，從而達到集團公司整體上市的目的。如鞍鋼、武鋼公司。

③集團首次公開發行上市：先剝離非主業資產，進行多元化整體改造，然後將集團直接上市公開募股。如中國石化、中國人壽在海外上市。

（2）優點：建立超大的融資平臺，增強集團營運能力。

四、企業資本結構決策與管理

（一）EBIT-EPS 分析法（每股收益分析法）

1. 每股收益 =（EBIT-I）×（1-T）
2. 每股收益無差別點

在權益融資和負債融資方式下，當 EBIT 保持某一水準時，每股收益相等，此時的 EBIT 就是無差別點。

3. 公式：$EPS_1 = EPS_2$

$$\frac{(\overline{EBIT-I_1}) \times (1-T)}{N_1} = \frac{(\overline{EBIT-I_2}) \times (1-T)}{N_2}$$

4. 決策標準

【歸納】

當預計的 EBIT 等於無差異點時，採用權益方式和債務方式融資沒有區別。
當預計的 EBIT 大於無差異點時，採用債務方式融資較優。
當預計的 EBIT 小於無差異點時，採用權益方式融資較優。

【例33】某公司擁有普通股 100 萬股，每股面值 10 元，股本總額為 1,000 萬元，公司債券面值為 600 萬元；年利率為 12%，公司為擴大生產規模擬採用以下方案籌集資金 750 萬元。

方案一：增發普通股 50 萬股，每股發行價格為 15 元。
方案二：平價發行公司債券 750 萬元，若公司債券年利率為 12%。
如果所得稅稅率為 25%，要求：
（1）計算每股收益無差別點處的息稅前利潤。
（2）如果公司預期息稅前利潤為 400 萬元，判斷哪個方案更優。

【解析】列方程式

$$\frac{(\overline{EBIT-600\times12\%})\times(1-25\%)}{100+50} = \frac{(\overline{EBIT-1,350\times12\%})\times(1-25\%)}{100}$$

$\overline{EBIT}$ = 342（萬元），預期 EBIT 大於 $\overline{EBIT}$ 選擇發行債券。

（二）資本成本比較分析法（最佳資本結構法）

1. 原理

公司價值最高，加權平均資本成本最低的結構才是最佳結構。

2. 計算步驟

（1）先分別確定債券市場價值及股票市場價值。
（2）假定債券市場價值 B = 面值。
（3）股票市場價值 $S = \dfrac{稅後利潤}{權益資本成本} = \dfrac{(EBIT-I)\times(1-T)}{K_S}$。

【備註】該公式假定淨利潤全部用於分配，並保持固定不變，形成一項永續年金，按照權益資本成本折合為現值。

（4）普通股成本 $K_S = R_i = R_F + \beta(R_m - R_F)$。

（5）求公司總價值 $V=S+B=$ 股票市場價值+債券市場價值。

（6）求加權資金成本 $K_W = K_b \left(\dfrac{B}{V} \right) \times (1-T) + K_S \left(\dfrac{S}{V} \right)$。

【注意】這裡的比重是市場價值比重。

【例34】某公司息稅前利潤為400萬元，資本總額帳面價值為2,000萬元。假設無風險報酬率為6%，證券市場平均報酬率為10%，所得稅稅率為25%。經測算，不同債務水準下的權益資本成本率和債務資本成本率如表2-19所示。

表2-19

債務市場價值（萬元）	稅前債務利息率	股票的β系數	權益資本成本率 K_S
0	—	1.50	12.0%
200	8.0%	1.55	12.2%
400	8.5%	1.65	12.6%
600	9.0%	1.80	13.2%
800	10.0%	2.00	14.0%
1,000	12.0%	2.30	15.2%
1,200	15.0%	2.70	16.8%

【解析】

（1）當 $B=0$ 時，$K_S = R_i = R_F + \beta(R_m - R_F) = 6\% + 1.5 \times (10\% - 6\%) = 12\%$

$S = (400 - 0) \times (1 - 25\%) / 12\% = 2,500$

$V = 0 + 2,500 = 2,500$

$K_w = 0 + 12\% \times (2,000/2,000) = 12\%$

（2）當 $B=200$ 時，$K_S = R_i = R_F + \beta(R_m - R_F) = 6\% + 1.55 \times (10\% - 6\%) = 12.2\%$

$S = (400 - 200 \times 8\%) \times (1 - 25\%) / 12.2\% = 2,361$

$V = 200 + 2,361 = 2,561$

$K_b = 8\% \times (1 - 25\%) = 6\%$

$K_w = 6\% \times (200/2,561) + 12.2\% \times (2,361/2,561) = 11.72\%$

（3）當 $B=400$ 時，$K_S = R_i = R_F + \beta(R_m - R_F) = 6\% + 1.65 \times (10\% - 6\%) = 12.6\%$

$S = (400 - 400 \times 8.5\%) \times (1 - 25\%) / 12.6\% = 2,179$

$V = 400 + 2,179 = 2,579$

$K_b = 8.5\% \times (1 - 25\%) = 6.375\%$

$K_w = 6.375\% \times (400/2,579) + 12.6\% \times (2,179/2,579) = 11.64\%$

（4）其餘計算過程略，全部結果見表2-20。

表2-20

債務市場價值（萬元）	股票市價值（萬元）	公司總價值（萬元）	稅後債務資本成本	普通股資本成本	加權平均資本成本
0	2,500	2,500	—	12.00%	12.00%
200	2,361	2,561	6.00%	12.20%	11.72%

表2-20(續)

債務市場價值（萬元）	股票市值（萬元）	公司總價值（萬元）	稅後債務資本成本	普通股資本成本	加權平均資本成本
400	2,179	2,579	6.375%	12.60%	11.64%
600	1,966	2,566	6.75%	13.20%	11.69%
800	1,714	2,514	7.50%	14.00%	11.93%
1,000	1,382	2,382	9.00%	15.20%	12.60%
1,200	982	2,182	11.25%	16.80%	13.75%

（5）決策：當債務價值=400萬元時，公司總價值最高，為2,579萬元，同時加權平均資本成本最低，為11.64%；因此，此種資本結構為最佳資本結構。

(三) 資本結構調整的管理框架

理論界沒有通用於各類企業的統一的最佳資本結構模型，同時，即使某一企業在現實中確定了一個最佳資本結構，它也不是一個常數，而應該是一個動態的有效區間，比如，在60%～70%。為了達到這一目標，應該確定資產負債率的上限為階段性控制目標。目前銀行界給予企業的資產負債率的上限一般為70%。資本結構動態調整的思路如下：

（1）實際負債率大於最優負債率的調整：如果企業已經面臨破產的威脅，應該迅速降低實際負債率；如果沒有破產威脅，再看是否有良好的投資機會，如果沒有機會，則應該想辦法降低實際負債率，如果有良好的投資機會，可以考慮採用股權投資等方式將實際負債率調整到最優狀態。

（2）實際負債率小於最優負債率的調整：如果公司存在良好的投資機會，可以通過借款等方式提升實際負債率進行投資；如果沒有，則可以考慮利用回購股票等方式，調整實際負債率至最優狀態。

第三節　企業集團資金管理與財務公司

一、企業集團融資規劃

【公式】企業集團外部融資需要量=Σ集團下屬各子公司的新增投資需求之和−Σ集團下屬各子公司新增內部留存收益額−Σ集團下屬各子公司內部年度折舊額

【例35】某集團下屬各子公司的新增投資需求之和為6億元，集團下屬各子公司新增內部留存收益額為3億元，集團下屬各子公司內部年度折舊額為1億元，則集團公司外部融資額為2億元（6-3-1）。

【注意】折舊是否作為現金流入，要看計算方法，如果採用直接法，折舊不是來源，比如：營業現金淨流量=營業收入−付現成本−所得稅；如果採用間接法，折舊是來源因素，比如：營業現金淨流量=稅後淨營業利潤+折舊。

二、企業集團資金集中管理模式

（1）總部財務統收統支模式：收入和支出全部集中於集團財務部，屬於高度集權管理。

（2）總部財務備用金撥付模式：成員單位借備用金，事後在集團財務部報帳補充備用金。

（3）總部結算中心或內部銀行管理模式。

【例36】某條高速公路營運單位為A、B、C三家公司，假定某車輛通行高速公路入口到高速公路出口一次性繳納通行費500元，由結算中心代收，然後根據A、B、C三家營運的不同里程進行清分結算，其中A公司分配230元，B公司分配160元，C公司分配110元。綜上，其程序是：客戶繳費到結算中心，結算中心清分之後支付到營運單位。

（4）財務公司模式：企業集團內部經營部分銀行業務的非金融機構。

三、財務公司管理

（一）設立條件

1. 母公司（集團公司）應當具備的條件

（1）申請前一年，母公司的註冊資本不低於8億元。

（2）申請前一年按照規定並表核算的成員單位總資產不低於50億元，淨資產率不低於30%。

（3）申請前連續兩年，按照規定並表核算的成員單位營業收入總額不低於40億元，稅前利潤不低於2億元。

（4）現金流量穩定並具有較大規模。

（5）母公司成立兩年以上，並具有企業內部財務管理經驗和資金管理經驗。

（6）母公司法人治理結構健全，無違法違規行為，近三年無不良誠信記錄。

（7）母公司擁有核心主業。

（8）母公司無不當關聯交易。

2. 子公司（財務公司）應當具備的條件

（1）符合國家產業政策。

（2）財務公司的註冊資本金最低為1億元，主要從成員單位中募集，並可以吸收成員單位以外的合格的機構投資者入股。

（二）業務範圍

1. 一般業務範圍（11項）

（1）對成員單位辦理財務和融資顧問、信用簽證及相關的諮詢、代理業務。

（2）協助成員單位實現交易款項的收付。

（3）經批准的保險代理業務。

（4）對成員單位提供擔保。

（5）辦理成員單位之間的委託貸款和委託投資。

（6）對成員單位辦理票據承兌與貼現。
（7）對成員單位之間的內部轉帳結算及相應的結算、清算方案設計。
（8）吸收成員單位的存款。
（9）對成員單位辦理貸款及融資租賃。
（10）從事同業拆借。
（11）經批准的其他業務。

2. 符合條件的財務公司可以向中國銀監會申請的業務
（1）經過批准發行的財務公司債券。
（2）承銷成員單位的企業債券。
（3）對金融機構的股權投資。
（4）有價證券投資。
（5）成員單位產品的消費信貸、買方信貸及融資租賃。

【例37】（2018年考試題）甲公司是一家集成電路製造類的國有控股集團公司，2018年年初，公司召開了經營與財務工作務虛會。部分參會人員發言要點摘錄如下：……戰略發展部經理：集團旗下參股和控股企業數量眾多，內部資金往來交易量巨大。本集團已初步具備了成立財務公司的條件。為加強資金集中管理，建議著手組建集團財務公司；①成立專門工作組，動員成員單位積極入股，並適當吸收社會其他合格的機構投資者入股；②集團財務公司可以為成員單位辦理票據承兌與貼現、辦理貸款和承銷股票等業務，從而拓寬成員單位資金的來源渠道。要求：分別判斷①和②的陳述是否恰當；如不恰當，說明理由。

【解析】要點①恰當；要點②不恰當。理由：企業集團的財務公司的業務範圍不包括為成員單位承銷股票。

（三）監管指標

根據2006年中國銀行業監督管理委員會（現為銀保監會）發布的《關於修改〈企業集團公司財務管理辦法〉的決定》的規定，財務公司開展業務要滿足以下監管指標：
（1）資本充足率不得低於10%。
（2）拆入資金餘額不得高於資本總額。
（3）擔保餘額不得高於資本總額。
（4）短期證券投資與資本總額的比例不得高於40%。
（5）長期投資與資本總額的比例不得高於30%。
（6）自有固定資產與資本總額的比例不得高於20%。
（7）銀監會可以對上述指標調整。

（四）財務公司與集團下屬子公司之間的關聯交易與信息披露

財務公司為集團內部公司的服務，均屬於關聯交易範圍。在集團存在上市公司的情況下需要進行關聯交易的信息披露，實踐中有兩種做法：
（1）將母公司、上市公司作為財務公司的股東，從而將上市公司的財務業務包含在財務公司的服務範圍內。
（2）上市公司與財務公司簽訂金融服務協議，從而將財務公司的服務範圍輻射到上市公司。

（五）財務公司的運作模式
1. 收支一體化模式
（1）統一帳戶設置：成員單位按照總部的統一安排分別在外部商業銀行和財務公司各設立一個帳戶，帳戶的管理權限均由財務公司統一調度。實踐中，具體有三種操作模式：

① 限額帳戶模式：資金可以先進入成員單位外部商業銀行帳戶，達到一定限額之上的部分再集中劃轉至財務公司「資金池」帳戶。

② 零餘額帳戶模式：將成員單位的外部商業銀行帳戶設置為零餘額帳戶，所有資金都歸集到財務公司的「資金池」，需要時再往成員單位帳戶調撥資金。

③ 虛擬帳戶模式：各成員單位沒有獨立帳戶，在財務公司「資金池」歸集戶的下面分設虛擬帳戶。

（2）資金收入統一集中：成員單位外部銀行帳戶納入集團集中範疇，該帳戶的資金經授權統一劃入財務公司開立的帳戶，形成集團「現金池」。

（3）資金統一支付：財務公司經授權後按照成員單位的支付指令完成代理支付、內部轉帳支付等結算業務。

由於各成員單位的一個帳戶（限額帳戶、零餘額帳戶或虛擬帳戶）既辦理收入，又辦理支付，所以稱為「收支一體化模式」。

2.「收支兩條線」模式
（1）帳戶設置：成員單位在集團指定的商業銀行分別開立「收入」帳戶和「支出」帳戶。成員單位同時在財務公司開立內部帳戶，並授權財務公司對其資金進行查詢和結轉。

（2）收入歸集：每日末，成員單位在商業銀行「收入帳戶」的餘額全部歸集入財務公司內部帳戶。

（3）透支支付：每日終了，成員單位以其在財務公司帳戶存款為限，以日間透支的方式對外辦理支付業務，財務公司統一為其歸還透支額。

（4）統一系統：集團內、外結算活動全部通過財務公司的結算業務系統進行。

由於各成員單位通過外部商業銀行的「收入帳戶」和「支出帳戶」分別辦理收入和支付，所以稱為「收支兩條線模式」。

（六）財務公司的風險管理
1. 風險來源
（1）戰略風險。
（2）信用風險。
（3）市場風險。
（4）操作風險。
2. 風險管理
（1）建立完善的組織機構體系：董事會、監事會、股東會和風險管理部和稽核部。
（2）建立內部控制制度並加以落實。

四、企業集團財務風險控制

(一) 企業集團債務融資的「金字塔效應」

【例38】某股東投入1,000萬元成立甲公司，甲公司可以負債1,000萬元，再投資2,000萬元成立子公司——乙公司，乙公司可以負債2,000萬元，共計資金4,000萬元投入丁公司，丁可以負債4,000萬元。要求：計算集團公司的資產負債率。

【解析】集團總資金為資本1,000萬元+負債（1,000+2,000+4,000）萬元＝8,000（萬元），資產負債率為7,000÷8,000＝87.5%，大大增加了集團的財務風險。

(二) 企業集團財務風險的控制重點

1. 資產負債率控制

(1) 企業集團的資產負債率控制線：目前銀行的上限為70%，超過此界限不予貸款。

(2) 母公司、子公司的資產負債率控制線：根據「木桶原理」，只要出現短板，會影響資金鏈斷裂，使得整個集團傾覆。如泰坦尼克號。

2. 擔保控制

(1) 建立以集團總部為權利主體的擔保審批制度。

(2) 明確界定擔保對象。

(3) 建立反擔保制度。

【復習重點】

1. 投資決策指標的計算：投資回收期（包括靜態和動態回收期）淨現值、內含報酬率（含修正的內含報酬率）、現值指數、會計收益率。

2. 擴大規模法、重置現金流量法、等額年金法。

3. 現金淨流量及淨現值法影響。

【注意】

(1) 增量現金流量、沉沒成本、機會成本、關聯影響的含義。

(2) 利息費用無論是否支付現金，因屬於籌資活動，所以對營業現金淨流量均無影響。營業現金流量的計算起點是稅後淨營業利潤，但如果從淨利潤出發，通過間接方式計算營業現金流量，按以下公式計算：

營業現金流量＝淨利潤＋利息費用×（1−T）−資本支出−淨營運資本增加＋折舊和攤銷

(3) 籌資現金流不包括在增量現金流中，而應放在必要收益率考慮。

4. 風險分析方法：敏感分析法、情景分析法、確定當量法、風險調整折現率法。

【注意】

(1) 敏感係數公式、平均值和標準差、風險調整後折現率公式。

(2) 項目的風險不同於公司的風險，所以項目應該按照項目自身的加權平均資本成本折現。

5. 境外直接投資的方式、境外財務管理的職責、營運管理、財務監督和績效評價、風險管理。
6. 私募股權基金的類型及組織形式、退出方式。
7. 融資戰略的評判維度。
8. 銷售百分比法的公式、企業集團融資規劃公式。
9. 內部增長率、可持續增長率。
10. 配股的計算公式和定向增發的規定。
11. 可轉換債券的基本要素及有關計算。
12. EBIT-EPS 分析法和公司價值分析法，資本結構管理框架的調整。
13. 財務公司的設立條件、業務範圍、監管指標、收支管理模式（2 種）及風險管理。
14. 企業集團財務風險控制重點。

【同步案例題】

一、投融資決策

【資料】甲公司是一家從事汽車零配件生產和銷售的國有集團公司，2018 年年初召開總經理辦公會議研究項目投資事宜，以下是有關人員的發言要點：

（1）投資部經理：公司以前大量從事實體店建設，截至目前在全國已經擁有 2,000 多個網點。近年來受到電商的衝擊，很多實體店經營困難，甚至虧損，我建議減少實體店的投資，併購一家同行業的電商平臺公司，重點推進線上營銷渠道項目的建設，以鞏固公司在行業中的競爭地位。該項目預計將投資 4 億元。

（2）財務部經理：項目所需的資金可以通過發行可轉換債券籌資 2 億元、配股籌資 2 億元的方式，以維持目前資產負債率 50%的最佳資本結構。配股前的股本總額為 10 億股，每股市場平均價格為 1.6 元，計劃每 5 股配 1 股，配股價為每股 1 元。

（3）財務總監：項目投資除了考慮風險外，必須考慮投資效益。投資部和財務部提供的資料顯示：該項目的建設期為 2 年，營運期為 8 年，項目投資形成的固定資產無淨殘值。項目固定資產投資 3.2 億元，在建設起點一次性投入；流動資金投資 0.8 億元，在建設期期末一次性投入。營運期每年的稅後淨營業利潤為 1.5 億元，公司的加權平均資本成本為9%，項目的加權平均成本為 10%。根據今年董事會的有關要求，該項目的靜態投資回收期（包含建設期）應不超過 5 年；同時項目的淨現值應不低於 4.5 億元，方可實施。

（4）副總經理：電商項目我看有較大的風險，我看最好引進私募股權基金模式，我們先成立一家基金管理公司作為普通合夥人，然後再引進若干有限合夥人，成立「電商項目基金」進行運作，待實施 IPO 後成功退出獲利。

（5）總經理：我看電商項目也要緊跟國家「一帶一路」倡議走出去，可以考慮在有關國家設立項目公司，為了強化集中管控和節約成本，我看由副總經理直接管理，

包括重大往來境外資金的審核簽字。當然也要注意東道國的政治風險和經濟風險。

要求：

（1）根據財務經理的發言，計算配股除權價格和配股權價值。

（2）根據財務總監的發言，計算該項目的靜態投資回收期（包含建設期）和淨現值，並判斷是否可行。

（3）請問副總經理介紹的私募股權投資基金的組織形式屬於何種類型，其中有限合夥人出資比例通常為多少？

（4）請問總經理的發言中是否存在不當之處，如有請指出，並說明理由。

（5）請簡要列舉總經理發言中的政治風險和經濟風險包括哪些情形。

【解析】

（1）根據財務部經理的發言，計算配股除權價格＝（10×1.6+2×1）÷（10+2）＝1.5（元），配股權價值＝（1.5-1）÷5=0.1（元）

（2）根據財務總監的發言，計算現金淨流量如下：

$NCF_0 = -3.2$（億元）；$NCF_1 = 0$，$NCF_2 = -0.8$（億元）

NCF_{3-9}＝稅後淨營業利潤1.5+折舊3.2/8=1.9（億元）

$NCF_{10} = 1.9+0.8 = 2.7$（億元）

計算靜態投資回收期（含建設期）＝2+4/1.9=4.11（年）

計算 $NPV = -3.2 - 0.8 \times (P/F, 10\%, 2) + 1.9 \times [(P/A, 10\%, 10) - (P/A, 10\%, 2)] + 0.8 \times (P/F, 10\%, 10) = -3.2 - 0.8 \times 0.826\,4 + 1.9 \times [6.144\,6 - 1.735\,5] + 0.8 \times 0.385\,5 = 4.824\,6$（億元）

由於靜態投資回收期（含建設期）和淨現值均滿足要求，所以該項目可以實施。

（3）屬於有限合夥制，其中有限合夥人出資比例占基金全部份額的80%以上；普通合夥人則不少於1%。

（4）總經理發言中的不當之處是：重大資金由副總經理簽字。按照規定：境外直接投資應由境外投資（項目）的董事長、總經理、財務負責人中的二人或多人簽字授權，且其中一人須為財務負責人。

（5）政治風險包括政變、政權更替、政策轉變、社會動亂、貨幣不可兌換、資金匯回限制等，經濟風險包括宏觀經濟政策變化、國際收支失衡、財政赤字、通貨膨脹、經濟衰退、失業等。

二、融資決策

M集團公司目前擁有甲、乙、丙三個子公司，集團適用的所得稅稅率為25%。M集團準備制定2020年的融資規劃和進行有關決策，相關資料如下：

【資料一】

甲公司是一家大型商貿流通企業，2019年銷售總額為40億元，2020年預計銷售收入增長率將達到30%，根據市場調研，該公司所有資產、負債項目與收入線性相關，2020年的銷售淨利潤率、股利支付率和資本結構繼續保持2019年的水準。

已知甲公司2019年流動資產為6億元，非流動資產為14億元；流動負債為5億元，長期負債為8億元；所有者權益為7億元；總資產為20億元。2019年實現淨利潤

為 2 億元，分配現金股利 1 億元。

【資料二】

M 集團財務部編製了 2020 年集團外部融資預測表如表 2-21 所示。

表 2-21　　　　　　　　　　　　　　　　　　　　　　　單位：億元

子公司及集團合併	扣除內部留存收益後的外部融資需求	計提折舊	外部融資淨缺口
1. 甲公司	A	0.1	B
2. 乙公司	2	0.5	1.5
3. 丙公司	3	0.2	2.8
集團合計	C	0.8	D

【資料三】

M 集團 2020 年年初發行在外的普通股數為 50 億股，每股面值為 1 元。對於 2020 年的外部融資淨缺口，M 集團聘請集團外部財務諮詢機構制訂的籌資方案如下：

方案一：全部通過增發普通股籌集，每股發行價格為 1 元。

方案二：全部向銀行借款，新增債務的利率為 10%。已知 M 集團公司原有債務年利息為 4.5 億元。預計融資後新增息稅前利潤為 15 億元。

【資料四】

2019 年 M 集團各子公司開設的銀行帳戶合計多達 60 個，且各自為政，資金管理非常分散，資金沉澱無法統籌調度。2020 年 M 集團制訂了龐大的戰略擴張計劃，隨著 M 集團的迅速擴張，如果不加以限制，各子公司開設的銀行帳戶將越來越多，更加難以監管。為了加強集團資金的集中管理，M 集團公司董事會要求集團財務部進行研究並提出解決方案。集團財務部經過精心調研，提出了組建財務公司（資本總額 10 億元），實行收支兩條線的資金集中管理模式。運行中審計發現：財務公司進行短期證券投資餘額為 5 億元，為成員單位提供的擔保餘額為 8 億元。

要求：

（1）根據資料一回答以下問題：

①採用銷售百分比法計算甲公司 2020 年的外部融資額（未扣除折舊）。

②計算甲公司的內部增長率。

③計算甲公司的可持續增長率。

④如果甲公司 2020 年的實際增長率為預計目標 30%，甲公司將採取哪些可行的財務策略？

（2）根據資料一，填列完成資料二中 2020 年 M 集團外部融資預測表中帶字母的空格。

（3）根據資料三，計算外部財務諮詢機構制訂的融資方案的融資無差異點。並判斷採用哪種籌資方式最佳。

（4）根據資料四，簡要敘述收支兩條線資金集中管理模式的運行流程。

（5）根據資料四，簡要敘述審計發現有關事實是否存在不當之處，請說明理由。

【解析】

（1）①採用銷售百分比法計算甲公司 2020 年的外部融資額（未扣除折舊）

2019 年的資產銷售百分比＝（6+14）/40＝50%
2019 年的負債銷售百分比＝（5+8）/40＝32.5%
2019 年的銷售淨利潤率＝2/40＝5%
2019 年的股利支付率＝1/2＝50%
2020 年的銷售增加額＝40×30%＝12（億元）
2020 年的銷售總額＝40×（1+30%）＝52（億元）
甲公司 2020 年的外部融資額＝12×50%-12×32.5%-52×5%×（1-50%）＝0.8（億元）
②甲公司的內部增長率＝銷售淨利率×（1-現金股利支付率）/[資產銷售百分比-銷售淨利率×（1-現金股利支付率）]
＝5%×（1-50%）/[50%-5%×（1-50%）]＝5.26%
③甲公司的最佳債務和權益比＝（5+8）/7＝1.857,1
甲公司的可持續增長率＝銷售淨利率×（1-現金股利支付率）×（1+最佳債務/權益比例）/[資產銷售百分比-銷售淨利率×（1-現金股利支付率）×（1+最佳債務/權益比例）]
＝5%×（1-50%）×（1+1.857,1）/[50%-5%×（1-50%）×（1+1.857,1）]＝16.67%
④甲公司 2013 年的實際增長率達到預計目標 30%，比可持續增長率 16.67% 高，甲公司可以採取的財務策略有：發售新股、增加借款以提高財務槓桿、削減股利、剝離無效資產、供貨渠道選擇、提高產品定價等。

（2）A＝0.8　　B＝0.7　　C＝5.8　　D＝5

（3）假設無差別點為 EBIT，列方程式

$$\frac{(EBIT-4.5)\times(1-25\%)}{50+5}=\frac{(EBIT-4.5-5\times10\%)\times(1-25\%)}{50}$$

解得：EBIT＝10（億元），預計融資後，息稅前利潤將達 15 億元，採用方案二從銀行借款最佳。

（4）收支兩條線資金集中管理模式的運行流程如下：

①成員單位在集團指定商業銀行分別開立「收入」帳戶和「支出」帳戶。

②各成員單位同時在財務公司開設內部帳戶，同時授權財務公司對其資金進行查詢和結轉。

③每日末，商業銀行收入帳戶餘額全部歸集到財務公司內部帳戶。

④集團內外結算活動，全部通過財務公司結算業務系統進行。

⑤每日終了，成員單位以其在財務公司帳戶的存款為限，以日間透支形式辦理對外支付業務。

（5）審計發現的不當之處是：進行短期證券投資餘額為 5 億元。理由：根據《關於修改〈企業集團財務公司管理辦法〉的決定》的規定，財務公司的短期證券投資與資本總額的比例不得高於 40%，本題已經達到 50%（5/10）了。

第三章 企業全面預算管理

【知識精講】

第一節　概述

一、全面預算管理的含義和內容

（一）預算管理

預算管理是指企業以戰略目標為導向，通過對未來一定期間內的經營活動和相應的財務結果進行全面預測和籌劃，科學、合理配置企業各項財務及非財務資源，並對執行過程進行監督和分析，對執行結果進行評價和反饋，指導經營活動的改善和調整，進而推動實現企業戰略目標的管理活動。

（二）全面的含義

全面包括三層含義：①預算理念全員參與；②業務範圍全面覆蓋；③管理流程全程跟蹤。

美國管理學家戴維·奧利指出：全面預算管理是為數不多的幾個能夠把組織的所有關鍵問題融為一個體系之中的管理控制方法之一。

（三）全面預算管理的內容

全面預算管理由業務預算（經營預算）、專項預算（投資、融資預算）、財務預算三部分構成。

（1）業務預算：銷售預算、生產預算、供應預算、費用預算和其他業務預算。
（2）專項預算：投資預算（資本支出預算）、融資預算。
（3）財務預算：利潤表預算、資產負債表預算、現金流量表預算等。

二、全面預算管理的功能

全面預算管理的功能有：
（1）規劃和計劃功能。

(2) 溝通與協調功能。
(3) 控制與監督功能。
(4) 考核與評價功能。

三、全面預算管理的流程

全面預算管理的流程為：
(1) 預算編製。
(2) 預算執行（包括預算控制和預算調整）。
(3) 預算考評。

四、全面預算管理的應用環境

（一）戰略目標

戰略目標是企業願景和使命的具體化，是一個長遠目標，據此確定預算管理的方向、重點和目標。

（二）業務計劃

業務計劃是按照戰略目標對業務活動的具體描述和詳細計劃。業務計劃的階段性目標（短期目標）就是經營目標。

（三）組織架構

(1) 決策機構：決策機構包括股東大會（法定的權力機構）、董事會（法定的決策機構）、預算管理委員會（全面預算管理的專門機構）、企業經理層（日常運行的決策機構）。

(2) 工作機構：工作機構為預算管理委員會辦公室，一般設在財務部門，其主任一般由總會計師（或財務總監、分管財會工作的副總經理）兼任，工作人員包括財會、計劃、人力資源、生產、銷售、研發等業務部門人員。

(3) 執行機構：執行機構包括企業內部各職能部門、所屬分公司、子公司等。按照責任製單位可以劃分為投資中心、利潤中心、成本中心、費用中心和收入中心。

（四）內部管理制度

以制度管人和管事，才比較可靠。內部管理制度包括：預算編製制度，預算授權控制制度，預算執行監督、分析制度，考核制度等。

【例1】分析某大型國有企業的戰略目標、戰略規劃、經營目標、全面預算管理、業績評價的關係：

(1) 戰略目標：某大型國有企業力爭在15年內成為世界500強企業，這就是戰略目標，有明確的數量特徵和時間界限。

(2) 戰略規劃：戰略規劃是實現戰略目標的步驟和策略，時間跨度一般為3~5年。比如，該企業最近3年的規劃是實現5,000億元的營業收入和1,000億元的利潤總額，路徑是相關多元化，策略是併購。

(3) 經營目標：經營目標是較短期間內的生產經營所要達到的預期目標，通常為1年。比如，該企業今年的經營目標：營業收入1,000億元，利潤總額210億元。

（4）全面預算：在戰略規劃和經營目標的基礎上制訂的具體行動方案就是全面預算，包括業務預算、專門決策預算和財務預算。

（5）業績評價：以全面預算為標準，將實際執行結果和預算比較，進行績效評價和考核。

五、預算管理的層級

一般情況下，企業的全面預算管理層級與企業內部層級相一致。企業內部層級不同，全面預算管理的內容和特點也不相同。但總體規律是：集團的總預算（合併預算）由各層級預算執行單位的預算（個別預算）合併而成。

第二節　全面預算的編製

一、預算目標的確定

（一）影響因素

（1）出資人對預算目標的預期。比如，出資人對經濟效益和規模穩定增長的預期、對股利分配的預期。

（2）以前年度的實際經營情況。比如，一般考慮上年度實際值和前三年平均值等。

（3）預算期內重大事項的影響。比如，併購重組、稅收政策變化等重大事件的影響。

（4）企業所處發展階段的特點。比如，初創期重點在產品和市場的開發目標。

（二）確定方法

1. 本量利分析法

【例2】某企業只生產一種產品，單位售價為60元，單位變動成本為24元，固定成本總額為100,000元，計劃明年銷售量為20,000件，請規劃利潤。

【解析】目標利潤＝銷售收入－變動成本－固定成本＝20,000×（60-24）-100,000＝620,000（元）。

2. 比例預算法

（1）銷售利潤率法：目標利潤＝預計銷售收入×預計的銷售利潤率。

【例3】甲公司2019年年度預算編製工作會議要求：預算目標值要保持先進性與可行性。預計公司2018年實現營業收入68億元、營業收入淨利率為10.5%。基於內外部環境的綜合判斷，2018年預算的營業收入增長率初步定為25%、營業收入淨利率為11%。

要求：採用比例預算法確定甲公司2019年淨利潤的初步預算目標值。

【解析】2019年淨利潤初步預算目標值＝68×（1+25%）×11%＝9.35（億元）。

（2）成本利潤率法：目標利潤＝預計營業成本費用×核定的成本費用利潤率。

【例4】某企業預計營業成本費用10億元，核定的成本費用率利潤率20%，求目標利潤。

【解析】目標利潤＝10億元×20%＝2（億元）。

（3）投資報酬率法：目標利潤＝預計投資資本平均總額×核定的投資資本回報率。

【例5】某企業預計投資資本平均總額30億元，核定的投資資本回報率8%，求目標利潤。

【解析】目標利潤＝30億元×8%＝2.4（億元）。

3. 利潤增長率法

（1）按照幾何增長率計算。

公式：

①幾何增長率 $g = \sqrt[n]{\dfrac{v_n}{v_0}} - 1$

②目標利潤＝上年度目標利潤×(1＋g)

【例6】某企業根據過去年份的利潤總額進行利潤預測，過去年份的利潤總額如表3-1所示。

表3-1

期間數	年份	利潤總額（元）
0	2011	150,000
1	2012	192,000
2	2013	206,000
3	2014	245,000
4	2015	262,350

要求：

（1）如果以2011年為基期，2015年為報告期，求幾何平均增長率，並預測2016年的目標利潤。

（2）如果以2013年為基期，2015年為報告期，再求幾何平均增長率，並預測2016年的目標利潤。

【解析】開方的次數＝報告期年份數－基期年份數

（1）幾何增長率 $= \sqrt[4]{\dfrac{262,350}{150,000}} - 1 = 15\%$

2016年的目標利潤＝262,350×(1+15%)＝301,702.5（元）

（2）幾何增長率 $= \sqrt{\dfrac{262,350}{206,000}} - 1 = 12.85\%$

2016年的目標利潤＝262,350×(1+12.85%)＝296,061.98（元）

（2）按照算數平均增長率計算。

公式：預算值＝基期值×(1＋平均增長率)

【例7】某集團下屬子公司有關指標如表3-2所示。

表3-2

項　目	2017年實際完成數（億元）	2018年預計可完成值（億元）	集團董事會要求增長率
營業收入	700	765	10%
利潤總額	70	72	8%

要求：根據預計可完成值及集團董事會的要求，計算確定 2018 年營業收入、利潤總額的預算目標值。

【解析】營業收入＝765×（1+10%）＝841.50（億元），利潤總額＝72×（1+8%）＝77.76（億元）。

4. 上加法（通過留存收益預測目標利潤總額）
(1) 企業留存收益＝盈餘公積+未分配利潤
(2) 淨利潤＝本年新增留存收益／（1－股利分配率）
(3) 目標利潤總額＝淨利潤／（1－所得稅稅率）

【例8】甲公司預計 2019 年留存收益為 240 萬元，已知股利支付率為 40%，所得稅稅率為 25%，求 2019 年的預計目標利潤總額。

【解析】
①預計淨利潤＝240／（1－40%）＝400（萬元）。
②預計目標利潤總額＝400／（1－25%）＝533.33（萬元）。

5. 標杆法
(1) 內部基準：以本企業歷史最高水準為標準確定利潤預算目標。
(2) 外部基準：以行業先進企業的水準為標準確定利潤預算目標。

二、全面預算的編製方式

全面預算的編製方式包括：權威式預算、參與式預算、混合式預算。
(1) 權威式預算：高層決定，低層執行。也就是通常所稱的「頂層設計」式，自上而下。
(2) 參與式預算：自下而上，各層級共同制定預算，最高層最後批准。
(3) 混合式預算：上下結合式。

三、全面預算的編製流程

混合式的流程——上下結合、分級編製、逐級匯總。
(1) 下達預算編製指導意見：下達集團層面的總體性要求。
(2) 上報預算草案：下級預算執行機構制定預算草案並上報。
(3) 審查平衡：集團預算管理委員會辦公室審查、匯總、平衡。
(4) 審議批准：集團預算管理委員會審議預算辦公室的匯總方案，提交董事會審議，最後報股東大會最終批准。
(5) 下達執行：股東大會批准後及時以文件下達執行。

【例9】（2017 年考試題）甲公司為一家在上海證券交易所上市的汽車零部件生產企業。近年來，由於內部管理粗放和外部環境變化，公司經營業績持續下滑。為實現提質增效目標，甲公司決定從 2016 年起全面深化預算管理，有關資料如下：

①預算編製方式上，2016 年之前，甲公司直接向各預算單位下達年度預算指標並要求嚴格執行；2016 年，甲公司制定了「三下兩上」的新預算編製流程，各預算單位主要預算指標經上下溝通後形成。

②在預算編製方法上，2016年10月，甲公司向各預算單位下達了2017年年度全面預算編製指導意見，要求各預算單位以2016年年度預算為起點，根據市場環境等因素的變化在2016年年度預算的基礎上經合理調整形成2017年年度預算。

③在預算審批程序上，2016年12月，甲公司預算管理委員會辦公室編製完成2017年年度全面預算草案；2017年1月，甲公司董事會對經預算管理委員會審核通過的全面預算草案進行了審議；該草案經董事會審議通過後，預算管理委員會以正式文件形式向各預算單位下達執行。……

要求：

（1）根據材料①，指出甲公司2016年之前及2016年分別採取的預算編製方式類型。

（2）根據資料②，指出甲公司預算編製指導意見所體現的預算編製方法類型，並說明該種預算編製方法類型的優缺點。

（3）根據資料③，指出甲公司全面預算草案的審議程序是否恰當；如不恰當，說明理由。

【答案】

（1）甲公司2016年之前的預算編製方式是權威式預算。甲公司2016年採取的預算編製方式是混合式預算。

（2）增量預算法。增量預算的優點是編製簡單，省時省力。主要缺點是預算規模會逐步增大，可能會造成預算鬆弛及資源浪費。

（3）不恰當。理由：各層級預算執行機構結合本單位的實際情況編製年度預算草案，預算管理委員會辦公室對各預算執行單位上報的預算草案進行審查和平衡，然後報預算管理委員會審議。預算管理委員會召開專門會議審議全面預算方案，形成全面預算草案，提交董事會，董事會審議通過後，報經股東大會最終審議批准，然後以文件形式下達執行。

四、全面預算的編製方法

（一）定期預算法

1. 含義

預算期間＝會計年度＝財政年度＝日曆年度

2. 優缺點

（1）優點：預算期間和會計期間相對應，有利於將實際數和預算數比較，有利於各預算單位對執行情況進行分析和評價。

（2）缺點：不能使預算編製常態化，不利於企業管理人員有長期的計劃和打算，容易導致短期行為；不利於連續不斷的業務活動過程的預算管理。

3. 適用範圍

定期預算法適用於企業內部外部環境相對穩定的企業。

（二）滾動預算法

1. 含義

滾動預算是指將已經執行的預算期間進行刪除，及時補充後續的預算期間，使整

個預算期間始終保持一個固定值（比如12個月）。滾動預算可分為按月滾動、按季度滾動、混合滾動。

2. 優缺點

（1）優點：預算期與會計期間脫開，不斷向前滾動。滾動預算法有利於企業持續調整對未來變化的預測，便於管理者從長遠角度審視決策，提高決策的正確性。

（2）缺點：管理者每個月（或每個季度、半年）需要為下一個週期的預算費時耗力，需要投入相當的機會成本。

3. 適用範圍

滾動預算適用於營運環境變化比較大，最高管理者希望從更長遠的視角來進行決策的企業。

【例10】（2018年考試題）甲公司安排部署2018年年度預算編製工作。會議要求：預算編製方法的選擇要適應公司所面臨的內外部環境。公司所處行業的營運環境瞬息萬變，應高度重視自主創新，各項決策要強調價值創造成長遠視角，預算要動態反應市場變化，有效指導公司營運。請指出最佳預算編製方法，並說明理由。

【解析】滾動預算法。理由：滾動預算法主要適用於營運環境變化比較大、最高管理者希望從更長遠視角來進行決策的企業，能夠動態反應市場變化，有效指導企業營運。

（三）增量預算法

1. 含義

本期預算＝基期數＋增量

2. 優缺點

（1）優點：編製簡單，省時省力。

（2）缺點：預算規模會逐步增大，可能會造成預算鬆弛及資源浪費。

3. 適用的範圍

（1）企業原有業務活動必須進行；

（2）原有的各項業務基本上是合理的。

（四）零基預算法

1. 含義

本期預算＝0＋本期合理必要支出數

2. 優缺點

（1）優點：促使管理者審查所有的業務元素，創造一個高效精簡的組織；若業績評價和激勵制度科學合理，則還可以調動各部門降低費用的積極性。

（2）缺點：其一是管理者傾向於用光當前預算期間的全部已分配資源，從而造成不必要的採購和重大浪費；其二是對預算合理性的審查需要耗費大量的時間和費用。

3. 適用範圍

與以前年度相比，企業的預算環境發生較大變化，不具有可比性。

【例11】2019年4月某公司總部進行流程再造，各部門人員配備發生了重大變化，2019年的預算費用及金額與往年相比不具有可比性，因此總部和各部門費用預算不應該繼續採用增量預算法，因而應該採用更加適宜的方法來編製。請問應該是什麼方法？並說明理由。

【解析】應該採用零基預算法，因為2019年的預算費用及金額與往年相比不具有可比性。

（五）固定預算法

1. 含義

固定預算法是指定期的、按照單一固定的業務量編製預算的方法。

【例12】某企業2019年預算銷售量為100萬件，預計單價為10元，則銷售收入為1,000萬元。

2. 優缺點

（1）優點：編製簡單，容易使管理者理解。

（2）缺點：不能適應營運環境的變化，容易造成資源錯配和重大浪費。

3. 適用範圍

固定預算法適用於業務量水準比較穩定的生產和銷售業務的成本費用預算的編製。如直接材料預算、直接人工預算、製造費用預算。

（六）彈性預算法

1. 含義

彈性預算法是指根據一列業務量水準並結合成本性態編製的預算。

2. 編製方法

具體可以分為公式法和列表法。

（1）公式法：$y=a+bx$

（2）列表法：將公式法的結果排列成表格。

（3）業務量：可以按照正常業務量的70%~110%確定。也可以假定三種業務量：樂觀業務量、悲觀業務量、基準業務量。

【例13】某單位的製造費用包括的具體項目及成本性態如表3-3所示。

表3-3   單位：元

項目	業務量（機器工時）	變動成本 b	固定成本 a
電費	[3,000, 10,000]	0.3	0
折舊費		0	2,000
維修費		0.2	1,000
合計		0.5	3,000

要求：預測機器工時為5,000小時所發生的電費和製造費用。

【解析】（1）電費 $=bx=0.3\times5,000=1,500$（元）。

（2）製造費用 $=a+bx=3,000+0.5\times5,000=5,500$（元）。

3. 優缺點

（1）優點：能夠適應不同經營情況的變化，在一定程度上避免對預算的頻繁修改，有利於預算控制作用的更好發揮；能夠使各預算執行單位進行更為細緻的差異分析，為業績評價建立更加客觀合理的基礎。

（2）缺點：編製較為複雜，工作量大。

4. 適用範圍

彈性預算法適用於業務量變動比較大的項目。

（七）項目預算法

1. 含義

項目預算主要針對工程、大型製造項目、長期服務項目。如輪船、飛機、公路建設等工程項目。

2. 優點

項目預算法能夠包含所有與項目有關的成本，能夠度量單個項目的收入、費用和利潤項目。

3. 適用範圍

項目預算法適用於跨年度、週期長的大型工程、製造項目。

【例14】（2016年考試題）甲公司為一家國有大型企業M公司的全資子公司，主要從事水利電力工程及基礎設施工程承包業務，涵蓋境內、境外兩個區域市場。近年來，甲公司積極推進全面預算管理，不斷強化績效考核，以促進公司戰略目標的實現，甲公司的組織架構為「公司總部—分公司—項目部」，擁有16家分公司，103個項目部。預算編製時，甲公司要求各分公司對每個項目部均單獨編製項目收入、成本費用、利潤等預算，再逐級匯總至公司總部。請問：甲公司採用了哪種預算編製方法，並說明該方法的主要適用條件。

【解析】 編製方法：項目預算法。適用條件：從事工程建設的企業以及一些提供長期服務的企業。

（八）作業基礎預算法

1. 含義

傳統預算法根據「職能部門」作為預算編製單位。作業基礎預算按照作業成本確定編製單位。作業可能屬於某一部門，也可能跨越部門。它更好地描述了資源耗費和產出的關係。

2. 聯繫和區別（見表3-4）

表3-4

項目	傳統成本計算方法	作業成本法
相同點	對直接費用的歸集和分配方法相同：按照產品耗用的直接材料直接計入成本；共同耗用的材料分配計入成本	
不同點	歸集：按照費用發生的部門和地點歸集費用 分配：按照單一標準，如產品數量、體積、重量或工時標準等對所有間接費用進行分配	歸集：按照作業（工序）耗費資源的動因進行歸集，作為待分配的作業成本 分配：將作業成本根據產品耗費作業的動因（如檢驗工時、裁剪次數等多重標準）分配到產品成本

【例15】 某服裝廠的裁剪工作為一項作業，以該作業消耗的資源為依據歸集間接費用（資源動因）：本月耗用電剪的折舊100萬元，電費50萬元，其他消耗10萬元，共計160萬元。裁剪服裝13個品種，選擇分配的依據為裁剪的機器工時（作業動因），假定本月總的機器工時為1.6萬個工時，其中西服耗用0.6萬個工時。請計算該西服應該分配的費用。

【解析】 160÷1.6×0.6＝60（萬元）

3. 優點

它可以更加準確地確定成本，尤其是在追蹤多個部門多個產品成本時。

4. 適用範圍

作業基礎預算法適用於產品數量、部門數量以及諸如設備調試等方面比較複雜的企業。

第三節　全面預算的執行

一、概述

全面預算執行包括三個方面：預算執行、預算分析、預算控制。

二、預算分析方法

預算分析方法有八種，分別為：差異分析、對比分析、對標分析、結構分析、趨勢分析、因素分析、排名分析和多維分析。

1. 差異分析

預算-實際=差異，差異分析包括銷售差異、生產差異、採購差異、管理費用差異、財務費用差異、利潤差異等各方面的分析。

2. 對比分析

同性質的項目進行對比，包括實際和預算對比；本期實際與上期實際對比；本期實際和上年同期實際對比等。

【例16】某公司對2019年對預算執行分析如表3-5所示。

表3-5

項目	2019年預算目標	2019年實際數	2019年實際數比預算增減比率
營業收入	800萬元	875萬元	9.375%
利潤總額	71萬元	73萬元	2.820%
營業利潤率	8.875%	8.343%	—
資產總額	3,000萬元	3,600萬元	20%
負債總額	1,800萬元	2,650萬元	47.22%
資產負債率	60%	73.61%	—

請指出該公司在經營成果和財務狀況兩個方面存在的主要問題，並提出改進建議。

【解析】（1）經營成果方面：營業收入的增長為9.735%，明顯快於利潤總額的增長率2.82%，存在增收不增利的問題或營業利潤率下降的問題。改進建議：降本增效，提高盈利能力。（2）財務狀況方面：資產、負債規模快速增長，資產負債率顯著提高，財務風險加大。改進建議：控制資產負債率，防範財務風險。

3. 對標分析

對標分析是指與國內外同行業優秀企業比較。

【例17】（2015年考試題）甲公司和標杆企業M公司將2014年的預算執行進行對標分析，關鍵指標如表3-6所示。

表3-6

企業名稱	營業收入淨利率	總資產週轉率	資產負債率	營業收入增長率
甲公司	3.93%	68.36%	82.79%	16.23%
M公司	3.92%	75.88%	78.53	22.84%

要求：分析甲公司和標杆公司M公司之間的差距，提出改進建議。

【解析】（1）差距：甲公司的總資產週轉率和營業收入增長率低於M公司，但資產負債率高於M公司。

（2）改進建議：加快資產週轉，提高資產質量；提高營業收入水準，加快經營增長；合理控制資產負債率，防範債務風險。

4. 結構分析

按照構成比例分析。比如分析固定資產占總資產的比例，流動負債占總負債的比例變化等，並參考同行業平均水準，從而揭示企業資產、負債的結構是否合理。

5. 趨勢分析

多期間比較分析。趨勢分析包括：定基動態比率；環比動態比率。

6. 因素分析

因素分析包括連環替代法、差額比較法。

【例18】某企業2018年材料費用的實際數為4,620元，預算數為4,000元，實際比預算增加了620元，影響因素分別有產品產量、單位產品消耗量、材料單價三個因素的乘積組成。具體情況如表3-7所示。

表3-7

項目	單位	預算數	實際數
產品產量	件	100	110
單位產品材料消耗量	千克	8	7
材料單價	元	5	6
材料費用總額	元	4,000	4,620

要求：採用差額分析法計算每個因素的影響。

【解析】

$(A_1-A_0) \times B_0 \times C_0 = (110-100) \times 8 \times 5 = 400$（元）

$A_1 \times (B_1-B_0) \times C_0 = 110 \times (7-8) \times 5 = -550$（元）

$A_1 \times B_1 \times (C_1-C_0) = 110 \times 8 \times (6-5) = 770$（元）

7. 排名分析

企業針對內部功能相同或相似的責任單位，選擇一些能夠反應責任單位營運情況的核心指標（比如人均銷售收入、人均利潤）等進行排名，分析差距，促進落後單位

改善業績。

8. 多維分析

管理者從產品、區域、渠道、客戶等多個維度進行分析。

【例19】（2016年考試題）甲公司2016年年初對2015年的預算執行情況進行全面分析，其中2015年年度營業收入預算執行情況如表3-8所示。

表3-8　　　　　　　　　　　　　　　　　　　　　　　　　　　　單位：萬元

業務 類型	境內業務 預算金額	境內業務 實際金額	境外業務 預算金額	境外業務 實際金額	合計 預算金額	合計 實際金額
水利電力工程業務	85	79	50	51	135	130
基礎設施工程業務	45	52	20	16	65	68
合計	130	131	70	67	200	198

要求：根據上述資料，採用多維分析法，以區域和產品兩個維度相結合的方式，分析甲公司2015年度營業收入預算執行中存在的主要問題，並說明多維分析的主要優點。

【解析】

(1) 主要問題：境內水利電力工程業務及境外基礎設施工程業務尚未完成年度營業收入預算目標。

(2) 主要優點：分析者可以從多個角度、多個側面觀察相關數據，從而更深入地瞭解數據中的信息和內涵。

三、預算控制概述

(一) 含義

1. 廣義控制

廣義控制是指將整個預算系統作為一個控制系統，通過預算編製、執行、監控、考核和評價形成一個包括事前、事中、事後的全過程控制系統。

【例20】某飯店的三類控制措施如下：

(1) 事前控制：設計菜譜、選擇供應商、選擇配料，安排上菜程序，培訓員工。

(2) 事中控制：監控廚房、吧臺、酒店的流程和個人績效。

(3) 事後控制：保證已經完成的產品的準時提供和客戶滿意度調查、評估、改進。

2. 狹義控制

狹義控制不包括預算編製，而是將編製好的預算作為業績管理的依據和標準，定期將實際業績和預算進行對比，分析差異原因並採取改進措施，主要指執行過程中的始終監控系統。

【例21】狹義的控制：某企業對業務招待費的控制如下：

(1) 確定標準：去年實際為10萬元，今年預算比去年降低5%，為9.5萬元。

(2) 實際績效：比如至上半年實際已經發生8萬元。

(3) 比較差異：與去年同期比較超支3萬元。

(4) 糾偏措施：①本期不再發生招待業務了；②今後改變管理方式：實行包干制。

（二） 控制方式
1. 當期控制和累計控制
2. 總額控制和單項控制
3. 絕對數控制和相對數控制
4. 剛性控制和柔性控制
5. 預算內審批控制、超預算控制、和預算外控制
6. 系統在線控制和手工控制

（三） 預算控制的原則
1. 加強過程控制
企業應當將年度預算細分為月度預算和季度預算，通過分期預算控制，確保年度預算目標實現。如施工的現場監理就是過程控制。
2. 突出管理重點
預算中控制金額大的項目就是突出重點原則。
3. 剛性控制和柔性控制
重大項目剛性控制，不易區分的總額控制（柔性控制）。
4. 業務控制和財務控制相結合
業務是源頭，財務是終端。如果源頭「放水」，僅靠財務一個環節這個最後的「擋板」，無法阻擋滔滔洪水。

【例22】2019年6月末，華西建築公司對子公司甲公司2018年上半年預算管控情況進行了檢查，發現存在以下主要問題：

①對年度營業收入、管理費用、利潤總額等重點預算指標，未按照季度或月度進行分解、控制，出現「時間過半，收入、利潤指標只實現年度預算的25%，而管理費用卻達到年度預算的73%」等問題，公司「保增長」壓力大，提質增效工作成效不明顯；②對應收帳款、存貨、現金流量等關鍵性監控指標，未進行分析預測且未採取適當的控制措施，導致應收帳款及存貨等資金占用過多過久，事前控制能力有待提高。

要求：指出甲公司未遵循哪些預算控制原則，並據此提出預算控制的改進措施。

【解析】
(1) 未遵循的原則有：加強過程控制和突出重點原則。
(2) 改進措施：對於過程控制應該嚴格執行銷售預算、生產預算、費用預算和其他預算，將年度預算細分為月度和季度預算。對於突出重點管理方面，應嚴格抓住預算控制重點，對重點項目嚴格管理；對關鍵性預算指標的實現情況按月、按周，甚至進行即時跟蹤，對其發展趨勢做出科學合理的預測，提高事前控制能力。

四、全面預算的調整

（一） 全面預算調整的原則
(1) 預算調整應當符合企業發展戰略、年度經營目標和現實狀況，重點放在預算執行中出現的重要的、非正常的、不符合常規的關鍵性差異方面。
(2) 預算調整方案應當客觀、合理、可行，在經濟上能夠實現最優化。

（3）預算調整應當謹慎，調整頻率應予以嚴格控制，年度調整次數應盡量少。
（二）全面預算調整的程序
全面預算調整的程序包括分析、申請、審議和批准等主要程序，與預算編製審批程序一致。

第四節　全面預算考核

一、全面預算考核的原則

全面預算考核的原則包括目標性、可控性、動態性、例外性、公平公開性、總體優化原則。

二、全面預算考核的內容

1. 預算目標完成情況

預算目標完成情況包括收入規模、利潤指標、經濟增加值等目標完成情況。

2. 預算工作的組織考核

預算工作的組織考核採用「評分法」，考核組織機構、管理制度以及全面預算管理過程的質量。

【例23】某集團公司對子公司預算管理規範性考核指標（見表3-9）。

表3-9

序號	考核項目	考核內容	分值
（1）	組織機構	組織機構是否建立健全；權責履行是否高效	15
（2）	管理制度	管理制度是否建立健全，制度是否嚴格執行	15
（3）	預算編製	預算編製是否全面、及時、準確、規範	30
（4）	預算執行與調整	預算執行是否有力、有效；調整是否合規、有序	20
（5）	預算的分析考核	預算分析是否正確、科學、及時。考核是否客觀、有效	20
	合計	—	100

三、全面預算考核的程序

全面預算考核的程序如下：
（1）制定預算考核管理辦法。
（2）確認責任中心的預算執行結果。
（3）編製預算執行情況的分析報告。
（4）組織考核、撰寫考核報告、發布考核結果。

【復習重點】

1. 預算目標的確定方法：利潤增長率法、比例預算法、上加法、標杆法、本量利分析法。
2. 預算編製的方式、流程和八種方法。
3. 全面預算分析方法，重點注意對比分析、構成分析、趨勢分析、因素分析法、多維分析法。
4. 全面預算控制的方式和原則。
5. 全面預算調整的原則。

【同步案例題】

一、預算編製分析（2013年考試題，本題10分）

【資料】甲公司為國有大型集團公司，實施多元化經營。為進一步加強全面預算管理工作，集團正在穩步推進以「計劃—預算—考核」一體化管理為核心的管理提升活動，旨在以「計劃落實戰略，以預算保障計劃，以考核促進預算」實現業務與財務的高度融合。

（1）在2013年10月召開的2014年度全面預算管理工作啓動會議上，部分人員發言要點如下：

總會計師：明年經濟形勢將更加複雜多變，「穩增長」是國有企業的重要責任。結合集團發展戰略，落實董事會對集團公司2014年經營業績預算的總體要求，即：營業收入增長10%，利潤總額增長8%。

A事業部經理：本事業部僅為特殊行業配套生產專用設備X產品。本年度，與主要客戶簽訂了戰略合作協議，確定未來三年內定制X產品200臺，每臺售價800萬元。本事業部將進一步加強成本管理工作，力保實現利潤總額增長8%的預算目標。

財務部經理：2013年4月至10月，公司總部進行了流程再造，各部門的職責劃分、人員配備發生了重大變化；2014年預算費用項目及金額與往年不具有可比性。因此，總部各部門費用預算不應繼續採用增量預算法，而應採用更為適宜的方法來編製。

採購部經理：若採購業務被批准列入2014年預算，為提高工作效率，採購業務發生時，無論金額大小，經採購部經理簽字後即可支付相關款項。

（2）甲公司2013年預算分析情況如表3-10所示。

表3-10

項 目	2012年度實際數	2013年預算目標值 金額或比率	2013年預算目標值 較上年實際增減	2013年預計實際可完成 金額或比率	2013年預計實際可完成 較上年實際增減
營業收入	700億元	760億元	8.57%	765億元	9.29%

表3-10(續)

項　目	2012年度實際數	2013年預算目標值		2013年預計實際可完成	
		金額或比率	較上年實際增減	金額或比率	較上年實際增減
利潤總額	70億元	71億元	1.43%	72億元	2.86%
營業利潤率	10.00%	9.34%	—	9.41%	—
資產總額	3,000億元	3,400億元	13.33%	3,600億元	20.00%
負債總額	1,800億元	2,350億元	30.56%	2,550億元	41.67%
資產負債率	60.00%	69.12%	—	70.83%	—

假定不考慮其他因素。

要求：

1. 根據2013年有關預算指標預計實際可完成值及董事會要求，計算甲公司2014年營業收入及利潤總額的預算目標值。

2. 根據資料（1），指出A事業部最適宜採用的成本管理方法，並簡要說明理由。

3. 根據資料（1），指出甲公司2014年總部各部門費用預算應採用的預算編製方法，並簡要說明理由。

4. 根據資料（1），判斷採購部經理的觀點是否正確，並簡要說明理由。

5. 根據資料（2），指出甲公司在經營成果及財務狀況兩方面分別存在的主要問題，並提出改進建議。

【解析】

1. 2014年營業收入預算目標值：765×（1+10%）= 841.50（億元）

2014年利潤總額預算目標值：72×（1+8%）= 77.76（億元）

2. A事業部最適宜採用目標成本法。

理由：X產品未來的銷售價格及要求的利潤水準已經確定，A事業部應按照不高於「銷售價格減去必要利潤」的邏輯，倒推出預期成本，開展目標成本管理工作。

3. 甲公司2014年總部各部門費用預算應採用的預算編製方法是零基預算法。

理由：2014年的預算費用項目及金額與往來不具有可比性。

4. 採購部經理的觀點不準確。

理由：預算內的費用支出也需要經相關程序審批後方可支付。

或：大額資金支出應實行集體決策或聯簽制度。

5. 甲公司存在的主要問題及改進建議。

（1）問題。

經營成果方面：收入增長快於利潤增長，增收不增利或營業利潤率下降。

財務狀況方面：資產、負債規模快速增長，財務風險加大或資產負債率明顯提高。

（2）改進建議：降本增效，提高盈利能力；控制資產負債率，防範財務風險。

二、預算分析考核（2016年考試題，本題10分）

【資料】甲公司為一家國有大型企業M公司的全資子公司，主要從事水利電力工程及基礎設施工程承包業務，涵蓋境內、境外兩個區域市場。近年來，甲公司積極推進全面預算管理，不斷強化績效考核，以促進公司戰略目標的實現，有關資料如下：

（1）甲公司的組織架構為「公司總部—分公司—項目部」，擁有6家分公司，100餘個項目部。預算編製時，甲公司要求各分公司對每個項目部單獨編製項目收入、成本費用、利潤等預算，再逐級匯總至公司總部。

（2）2016年年初，甲公司對2015年的預算執行情況進行了全面分析，其中2015年度營業收入預算執行情況如表3-11所示。

表3-11　　　　　　　　　　　　　　　　　　　　　　　　單位：萬元

業務（產品）類型	境內業務 預算金額	境內業務 實際金額	境外業務 預算金額	境外業務 實際金額	合計 預算金額	合計 實際金額
水利電力工程業務	85	79	50	51	135	130
基礎設施工程業務	45	52	20	16	65	68
合計	130	131	70	67	200	198

（3）2016年7月，M公司對甲公司2016年上半年的預算管控情況進行了檢查，發現以下主要問題：①對年度營業收入、管理費用、利潤總額等重點預算指標，未按照季度或月度進行分解、控制，出現時間過半，收入、利潤指標只實現了年度預算的40%，而管理費用卻達到年度預算的63%等問題，公司「保增長」壓力大，提質增效工作成效不明顯。②對應收款項、存貨、現金流量等關鍵性監控指標，未進行分析預測且未採取適當的控制措施，導致應收帳款及存貨占用資金高企，事前控制能力有待提高。

（4）甲公司將6家分公司定位為「利潤中心」，並將總部管理費用全部分攤給6家分公司。甲公司以分公司承擔總部管理費用後的稅前利潤，作為業績考核指標對分公司進行年度考核評價。

假定不考慮其他因素。

要求：

1. 根據資料（1），指出甲公司採用哪種預算編製方法，並說明該方法的主要適用條件。

2. 根據資料（2），採用多維分析法，以區域和產品兩個維度相結合的方式，分析指出甲公司2015年度營業收入執行中存在的主要問題，並說明多維分析法的主要優缺點。

3. 根據資料（3），指出甲公司未遵循哪些預算控制原則，並據此提出預算控制的改進措施。

4. 根據資料（4），指出甲公司對分公司設置的業績考核指標是否恰當，並說明理由。

【解析】
1. 編製方法：項目預算法。適用條件：從事工程建設的企業以及一些提供長期服

務的企業。

2. 主要問題：境內水利電力工程業務及境外基礎設施工程業務未完成年度預算目標。主要優點；分析者可以從多個角度、多個側面觀察相關數據，從而更深入地瞭解數據中的信息和內涵。

3. 未遵循的預算控制原則：加強過程控制和突出重點管理。

改進措施：嚴格執行銷售預算、生產預算、費用預算和其他預算，將年度預算細分為月度和季度預算。抓住預算控制重點，對重點預算項目嚴格管理，對關鍵性預算指標的實現情況按月、按周，甚至進行即時跟蹤，對其發展趨勢做出科學合理的預測，提高事前控制能力。

4. 不恰當。理由：分公司承擔總部管理費用為不可控成本。

第四章 企業績效評價

【知識精講】

第一節 概述

一、績效評價體系的發展變化歷程

(一) 財務指標評價體系

財務指標評價體系經歷了從成本指標、利潤指標、資產效率指標到自由現金流量指標，從單一財務指標到綜合財務指標評價的歷程。

主要方法體系有：1904 年產生於美國的標準成本法；1919 年美國杜邦公司的財務經理發明的杜邦財務分析體系；1928 年美國學者亞歷山大・沃爾提出的比重評分法；1982 年美國思騰思特管理諮詢公司開發的經濟增加值法；1986 年美國西北大學和哈佛大學的學者提出的自由現金流量理論。

(二) 財務指標和非財務指標相結合的評價體系

單純運用財務評價指標，存在注重短期結果，忽略長遠利益的局限。因此，引入非財務指標的評價，更能體現長遠業績，更能反應外部對企業的整體評價，從而逐步形成財務和非財務指標相結合的評價體系。

主要方法體系有：1992 年美國哈佛商學院的卡普蘭、諾頓教授發明的平衡計分卡模型；2006 年中國國務院國資委制定的綜合績效評價辦法；義大利經濟學家帕累托率先提出「二八原理」，以此為指導通過人們長期實踐逐步形成的關鍵績效指標評價法。

二、企業績效評價的有關內容

(一) 企業績效評價的層次及角度

1. 層次

層次主要分為企業層面、部門層面、個人層面。

2. 角度

（1）外部角度（財務視角）：包括現有或潛在的股東、信貸者、供應商以及其他一些外部的利益相關者。外部角度主要採用財務指標，如流動比率、財務槓桿、淨資產收益率、每股收益、市盈率、市淨率等。

（2）內部角度（管理視角）：從管理者角度評價，可以採用財務指標，如貢獻毛利、息稅前利潤、淨利潤、自由現金流、EVA等；也可以採用非財務指標，如客戶滿意度、產品質量等級、送貨及時性等。

（二）企業業績評價的應用環境

（1）組織架構：設立薪酬考核委員會或類似機構。

【例1】某集團成立「經營業績和薪酬考核委員會」，包括組成人員和職責。其下設辦公室，也包括組成人員和職責。

（2）績效管理制度體系：明確工作目標、職責分工、工作程序、工具方法、信息報告等內容。

（3）信息系統：績效管理工作提供信息支持。

（三）企業績效評價的程序

1. 制訂績效計劃
2. 執行績效計劃
3. 實施績效評價
4. 編製績效評價報告

（四）績效計劃的制訂

（1）指標體系：企業可以單獨或綜合運用關鍵績效指標法、經濟增加值法、平衡計分卡法等工具構建指標體系。指標體系不要求面面俱到，應該和戰略目標緊密相關。從不同的角度劃分，指標可以包括：財務指標和非財務指標；定性指標和定量指標；絕對指標和相對指標；基本指標和修正指標；正向指標、反向指標和適度指標等。

【例2】淨資產收益率為正向指標；應收帳款週轉天數為反向指標；資產負債率為適度指標。

（2）指標權重：可以運用德爾菲法、層次分析法、主成分分析法、均方差法確定。

（3）績效目標值：可以參考內部標準和外部標準。

①內部標準：預算標準、歷史標準、經驗標準。

②外部標準：行業標準、競爭對手標準、標杆標準（對標法）。

（4）績效評價計分法：有定性法和定量法。

（5）績效評價的週期：包括月度、季度、半年度、年度、任期等。

（6）績效責任書：一般按照年度和任期簽訂，明確各自權利和義務，作為績效評價和激勵管理的依據。

第二節　關鍵績效指標法

一、關鍵績效指標法的概念及優缺點

（一）概念

關鍵績效指標法是指基於企業戰略目標，通過建立關鍵績效指標體系（KPI），將

價值創造活動與戰略規劃目標有效聯繫，據此進行績效管理的方法。

（二）優缺點

1. 優點

（1）有利於戰略目標實現。

（2）把握關鍵價值驅動因素，能夠有效實現企業價值增值目標。

（3）評價指標數量相對較少，易於理解和使用，實施成本相對較低，有利於推廣實施。

2. 缺點

關鍵績效指標法需要管理者透澈理解企業價值創造模式和戰略目標，有效識別核心業務流程和關鍵價值驅動因素，指標體系設計不當將導致錯誤的價值導向或管理缺失。

二、關鍵績效指標體系的制定程序

（1）制定企業級關鍵績效指標：比如企業的經濟增加值。

（2）制定所屬單位（部門）級關鍵績效指標：比如部門的邊際貢獻。

（3）制定崗位（員工）級關鍵績效指標：比如崗位勞動生產率。

三、關鍵績效指標的類型

1. 結果類指標

（1）投資資本回報率＝稅後淨營業利潤/投資資本平均餘額＝$\dfrac{EBIT\times(1-T)}{投資資本平均餘額}$

其中：投資資本平均餘額＝（期初餘額＋期末餘額）/2

投資資本＝有息債務＋所有者權益

（2）淨資產收益率＝淨利潤/平均淨資產

（3）經濟增加值回報率＝經濟增加值/平均資本占用

（4）息稅前利潤＝稅前利潤＋利息支出

（5）自由現金流（FCF）＝稅後淨營業利潤＋折舊和攤銷－資本支出－營運資本淨增加額

2. 動因類指標

動因類指標包括資本性支出、單位生產成本、產量、銷量、客戶滿意度、員工滿意度等。

四、關鍵績效指標的選取方法

（1）關鍵成果領域法：比如某科研企業的關鍵成果是獲取專利的數量。

（2）組織功能分解法：比如財務部門的主要功能就是資金管理。

（3）工作流程分解法：將企業的總目標層層分解到關鍵業務流程領域所屬單位、崗位、員工，以確定關鍵績效指標的方法。比如，將單位的總收入分解到每位員工，關鍵指標定為員工創收額。

五、關鍵績效指標的權重及目標值

（一）權重

單項關鍵績效指標的權重一般設定在 5%～30%，對更重要的指標可以適當提高權重；對特別關鍵、影響企業整體價值的指標可設立「一票否決」制度。比如，對於出現重大安全責任事故，可採用「一票否決制」，無論其他指標完成多麼優秀，都視為未為完成績效目標。

【例3】某國有獨資企業對所屬分公司進行關鍵指標考核。財務指標為：營業收入、淨利潤、投資資本回報率；權重分別為 10%，30%，30%；非財務指標為：客戶滿意度 30%，黨風廉潔建設工作採用「一票否決制」。

（二）目標值

(1) 參考行業標準和競爭對手標準。

(2) 參照企業內部標準：包括企業戰略目標、年度生產經營計劃目標，年度預算目標等。

(3) 不能按照前述方法的，參照企業歷史經驗值確定。比如，根據上年實際完成值和前三年完成平均值兩者中孰高者確定為目標值。

第三節 經濟增加值法

一、經濟增加值的含義及優缺點

（一）含義

1. 概念

經濟增加值是美國思騰思特管理諮詢公司開發並於 20 世紀 90 年代推廣的一種價值評價指標。經濟增加值也叫經濟利潤，是指扣除了股東所投入的資本成本之後的真實利潤，即用稅後淨營業利潤扣除全部投入資本的成本後的剩餘收益。

2. 與剩餘收益的區別

(1) 對按照會計準則計算有誤差的會計利潤數據進行調整。

(2) 結合資本資產定價模型確定了權益資本成本，進一步將加權資本成本率引入計算公式。

（二）優缺點

1. 優點

(1) 考慮了所有的資本成本，更加真實地反應了企業的價值創造能力。

(2) 實現了企業利益、經營者利益和員工利益的統一，激勵經營者和所有員工為企業創造更多的價值。

(3) 能夠有效遏制企業盲目擴張規模以追求利潤總量和增長率的傾向，引導企業注重長期價值創造。

2. 缺點

（1）僅對企業當期或未來1~3年的價值創造情況進行衡量和預判，無法衡量企業長遠發展戰略的價值創造情況。

（2）計算主要基於財務指標，無法對企業的營運效率與效果進行綜合評價。

（3）不同行業、不同發展階段、不同規模等的企業其會計調整項和加權平均資本成本各不相同，計算比較複雜，影響指標的可比性。

二、制定程序

（1）制定企業級經濟增加值指標體系。
（2）制定所屬單位（部門級）經濟增加值指標體系。
（3）制定高級管理人員的經濟增加值指標體系。

三、經濟增加值的計算及運用

（一）一般公式

經濟增加值＝稅後淨營業利潤－投入資本×加權平均資本成本率

【注意】2016年中央國資委對該公式細化規定如下：

1. 稅後淨營業利潤＝淨利潤＋（利息支出＋研究開發費用調整項）×（1－25%）

其中，利息支出是指財務報表中「財務費用」項下的「利息支出」；研究開發費用調整項是指財務報表中「管理費用」項下的「研究開發費」和當前確認為無形資產的「研究開發支出」。

2. 投入資本＝調整後的資本額＝平均所有者權益＋平均負債合計－平均無息流動負債－平均在建工程（符合主義規定）＝ 平均所有者權益＋平均帶息負債－平均在建工程（符合主義規定）

3. 加權資本成本率＝債權資本成本率×（1－25%）×平均帶息負債／（平均帶息負債＋平均所有者權益）＋股權資本成本×平均所有者權益／（平均帶息負債＋平均所有者權益）

4. 債權資本成本率＝利息支出總額／平均帶息負債，利息支出總額＝費用化利息＋資本化利息

5. 股權資本成本＝$K_S＝R_F＋\beta(R_M－R_F)$，具體考核時採用的股權資本成本由中央國資委進行規定。

（二）舉例

【例4】華冶公司是一家中央煉鋼企業，2016年採用經濟增加值最大化作為財務戰略目標和業績評價指標。2016年有關資料如下：

（1）利潤總額為20億元。

（2）當年發生利息費用0.7億元，其中列入財務費用0.2億元，列入在建工程0.5億元。

（3）當年發生研究開發費用0.3億元，其中列入管理費用0.2億元，列入無形資產0.1億元。

（4）該公司 2016 年平均總資產為 100 億元，平均無息流動負債為 3 億元，平均帶息負債為 20 億元，平均在建工程 10 億元（與主業無關）。

（5）假定：平均帶息負債的利率為 8%，平均權益資本的資本成本為 10%，該公司適用的企業所得稅稅率為 25%。

要求：

（1）計算該公司的經濟增加值。

（2）簡述經濟增加值作為業績評價指的效果。

【解析】

（1）計算該公司的經濟增加值。

①淨利潤 = 20×（1-25%）= 15（億元）。

②列入財務費用的利息為 0.2 億元。

③當期研究開發費用 = 費用化的 0.2 億元 + 資本化的 0.1 億元 = 0.3（億元）。

④調整後的資本額 = 平均所有者權益 + 平均負債合計 - 平均無息流動負債 - 平均在建工程（符合主業規定）= 平均總資產 - 平均無息流動負債 - 平均在建工程（符合主業規定）= 100 億元 - 3 億元 - 0 = 97（億元）。（備註：非主業的「在建工程」不能扣除）

⑤加權平均資本成本 = 8%×（1-25%）×（20/97）+ 10%×77/97 = 9.18%。

⑥經濟增加值 = 稅後淨營業利潤 - 調整後的資本×加權平均資本成本 = 淨利潤 +（利息支出 + 研究開發費用調整項）×（1-25%）- 調整後的資本×加權平均資本成本 = 15 +（0.2+0.3）×（1-25%）-97×9.18% = 6.47（億元）。

（2）經濟增加值的效果

①提高企業資金使用效率。

②優化企業資本結構。

③激勵經營管理者，實現股東財富的保值增值。

④引導企業做大做強主業，優化資源配置。

第四節　平衡計分卡法

一、平衡計分卡法的含義

平衡計分卡法由 20 世紀 90 年代哈佛商學院的卡普蘭、諾頓教授發明，是基於企業戰略，從財務、客戶、內部業務流程、學習和成長四個維度，將戰略目標逐層分解轉化為具體的、相互平衡的績效指標體系，並據此進行績效管理的方法。

二、平衡計分卡指標體系設計

（一）注意四個平衡

構建平衡計分卡指標體系時，企業應注重短期目標與長期目標的平衡、財務指標與非財務指標的平衡、結果性指標與動因性指標的平衡、企業內部利益指標與外部利益指標的平衡。

（二）參考指標

平衡計分卡每個維度的指標通常為 4~7 個，總數量一般不超過 25 個。平衡計分卡指標體系以財務維度為核心，其他維度的指標都與財務維度的一個或多個指標相聯繫。四個維度的參考指標如表 4-1 所示。

表 4-1　平衡計分卡四個維度參考指標

序號	維度	參考指標
1	財務維度	投資資本回報率、淨資產收益率、經濟增加值、息稅前利潤、自由現金流、資產負債率、總資產週轉率、資本週轉率
2	客戶維度	市場份額、客戶滿意度、客戶獲得率、客戶保持率、客戶獲利率、戰略客戶數量
3	內部業務流程維度	交貨及時率、生產負荷率、產品合格率、存貨週轉率、單位生產成本
4	學習和成長維度	員工保持率、員工生產率、培訓計劃完成率、員工滿意度

（三）堅持三個原則

（1）平衡計分卡的四個維度應該互為因果，最終結果是實現企業戰略。

（2）平衡計分卡不能只有具體的結果計量指標，還應該包括這些結果指標的驅動因素。比如，客戶滿意度是結果指標，動因指標是飛機準點率，彼此之間有密切聯繫。

（3）平衡計分卡最終應該與財務指標掛勾。因為企業最終的目標是實現良好的經濟利潤，否則就會成為單純的目標，無法帶來具體的成效。

（四）舉例

【例5】（見表4-2）

表 4-2　某酒店建立平衡計分卡評價系統

戰略目標	維度	具體目標	核心指標	指標值	實際值	行動計劃（改進措施）
用5年的時間創成都市知名的五星級酒店	財務方面	股東財富最大化，淨資產5年內翻一番	①營業收入增長率 ②利潤增長率 ③現金淨流量 ④投資報酬率	200% 50% 1,000萬元 35%	201% 52% 1,010萬元 37%	暫無
	客戶方面	顧客滿意度達100%，有口皆碑	①老客戶回顧率 ②新客戶增長率 ③市場份額(成都市) ④顧客投訴率	95% 30% 10% 0	80% 35% 12% 0	隨時聯繫，組織活動
	內部業務流程方面	方便快捷、成本節約	①顧客滿意度 ②流程時間縮短 ③服務成本壓縮	99% 20% 15%	95% 19% 16%	①提供貼心服務 ②時鐘管理，在傳遞環節採用小跑
	學習與增長方面	菜品創新，管理層和員工服務水準提升	①推出名菜率/新品率 ②管理層水準提升率 ③員工能力提升率	20% 100% 90%	12% 80% 95%	①全國各地考察、品嘗 ②管理層接受管理培訓5次，獲得MBA學位10人

【例6】（見表4-3）

表4-3　某醫院建立平衡計分卡評價系統

戰略目標	維度	具體目標	核心指標	指標值	實際值	行動計劃（改進措施）
用3年時間創全國「三甲」醫院	財務方面	利潤增長50%	①利潤增長率	每年增長17%	18%	暫無
	客戶方面	顧客滿意度達100%	①治愈率 ②顧客投訴率	90% 0	80% 0	提高醫生的技術
	內部業務流程方面	便民、快捷	①診斷時間縮短	30%	25%	添置彩超2臺，提高效率
	學習與增長方面	名醫比重提高	①核心專科（骨科、內科、牙科）擁有全國知名的醫生	至少有2位	1位	①引進國外高級專家 ②出國深造

（五）優缺點

1. 優點

（1）戰略性：將戰略目標逐層分解並轉化為被評價對象的績效指標和行動方案，使整個組織行動協調一致。

（2）全面性：引入四個維度（財務、客戶、內部業務流程、學習與成長），形成閉路循環，使得績效評價更加全面完整。

（3）動態性：績效評價與營運過程結合，適應戰略目標的需要，可以隨時調整考核指標，引導措施改進，直至目標完成。

（4）可持續性：學習和成長作為一個維度，注重員工的發展要求和組織資本、信息資本等無形資產的開發利用，有利於增強企業的可持續發展動力。

2. 缺點

（1）專業技術要求高，工作量比較大，操作難度也較大，需要持續的溝通和反饋，實施比較複雜、實施成本高。

（2）各指標權重在不同層級內部和層級之間的分配比較困難，且部分非財務指標的量化工作難以落實。

（3）系統性強、涉及面廣，需要專業人員指導，企業全員的參與和長期持續的修正與完善，對信息系統、管理能力有較高的要求。

三、戰略地圖

卡普蘭後來引入戰略地圖，以加強對企業戰略的動態描述，揭示平衡計分卡的四個維度與公司戰略的因果聯繫。

（一）戰略地圖概述

現在企業應用平衡計分卡，首先應該制定戰略地圖，即基於企業的願景與使命，將戰略目標及其因果關係、價值創造路徑以圖示的形式直觀、明確、清晰地呈現。

制定戰略地圖一般按照以下程序進行：設定的戰略目標，確定業務改善路徑，定位客戶價值、確定內部業務流程優化主題，確定學習和成長主題，進行資源配置、繪

(二) 戰略地圖、平衡計分卡、預算之間的關係

【例7】某航空公司戰略地圖、平衡計分卡和預算情況如表4-4所示。

表4-4

戰略目標	戰略地圖		平衡計分卡		行動計劃	
	流程：地面運作	戰略重點	指標	目標值	方案	預算
以最低的成本，最大限度實現客戶的價值	財務：利潤（收入增加、減少飛機）	盈利能力 收入增加 減少飛機	市場價值 座位收入 飛機租賃成本	年增長率30% 年增長率18% 年增長率5%	品牌戰略 增加座位 將小飛機置換為大飛機	100萬元 30萬元 2,300萬元
	客戶：吸引留住更多客戶（準點、低價）	吸引和留住更多顧客 航班準時 最低價格	留住老顧客比例 開發新顧客率 準時到達率 顧客評滿意度	70% 年增長率15% 100% 100%	採用積分制 品質管理 顧客忠誠度項目	20萬元 50萬元 300萬元
	內部流程：快速地勤周轉	快速地勤服務	準時到達 準時離港率	起飛前30分鐘 95%	周期最佳化管理	48萬元
	學習成長：戰略工作：舷梯管理；戰略系統：地面員工協調一致	開發必要的技能 開發支持系統 員工與戰略相協調一致	戰略準備 資訊系統 戰略意識 員工持股比例	每年培訓比例70% 100% 100% 100%	員工訓練 訊息項目 溝通項目 持股計劃	150萬元 57萬元 10萬元 500萬元

【說明】

（1）戰略地圖：戰略地圖是對組織戰略要素之間因果關係的可視化描述的工具，比如本例：①經營效率的驅動因素是什麼？回答：更多的客戶、更少的飛機。②如何實現客戶的價值主張？回答：航班準點到達，機票價格最低。③內部流程的重點在哪裡？回答：地勤部門的快速運作。④公司員工能夠做到嗎？回答：通過教育和訓練提高員工的意識和技能。

（2）平衡計分卡：平衡計分卡是將戰略轉化為行動的工具，也就是將戰略目標和戰略地圖轉化為指標和目標值，使得戰略目標具體化，可以真正衡量和考核。

（3）預算：預算是將資源配置與戰略聯繫起來的工具。平衡計分卡確立的指標和目標值，要依靠行動計劃來實現；行動計劃需要資源配置和支撐，將資源配置數量化和貨幣化就是預算。

【復習重點】

1. 關鍵績效指標法。
2. 經濟增加值法。
3. 平衡計分卡法。

【同步案例題】

一、經濟增加值（2010年考試題）

【資料】M公司為一家中央國有企業，擁有兩家業務範圍相同的控股子公司A、B，控股比例分別為52%和75%。在M公司管控系統中，A、B兩家子公司均作為M公司的利潤中心。A、B兩家公司2009年經審計後的基本財務數據如表4-5所示。

表4-5

相關財務數據 \ 公司	子公司A	子公司B
無息債務（平均）	300萬元	100萬元
有息債務（平均，年利率為6%）	700萬元	200萬元
所有者權益（平均）	500萬元	700萬元
總資產（平均）	1,500萬元	1,000萬元
息稅前利潤	150萬元	100萬元
適用所得稅稅率	25%	
平均資本成本率	5.5%	

2010年年初，M公司董事會在對這兩家公司進行業績評價與分析比較時，出現了較大的意見分歧。以董事長為首的部分董事認為，作為股東應主要關注淨資產回報情

況，而 A 公司淨資產收益率遠高於 B 公司，因此 A 公司的業績好於 B 公司。以總經理為代表的部分董事認為，A、B 兩公司都屬於總部的控股子公司且為利潤中心，應當主要考慮總資產回報情況，從比較兩家公司總資產報酬率（稅後）結果分析，B 公司業績好於 A 公司。

假定不考慮所得稅納稅調整事項和其他有關因素。

要求：

（1）根據上述資料，分別計算 A、B 兩家公司 2009 年淨資產收益率、總資產報酬率（稅後）（要求列出計算過程）。

（2）根據上述資料，分別計算 A、B 兩家公司的經濟增加值，並據此對 A、B 兩家公司做出業績比較評價（要求列出計算過程）。

【解析】

（1）① A 公司淨資產收益率＝[（150－700×6%）×（1－25%）÷500]×100%＝16.2%

② B 公司淨資產收益率＝[（100－200×6%）×（1－25%）÷700]×100%＝9.43%

③ A 公司總資產報酬率（稅後）＝[（150－700×6%）×（1－25%）÷1,500]×100%＝5.4%

④ B 公司總資產報酬率（稅後）＝[（100－200×6%）×（1－25%）÷1,000]×100%＝6.6%

（2）① A 公司經濟增加值＝81＋700×6%×（1－25%）－（500＋700）×5.5%＝46.5（萬元）

B 公司經濟增加值＝66＋200×6%×（1－25%）－（200＋700）×5.5%＝25.5（萬元）

② 評價：從經濟增加值角度分析，A 公司業績好於 B 公司。

二、業績評價（2015 年考試題）

【資料】甲公司系一家集規劃設計、裝備製造、工程施工為一體的國有大型綜合性建設集團公司。2015 年年初，甲公司召開總經理辦公會，提出要進一步提升「戰略規劃—年度計劃—預算管理—績效評價」全過程的管理水準。會議主要內容如下：

①會議提出要貫徹落實董事會制定的以「國際業務優先發展」為主導的密集型戰略。公司應積極回應國家「一帶一路」建設規劃，在「一帶一路」沿線國家（包括已開展業務和尚未開展業務的國家）爭取更多業務訂單，一方面提高現有產品與服務在現有市場的佔有率，另一方面以現有產品與服務積極搶占新的國別市場。

②會議審議了公司 2015 年度經營目標。公司發展部從公司自身所擁有的人力、資金、設備等資源出發，提出了 2015 年新簽合同額、營業收入、利潤總額等年度經營目標，並經會議審議通過。

③會議聽取了公司 2014 年度預算執行情況的報告。財務部就公司 2014 年的預算執行情況進行了全面分析，並選取行業內標杆企業 M 公司作為對標對象，從盈利水準、資產質量、債務風險和經營增長 4 個方面各選取一個關鍵指標進行對標分析（相關對標數據見表 4-6），重點就本公司與 M 公司在某些方面存在的差距向會議做了說明。

表 4-6

企業名稱	營業收入淨利率	總資產週轉率	資產負債率	營業收入增長率
甲公司	3.93%	68.36%	82.79%	16.23%
M 公司	3.92%	75.88%	78.53%	22.84%

④會議聽取了關於採用平衡計分卡改進績效評價體系的報告。會議指出：公司近年來單純採用財務指標進行績效評價存在較大局限性，同意從 2015 年起採用平衡計分卡對績效評價體系進行改進；同時要求加快推進此項工作，以更好地促進公司戰略目標的實現。

假定不考慮其他因素。

要求：

（1）根據資料①，指出甲公司採取的密集型戰略的具體類型，並說明理由。

（2）根據資料②，判斷甲公司確定年度經營目標的出發點是否恰當，並說明理由。

（3）根據資料③，針對 4 個關鍵指標，指出甲公司與 M 公司存在的差距，並提出相應的改進措施。

（4）根據資料④，指出採用「平衡計分卡」方式進行績效評價將有哪些方面的改進。

【答案】（1）甲公司採取的密集型戰略的類型：市場滲透戰略及市場開發戰略。理由：提高現有產品與服務的市場佔有率屬於市場滲透戰略；將提高現有產品與服務打入新國別市場屬於市場開發戰略。

（2）不恰當。理由：企業年度經營目標的制定必須從企業的戰略出發，而不是從企業所擁有的資源出發，以確保年度經營目標與公司戰略、長期目標相一致。

（3）甲公司與 M 公司的差距：甲公司的資產週轉率及營業收入增長率低於 M 公司、資產負債率高於 M 公司。

改進措施：加快資產週轉速度，提高資產質量；提高營業收入水準，加快經營增長；合理控制資產負債率，防範債務風險。

（4）平衡計分卡採用多重指標、從多個維度或層面（財務層面、顧客層面、內部業務過程層面、學習與成長層面）對企業或分部進行績效評價。

平衡計分卡不僅是一個財務和非財務業績指標的收集過程，還是一個戰略業務單元的使命和戰略所驅動的自上而下的過程，其體現戰略目標，致力於追求未來的核心競爭力。

平衡計分卡對以下四方面進行了平衡：財務業績與非財務業績的平衡；與客戶有關的外部衡量與關鍵業務過程和學習成長有關的內部衡量的平衡；領先指標與落後指標設計的平衡；結果衡量（過去努力結果）與未來業績衡量的平衡。

第五章 企業風險管理

【知識精講】

第一節　企業風險管理概述

一、企業風險及其分類

(一) 企業風險的含義

企業風險指未來的不確定性對企業實現其經營目標的影響。企業風險從兩個方面理解：

（1）目標不同，面臨的風險就不同。比如，設定目標為攀登珠穆朗瑪峰的風險顯然要比攀登泰山大很多。

（2）源於不確定性：不確定性可能帶來風險，也可能帶來機遇。比如，淘金充滿了不確定性，極可能血本無歸，也可能一夜暴富。

(二) 企業風險類別

1. 按風險內容分

（1）戰略風險。戰略風險與企業的戰略目標、戰略規劃和戰略路徑高度相關。所謂「一招不慎，滿盤皆輸」，可以理解為戰略風險帶來的損失。

（2）財務風險。財務風險與企業應收帳款、負債、現金流等因素相關。

（3）市場風險。市場風險與市場環境、主要客戶、主要供應商的信用情況等因素有關。

（4）營運風險。營運風險的相關因素有企業的產品、經營、管理等。

（5）法律風險。法律風險的相關因素有：國內外政治、法律環境，重大合同的合規性，企業領導人和員工的法治理念和遵從性。

2. 按能否為企業帶來盈利機會分

（1）危險性因素。危險性因素只可能帶來損失。

（2）控制性風險（或不確定風險）。控制性風險既可能帶來損失，也可能帶來

盈利。

(3) 機會風險。與不確定風險相比，有利的機會概率較大。

3. 按來源和範圍分

(1) 外部風險。外部風險來源於企業外部，包括法律風險、政治風險、經濟風險等。

(2) 內部風險。內部風險來源於企業內部，包括戰略風險、財務風險、經營風險等。

4. 按風險有效性分

(1) 固有風險。

(2) 剩餘風險。

【例1】眾所周知，人一旦被眼鏡蛇咬傷就有被毒死的危險，這是事物本來的屬性，叫作固有風險。如果我們戴上防護設備，防止了被咬傷毒死的危險，但是還存在可能被嚇死的風險——這就是剩餘風險，也就是我們採取了風險控制措施後，還有部分無法防範的風險。

二、企業風險管理的作用與構成要素

（一）主要作用

(1) 協調企業可承受的風險容量與戰略。

(2) 提升風險應對決策。

(3) 抑減經營意外和損失。

(4) 識別和管理貫穿於企業的風險。

(5) 提供對多重風險的整體應對。

(6) 抓住機會。

(7) 改善資本調配。

【注意】風險管理由於自身承擔的作用，使得其複雜性上升，從對危險性因素的杜絕，到對控制性風險的合規檢查，進而對機會風險實現效益的管理，難度逐漸增加。

（二）構成要素（8要素）

企業風險管理與企業內部控制要素構成的聯繫和區別如表5-1所示。

表5-1

企業風險管理構成要素	內部環境	企業內部控制要素	內部環境
	目標設定		目標設定
	事件識別		風險識別
	風險評估	風險評估	風險評估
	風險應對		風險分析
			風險應對
	控制活動		控制活動
	信息與溝通		信息與溝通
	監控評價		內部監督

三、企業風險管理的目標、主要特徵和基本原則

（一）目標

企業風險管理的目標是在確定企業風險偏好的基礎上，將企業的總體風險和主要風險控制在企業容忍度範圍之內。簡而言之，目標就是企業承擔可以接受的風險水準。

（二）主要特徵

（1）戰略性。企業需要從戰略層面整合和管理風險，提高企業的核心競爭力。

（2）全員參與。企業全面風險管理由企業治理層、管理層和所有員工參與。

（3）雙面性。風險管理不僅要防止損失，同時還要抓住機會創造價值。

（4）系統性。風險管理涵蓋企業面臨的戰略、營運、財務、合規等所有風險類別，並加以綜合考慮。

（5）專業性。風險管理分析風險敞口水準，利用定性或定量的方法從容應對各種風險。

（三）基本原則

（1）融合性。風險管理與企業戰略、經營、管理相互融合。俗話講，防止「兩張皮」。

（2）全面性。風險管理要覆蓋企業所有管理層級、經營業務、操作流程和環節，做到不重不漏。

（3）重要性。抓住關鍵，把握重點環節和重要崗位，也就是「盯住關鍵少數」。

（4）平衡性。權衡風險和收益、成本與效益的關係，力爭總和最大。

四、企業風險管理與企業內部控制、企業管理的關係

企業內部控制，通常控制的是企業內部可控的風險；全面風險管理，所應對的是企業的所有風險，包括內部風險和外部風險；企業風險管理從屬於企業管理。

第二節　企業風險管理方法

一、企業風險管理流程及具體方法

在內部環境的基礎上，風險管理流程分為目標設定、風險識別、風險評估、風險應對、風險監控與報告、風險考核與評價。

（一）目標設定

目標設定是信息搜集、事件識別、風險評估、風險應對等的前提。

目標設定環節應確定企業的風險偏好、風險容忍度、風險容量、風險容限。

（1）風險偏好。風險偏好是指願意承擔風險的水準，有高、中、低三種。

【例2】對於游泳，甲、乙、丙的態度截然不同：甲喜歡在大海裡劈波斬浪，乙喜歡在泳池裡蛙泳，而丙則喜歡在浴缸裡悠閒地泡澡。從風險偏好來看：甲屬於偏好高風險，乙偏好中風險，丙偏好低風險。

（2）風險容忍度。風險容忍度是指在風險偏好的基礎上，設定風險管理目標值的可容忍波動範圍。

【例3】承【例2】，儘管甲願意承擔高風險，但是也有個限度，比如甲只能容忍4級風浪以下的大海環境。

（3）風險容量。風險容量與企業董事會風險偏好和風險容忍度相關。風險容量反應了企業增長、風險和報酬之間可接受的平衡。

（4）風險容限。風險容限是相對於目標實現能夠接受的偏離程度。簡言之，就是企業能夠接受的最大風險損失額。

（二）風險識別

風險識別建立在廣泛的信息搜集基礎上，要充分考慮內部因素和外部因素。

（1）外部因素包括經濟、自然環境、政治、社會、技術、市場、產業、法律、信用、競爭對手等。

（2）內部因素包括基礎結構、人員、流程、信息系統技術能力、研發能力、財務狀況、企業信譽、市場地位等。

不同時期，企業所進行的風險識別的重點或關鍵因素是不同的，需要採用不同的應用技術進行分析。風險識別具體包括調查問卷、SWOT分析、頭腦風暴、內部審計、流程圖、高級研討會等分析技術。如果多個事件可能影響一個目標的實現，可用魚骨圖（因果分析法）反應。

（三）風險評估

1. 風險評估概述

風險評估需要定性、定量以及定性與定量相結合的技術。

（1）定性技術包括列舉風險清單、風險評級和風險矩陣等方法。

（2）定量技術包括概率技術和非概率技術。

①概率技術包括風險價值（VAR）、損失分佈、事後檢驗等。

風險價值（VAR）是指在概率給定情況下，某一投資組合在下一階段最大可能的損失額。VAR之所以具有吸引力，是因為它把投資組合的全部風險（包括市場風險、信用風險、利率風險、匯率風險等）概括為一個簡單的數字，並以貨幣計量單位來表示風險管理的核心——潛在虧損。

②非概率技術包括敏感性分析、情景分析、壓力測試、設定基準（標杆比較法），如表5-2所示。

表 5-2

敏感分析	敏感分析是指在合理的範圍內，通過改變輸入參數的數值，來觀察並分析相應輸出結果的分析模式。比如本量利分析模型中，通過改變參數—銷售量的數值，觀察結果—利潤的變動情況
情景分析	情景分析是指運用「如果——那麼」的分析方式，設想可能出現的不同情景，輸入相應的數值，分析對目標的影響
壓力測試	壓力測試是指在極端情境下，分析評估風險管理模型的有效性，以發現問題，制定改進措施。比如，汽車碰撞試驗，以觀察氣囊打開時承受的最大衝擊力，就是一種壓力測試
設定基準	設定基準也叫標杆比較法，通過將本企業與同行業或同類型企業在某些領域的做法、指標結果等做定量的比較，來確定風險的重要性水準

【例4】甲公司風控部門提交的2018年度風險管理建議書部分內容摘要如下：

「優化籌資結構，合理降低槓桿。對融資業務的風險分析顯示：公司2017年年末的資產負債率（85%）明顯高於行業平均水準（65%），且面臨較大的短期償債壓力；如果繼續通過借新還舊等傳統方式融資，可能加劇償債壓力並帶來其他潛在風險，最終引發資金鏈斷裂。為了去槓桿，建議2018年度採用權益融資的方式彌補公司發展所需的資金缺口。」

要求：分析該建議書採用了哪些風險評估的具體方法。

【解析】具體方法是標杆比較法（設定基準法）和情景分析法。

2. 風險評估描述

風險評估可分別評估發生的可能性和影響程度，並用風險地圖來描述。

【注意】從企業整體角度進行風險評估：風險評估不僅要分析單一事件的可能性和影響程度，同時要關注事件之間的關係，考慮整個企業層面的組合風險，特別是各單元均未超過容忍度但結合在一起超出整體風險容量的情況。

（四）風險應對

1. 總體風險敞口

總體風險敞口指將各個風險類別當中的風險潛在損失合併，相互抵補後，得到總體風險敞口水準。風險敞口正常情況下不應高於企業的可承受能力。

【例5】某企業集團經營現金淨流入量為10億元，投資現金淨流出量為50億元，籌資性現金淨流入量為36億元，因此現金流的風險敞口為4億元（50-10-36），籌資性的現金流量假定為外幣，如果外幣升值，還存在匯兌損失2億元，則風險總敞口為6億元（4+2）。

2. 風險應對策略（見表5-3）

表5-3

風險應對	特點	二級分類	舉例
風險承受	接受風險後果	風險自擔	將風險損失直接計入成本費用
		風險自保	有計劃的計提資產減值準備
風險規避	迴避、停止或退出有風險的環境、活動	—	（1）拒絕與信用等級低的交易對手交易 （2）禁止在金融市場做投機業務 （3）放棄明顯虧損的項目 （4）停止生產有重大問題的產品
風險分擔	將風險損失轉嫁他人	風險轉移	保險、風險證券化、合同約定風險轉移、合資、合作、租賃、業務外包、聯合開發、技術轉讓等
		風險對沖	資產組合使用、多種外幣結算的使用、多種經營戰略、金融衍生品（套期保值、外匯遠期）等
風險降低	採取適當的控制措施降低風險或者減輕損失	風險轉換	將一種風險轉換成另一種風險，使得總體風險降低，如：企業降低現有生產投入，通過增加研發成本，實現技術突破進入高附加值的生產領域
		風險補償	建立風險準備金或應急資本
		風險控制	控制風險產生的動因、環和條件，以降低風險發生的概率或減輕風險損失，如：生產車間內禁菸以防火災

(五) 風險監控與報告

企業應當設置風險預警指標對重點關注的風險進行監測和分級管理，主要通過業務部門的持續監控，獨立專門評價或者兩者相結合完成。

風險監控中發現的重要缺陷向上級部門報告，重大缺陷應向公司管理層或董事會報告。

(六) 風險考核與評價

企業應該根據風險管理職責設置風險管理考核指標，納入企業績效管理。

企業應定期對風險管理制度、工具方法和風險管理目標的實現情況進行評價，識別是否存在重大風險管理缺陷，形成評價結論並出具評價報告。

二、危險性因素、控制性風險、機會風險的管理

(一) 危險性因素管理

1. 含義

危險性因素是指只有損失沒有收益的風險因素，比如災難事故、詐騙、信息技術崩潰、對企業聲譽的負面影響、市場地位遭遇挑戰、有損安全與健康等。

2. 應對策略

企業對危險性因素容忍度低，應盡可能採取規避策略，以防止危險損失。

3. 管理措施（見表 5-4）

表 5-4

損失預防	事前採取措施，防止危險性因素發生
損失管制	事中控制風險發生後所帶來的影響
成本控制	事後使企業在保持業務持續性和災後重建兩方面實現成本最小化

【例6】對火災風險的事前控制措施：減少火源和傳播途徑，購買財產保險。事中控制：及時呼叫 119 消防滅火。事後控制：及時啓動備份系統恢復生產，同時獲取保險理賠，政府幫助，進行補償控制成本。

(二) 控制性風險（或不確定風險）管理

1. 含義

控制性風險是指損失和收益並存的風險因素。比如：利率匯率變化、原材料及產品的價格漲跌、設備修理的頻次、供應商斷貨、國家政策發生變化、競爭對手轉變競爭策略等。

它與機會風險管理的區別是不爲獲取超額回報，側重於合規性、防範日常營運中的不確定性。

2. 應對策略

控制性風險的應對策略是利用金融衍生品（遠期合約、互換交易、期貨、期權等）、套期保值、保險等風險對沖或轉移等措施。

【例7】某企業爲防止日後購入現貨原材料漲價的風險，買入一份品種相同、數量相同、交割日期相近的期貨，進行套期保值以應對不確定風險損失。

(三) 機會風險管理
1. 含義

機會風險是企業旨在竭力推進企業目標（獲得高額回報等），刻意承擔的風險。

2. 應對策略

機會風險應盡量通過量化或半量化的手段評估，獲得企業風險敞口的數值，從而確定是否接受新業務。

第三節　企業風險管理體系及其建立

一、風險管理體系的內容

風險管理體系至少包括 5 個方面的內容：①風險管理理念和組織職能體系；②風險管理策略；③風險管理基本流程及文本記錄和報告；④風險管理制度體系；⑤風險管理信息系統。

二、風險管理理念和組織職能體系

(一) 風險管理理念

企業開展風險管理應形成統一的企業風險管理理念，包括如何識別風險、評估風險，以及如何管理這些風險。

企業風險管理理念通過口頭或書面的政策表述。比如：有企業用《三國志・蜀書・先主傳》中的名句「勿以惡小而為之，勿以善小而不為」作為風險管理理念。

(二) 風險管理組織職能體系：三道防線

風險管理組織職能體系及其職責是開展企業風險管理的必要條件。企業員工、業務部門、管理層構成了風險管理的第一道防線；專業風險管理人員、風險管理、審計委員會構成了風險管理的第二道防線；董事會構成了風險管理的第三道防線。

(三) 風險管理執業者素質

風險管理人員應在風險管理策略的制定、風險管理架構的施行、風險管理表現的衡量、風險管理活動中汲取經驗等方面，擁有自身的技能和技巧。

三、風險管理制度體系

企業應當建立健全能夠涵蓋主要環節的風險管理制度體系，並在其中明確風險管理策略。恰當的風險管理策略有利於形成企業核心競爭力，保障企業戰略目標和經營目標的實現。企業建立風險管理策略應確定合適的企業風險度量模型。

四、風險管理信息系統建設

風險管理信息系統的主要功能有：

（1）實現風險信息的共享，提升風險信息的搜集及傳播效率。
（2）風險預測和評估。
（3）開展信息系統風險監控。

【復習重點】

1. 掌握企業風險分類、企業風險管理的作用和構成要素。
2. 掌握企業風險管理與其他管理體系的關係。
3. 掌握企業風險管理的流程和主要方法。
4. 掌握危險性因素、不確定風險、機會風險各自的內容和管理措施。
5. 熟悉風險管理體系建立的主要內容和方法。

【同步案例題】

【資料】（2017年考試題）甲公司主要從事境內外煉化工程設計、總承包和項目管理等業務。2017年1月，甲公司準備作為EPC（設計—採購—施工）總承包商競標Q國煉化一體化R項目，一同競標的預計還有2家國際工程知名企業。R項目業主在招標文件中要求：EPC總承包商須建立全面的風險管理體系，並針對R項目制定專門的風險管理流程。為此，2017年4月末，甲公司召開R項目風險管理專題會議。有關人員發言要點如下：

①市場開發部經理：自2015年以來，市場開發部持續收集Q國政治、經濟、市場、財稅、法律等信息。2017年1月，在獲取R項目招標文件後，市場開發部組織技術、報價、財務、法律等方面專家開展了現場調查，並結合之前已收集的有關信息，編製了R項目盡職調查報告，對項目可能涉及的風險進行了識別。建議公司盡力滿足項目業主對風險管理的要求，抓住機遇，提升公司海外EPC業績，獲取更高回報。

②投標報價部經理：2017年2月，投標報價部組織設計、採購、施工等部門對R項目風險進行了細化識別，共識別主要風險64項；同時，針對每項主要風險，制定了風險管理策略和應對措施，以及負責落實到人的具體實施方案。預計實施應對措施後，還存在32項剩餘風險。投標報價部以基準成本17.8億美元為基礎，就剩餘的32項風險對項目費用目標的影響進行了量化評估；運用量化分析模型，測算出風險儲備金0.43億美元。建議在報價估算的基礎上追加報價0.43億美元。

③項目管理部經理：項目管理部將發揮公司合同工期管理的優勢，運用風險評估定量技術，進行項目進度風險量化管理，力爭項目按期完工。具體運用時，將各種不確定性換算為影響R項目進度目標的潛在因素，再運用風險模型模擬測算，進行敏感性排序，計算不同置信度下項目完工日期。

④風險管理部經理：風險管理部依據公司風險管理的要求，已組織相關部門專門編製了R項目風險管理流程。如果項目中標，建議各責任主體嚴格執行該專門流程，降低經營意外和損失；風險管理部將動態評估監控流程的執行情況。此外，為滿足招

標要求，風險管理部計劃開發 R 項目風險管理信息系統。

假定不考慮其他因素。要求回答：

（1）根據資料①，從能否為企業帶來盈利的角度，指出甲公司面臨的風險類別，並就該類風險提出管理建議。

（2）結合資料②，指出管理層基於投標報價部風險評估結果，在確定風險應對過程中應考慮的主要因素。

（3）結合資料③，指出風險評估定量技術的分類及具體方法。

（4）結合資料④，指出甲公司計劃開發的項目風險管理信息系統需具備的主要功能。

【解析】

（1）從能否為企業帶來盈利的角度分析，甲公司面臨的風險為機會風險。建議：盡量通過量化或半量化的手段評估，可通過對企業財務、基礎結構、聲譽、市場地位各項影響因素的分別評估，獲得企業風險敞口的數值，從而確定是否接受新業務。

（2）在確定風險應對的過程中，管理層應該考慮：一是不同的應對方案對風險的可能性和影響程度（可用利潤、每股收益等表示），以及哪個應對方案對主體的風險容限相協調；二是不同應對方案的成本和效益；三是實現企業目標可能的機會。

（3）風險評估定量技術包括概率技術和非概率技術。概率技術包括風險「模型」（風險價值、風險現金流量和風險收益）、損失分佈、事後檢驗等，非概率技術包括敏感性分析、情景分析、壓力測試、設定基準等。甲公司運用的風險評估定量技術是蒙特卡羅模型分析。

（4）風險管理信息系統應具備的主要功能：

①實現風險信息的共享，提升風險信息的搜集及傳播效率。

②風險預測和評估。

③開展信息系統風險監控。

第六章 企業內部控制

【知識精講】

第一節　企業內部控制規範體系框架

一、中國企業內部控制規範體系

（一）基本規範
基本規範處於最高層次，起統馭作用。其確立了框架結構，規定了內部控制的目標、原則、要素等基本要求，是制定配套指引的基本依據。

（二）配套指引
（1）《企業內部控制應用指引》。該指引包含18項應用指引，指導企業有效建立和運行內部控制制度，在內部控制規範體系中占據主體地位。

（2）《企業內部控制評價指引》。該指引指導企業管理層對本企業內部控制有效性進行自我評價。

（3）《企業內部控制審計指引》。該指引可為會計師事務所實施內部控制審計工作提供指導。

（三）配套指引未涵蓋業務的處理
【注意】配套指引僅對企業常見的、一般性生產經營過程的主要方面和環節進行規範。在建設與實施內部控制過程中，對配套指引尚未規範的業務領域，企業應遵循基本規範的原則和要求，按照內部控制建設與實施的基本原理和一般方法，從企業經營目標出發，識別和評估相關風險，梳理關鍵業務流程，根據風險評估的結果，制定和執行相應控制措施。

【例1】某企業財務總監觀點：隨著多元化戰略的成功實施，本公司業務已涵蓋製造、能源、金融、房地產四大板塊。建議根據財政部等五部委發布的18項應用指引，將上述四大業務板塊已有的管理制度與18項應用指引逐一對標，滿足相應的控制要求。鑒於公司經營管理任務繁重，對18項應用指引沒有涵蓋的業務不納入公司內部控

制體系建設範疇。

【解析】財務總監關於「18項應用指引沒有涵蓋的業務不納入公司內部控制體系建設範疇」觀點不恰當。理由：企業應當根據自身業務的實際情況，針對所有重要業務或事項實施控制，不僅僅局限於18項應用指引涵蓋的業務。（或不符合全面性原則）

（四）適用範圍

基本規範和配套指引，主要適用於大中型企業。中國的上市公司、中央企業和國有大中型企業必須強制執行基本規範和配套指引。

小企業可以參照執行《小企業內部控制規範（試行）》。

二、內部控制目標

內部控制目標包括：
(1) 合理保證企業經營管理合法合規。
(2) 維護資產安全。
(3) 促進財務報告相關信息真實完整。
(4) 提高經營效率和效果。
(5) 促進企業實現發展戰略。

【例2】某企業內部控制制度確定的控制目標為：「保證經營管理合法合規、資產安全完整、財務報告真實可靠，消除公司面臨的全部風險，確保聘請會計師事務所進行內部控制審計後獲得標準無保留審計意見。」請分析該企業對內部控制目標的定位是否恰當？

【解析】該企業內部控制的目標定位不恰當。理由：建立健全內部控制的目標是合理保證企業的經營管理合法合規、資產安全、財務報告及相關信息真實完整、提高經營效率和效果、促進企業實現發展戰略；內部控制的任務是將風險控制在可承受度範圍內。

三、內部控制原則

內部控制原則主要有全面性原則、重要性原則、制衡性原則、適應性原則、成本效益原則。

（一）全面性原則

全面性原則要求實現全業務、全過程、全員性控制，確保不存在控制盲點。

【例3】某會計師事務所在對內部控制進行有效性審計時發現：甲公司未將全資子公司乙公司納入2018年度內部控制與實施的範圍，請分析甲公司的做法是否恰當，並說明理由。

【解析】甲公司的做法不恰當。理由：不符合全面性原則的要求。或：內部控制應當覆蓋企業及所屬單位的各種業務和事項。

（二）重要性原則

重要性原則要求對「三重一大」事項重點控制，實行集體決策或聯簽制度。

(三) 制衡性原則

制衡性原則要求企業在治理結構、機構設置及權責分配、業務流程等方面形成相互制約、相互監督機制。在實踐中，企業要堅持不相容的崗位分離控制。

【例4】某企業內部控制度規定：「董事會下設的審計委員會負責審查內部控制、監督內部控制的有效實施等工作，並由總經理兼任審計委員會主席⋯⋯」，請分析是否正確。

【解析】由總經理兼任審計委員會主席不恰當。理由：審計委員會主席應當由獨立董事擔任或外部董事擔任。或：審計委員會主席應該具有獨立性。或：總經理兼任審計委員會主席違背了制衡性原則。

(四) 適應性原則

適應性是指與企業實際相適應，並可以動態調整。

(五) 成本效益原則

成本效益原則要求內部控制建設要從企業整體利益出發，權衡投入成本與產出效益比。俗話講，「高射炮打蚊子，得不償失」「殺雞焉用宰牛刀」就是堅持了成本效益原則！

四、內部控制要素

2008年財政部、證監會、審計署、銀監會、保監會等五部委制定《企業內部控制基本規範》，規定了內部控制的五要素。

(一) 內部環境

1. 治理結構

治理結構即建立規範的公司治理結構和議事規則，明確股東會、董事會、監事會、經理層在決策、執行和監督等方面的職責權限，形成科學有效的職責分工和制衡機制。

2. 機構設置及權責分配

機構設置及權責分配是指合理設置內部機構，明確職責權限，將權利與責任落實到各責任單位。

3. 內部審計機制

內部審計機制要保證內部審計機構設置、人員配備和工作的獨立性。

4. 人力資源政策

人力資源政策一般包括員工的聘用、培訓、辭退與辭職；員工的薪酬、考核、晉升與獎懲等政策。

5. 企業文化

企業文化就是樹立企業核心價值觀。比如，某公司的企業文化是「天道酬勤」；某學校的核心價值觀是「厚德載物」。

【例5】美國通用電氣公司總裁杰克·韋爾奇特別重視企業文化建設。他有句名言——通過「價值指南備忘卡」強調公司統一的價值觀。該公司每位員工都有一張「通用電氣價值觀」卡，卡中對領導幹部的警戒有9點：痛恨官僚主義、開明、講究速度、自信、高瞻遠矚、精力充沛、果敢地設定目標、視變化為機遇及適應全球化。這些價值觀都是通用公司進行培養的主題，也是決定公司職員晉升的最重要評價標準。

（二）風險評估

風險評估包括目標設定、風險識別、風險分析和風險應對。

1. 目標設定

風險與目標緊密相連，目標越宏偉，風險越大。

【例6】某人擁有100萬元，如果他的目標設定為獲取存款利息，那麼把錢存入銀行就可以了，風險很小。如果他要獲取高額收益去炒期貨，顯然風險會高很多。

2. 風險識別

風險主要有內部風險和外部風險。

（1）內部風險。列寧同志說過：「堡壘最容易從內部攻破！」蘇聯的土崩瓦解就是最好的證明。俗話講：「家賊最難防！」所以企業必須關注董事、監事、經理以及其他管理人員的職業操守、關鍵崗位的員工職業道德和專業勝任能力。

（2）外部風險。外部風險一般關注經濟形勢等經濟因素，法律法規等法律因素，安全穩定、文化傳統等社會因素，技術進步等技術因素，自然災害等自然環境因素。

3. 風險分析

（1）固有風險：對不採取任何防範措施可能造成的損失程度進行分析。

（2）剩餘風險：對採取了相應措施以後仍然可能造成的損失程度進行分析。

（3）企業應當採用定性與定量相結合的方法，按照風險發生的可能性及其影響程度等，對識別的風險進行分析和排序，確定關注重點和優先控制的風險。

【例7】在建築施工管理中，對風險等級的識別，企業採用風險損失和概率分佈來判斷風險的等級（見表6-1）。

表6-1

概率 \ 風險等級 \ 後果	輕度損失	中度損失	重大損失
很大	3	4	5
中等	2	3	4
極小	1	2	3

4. 風險應對

風險應對包括風險規避、風險承受、風險降低、風險分擔等。

（三）控制活動

1. 不相容職務分離控制

（1）可行性研究與決策審批。

（2）授權批准與業務經辦，或表述為：決策審批與執行。

（3）業務經辦與會計記錄。

（4）會計記錄與財產保管。

（5）業務經辦與稽核檢查，或者表述為：執行與監督檢查。

（6）授權批准與監督檢查。

2. 授權審批控制

（1）制定授權審批體系，規定常規授權和特別授權的範圍、權限、程序和責任。

嚴格控制特別授權。

（2）對重大業務和事項，企業應當實行集體決策審批或聯簽制度，任何個人不得單獨進行決策或擅自改變集體決策。

【例8】為降低資金鏈斷裂的風險，甲公司《內部控制手冊》規定，總會計師在無法正常履行職權的情況下，可直接授予其副職在緊急狀況下進行融資的一切權限。請分析是否正確？

【解析】不正確。理由：特別授權應當按照規定的權限和程序進行。［或：特別授權不當］。

3. 會計系統控制

會計系統控制是企業按照《中華人民共和國會計法》（以下簡稱《會計法》）和國家財經法規、統一會計制度的規定，設立會計機構和配備會計人員，進行會計核算和會計監督。

4. 財產保護控制

財產保護控制主要措施是：進行財產記錄和實物管理，定期盤點和帳實核對，限制未經授權的人員直接接觸貴重財產。

5. 預算控制

內部管理最高層（股東會）掌握預算控制的決策權，負責決策、指揮和協調，預算執行單位負責組織實施，內部審計部門負責監督執行。

6. 營運分析控制

定期或不定期對生產營運情況進行分析，發現存在的問題，及時查明原因並加以改進。

7. 績效考評控制

「考核是指揮棒」。只有將績效考評與個人利益相結合，才會產生強大的激勵約束作用。企業應當將績效考評結果作為確定員工薪酬及職務晉升、評優、降級、調崗和辭退等的依據。

【例9】某企業內控制度規定：「要強化績效考評控制，將全體員工實施內部控制的情況作為績效考評的參考指標。」請分析是否正確。

【解析】不正確。理由：企業應將員工實施內部控制的情況納入績效考評體系，作為績效考評的考核指標。［或：企業應將員工實施內部控制情況作為晉升、獎勵、懲處等的依據］。

（四）信息與溝通

1. 信息質量

信息質量是指企業收集各種內部信息和外部信息，並對這些信息進行合理篩選、核對、整合，提高信息的有用性。

2. 溝通制度

信息的價值在於及時傳遞和使用，重要的信息必須及時傳遞給董事會、監事會和經理層。

【例10】「龍潭三傑」之一的中共地下黨員錢壯飛及時送出顧順章叛變投敵的消息，避免了中央蘇區高級領導全軍覆滅的危險。可見信息的價值在於有用而及時。

3. 信息系統

企業要建立與經營管理相適應的信息系統，促進內部控制流程與信息系統的有機

結合，實現對業務和事項的自動控制，減少或消除人為操縱因素。

【例11】目前各單位均建立了各種各樣的信息系統，但是容易出現互相衝突、不共享不兼容的情況，比如 ERP 系統和用友財務系統「打架」，導致同一數據財務人員要分別兩次錄入不同的系統，白白浪費人力、物力和財力。

4. 反舞弊機制

反舞弊機制指企業要建立舉報人投訴制度和舉報人保護制度，並及時傳達至全體員工。

【例12】2014 年以來，黨中央的「打老虎和拍蒼蠅」反腐敗行動橫掃貪官污吏，有報導說：其中約 80% 的案件屬於舉報發現的。俗話說「人民群眾的眼睛是雪亮的」，反舞弊機制的良好運行在於發動群眾。

(五) 內部監督

內部監督包括日常監督和專項監督。類似於中央紀委的常規巡視和專項巡視，常規巡視就是日常監督；專項巡視就是專項監督。

第二節　企業內部控制體系的建設

一、企業內部控制建設的組織形式

內部控制是一項系統工程，需要公司董事會、監事會、經理層、內部各職能部門以及全體員工共同參與並承擔相應職責。具體如表 6-2 所示。

表 6-2

組織名稱	內部控制的職責
董事會	董事會對內部控制的建立健全和有效實施負責
審計委員會	審計委員會屬於董事會下設的專門委員會，組成人員應具備獨立性、良好的職業操守和專業勝任能力。職責一般包括：①審查內部控制的設計；②監督內部控制的有效實施；③領導開展內部控制的自我評價；④與仲介機構就內部控制審計事項進行溝通協調
監事會	監事會對股東大會負責，負責對董事會建立健全和有效實施內部控制進行監督
經理層	負責組織領導內部控制的日常運行
內部控制部門	負責內部控制在企業內部各部門之間的組織協調和日常性事務工作
內部審計部門	在評價內部控制的有效性及提出改進建議等方面起關鍵作用
財會部門	在保證與財務報告相關的內部控制有效性方面發揮極其重要的作用
其他職能部門和全體員工	在建立和實施內部控制過程中承擔相應職責並發揮積極作用

【歸納】

（1）股東大會產生兩個機構：董事會和監事會，董事會負責決策，監事會負責監督，均對股東大會負責。

（2）董事會組建經理層，並成立審計委員會對其監督。

（3）經理層成立內部控制部門負責內控方面的日常工作，成立內部審計部門監督中層及以下人員。

（4）財會部門和其他職能部門負責其業務範圍活動內控體系的建設。比如財務部門負責資金和財務報告方面的內部控制，人事部門負責人力資源管理方面的內部控制。

二、企業層面的控制

（一）組織架構控制

企業要明確股東大會、董事會、監事會、經理層和企業內部各層級機構設置、職責權限、人員編製、工作程序和相關要求的制度安排。

1. 主要風險點（2個）

（1）治理結構：形同虛設，缺乏科學決策、良性運行機制和執行力，可能導致企業經營失敗，難以實現發展戰略。這意味著組織架構控制沒有發揮作用。

（2）內部結構：設計不科學，權責分配不合理，可能導致機構重疊、職能交叉或缺失，推諉扯皮，運行效率低下。這意味著組織架構控制發揮的作用不好。

【例13】註冊會計師審計發現：長江公司董事會下設的審計委員會缺乏明確的職責權限、議事規則和工作程序，未能有效發揮監督職能，請分析可能產生的風險和應採取的控制措施。

【解析】可能產生的風險是：審計委員會未能發揮監督職能，治理結構形同虛設，缺乏科學決策、良性運行機制和執行力，可能導致企業經營失敗，難以實現發展戰略。

控制措施：董事會可按照股東（大）會的有關決議，明確審計委員會的職責權限、任職資格、議事規則和工作程序，為董事會科學決策提供支持。

2. 設計環節的關鍵控制措施

（1）三權分立，相互制衡。董事會的決策權、經理層的執行權和監事會的監督權應當相互分離，形成制衡。

（2）「三重一大」，集體決策。企業的重大決策、重大事項、重要人事任免及大額資金支付業務，應當按照規定的權限和程序實行集體決策審批或者聯簽制度。任何個人不得單獨進行決策或者擅自改變集體決策意見。

【例14】美國世通公司倒閉案——絕對的權力產生絕對的腐敗

美國第二大電信公司世通公司，於2002年年末申請破產保護，成為美國歷史上最大的破產個案，包括CEO和CFO在內的4名高管因串謀訛詐，被聯邦法院刑事起訴。美國證券業監督機構和司法機構調查發現：世通公司完全沒有制衡機制，世通公司的董事會並沒有肩負起監管管理層的責任，CEO納德·埃伯斯大權獨攬，但缺乏足夠的經驗和能力；該公司的審計委員會工作敷衍草率，從不深入實際，每年只審閱內審部門的最終審計報告或報告摘要，從未對內審的工作計劃提出過任何修改建議。制衡機制失靈，導致管理層弄虛作假，虛報利潤，股價暴跌，最終世通公司破產倒閉。

（3）合理設置內部機構。合理設置內部職能機構，明確各機構的職責權限，避免職能交叉、缺失或權責過於集中，形成各負其責，既制約又協調的工作機制。

（4）合理確定崗位職責。明確各具體崗位的名稱、職責和工作要求，以及各個崗位之間的相互關係。同時，企業要注意符合不相容職務相互分離的要求。

（5）合理規劃流程。管理學中的組織理論表明：是流程決定組織，而不是組織決定流程；否則就會導致因人設事，因人設位。

因此，企業應當制定組織結構圖、業務流程圖、崗位（職位）說明書和權限指引等內部管理制度或相關文件，使員工瞭解和掌握組織架構設計、權責分配、流程運行情況，正確履行職責。

3. 運行環節的關鍵控制措施

（1）全面梳理。

①梳理治理結構，重點關注董事、監事、經理及其他高級管理人員的任職資格和履職情況以及董事會、監事會和經理層的運行效果。

②梳理內部機構設置，重點關注內部機構設置的合理性和運行的高效性等。內部機構設置和運行存在職能交叉、缺失或運行效率低下的，應當及時解決。

（2）加強對子公司的管控。

①子公司應建立科學的投資管理制度及合法有效的履行出資人職責。

②重點關注異地、境外子公司的發展戰略、年度財務預算、重大投融資、重大擔保、大額資金使用、主要資產處置、重要人事任免、內部控制體系建設等重要事項。

（3）定期評估，優化調整。

企業對組織架構的運行效率和效果應定期全面評估，存在缺陷的應及時優化調整；並充分聽取董事、監事、高級管理人員和其他員工的意見。

（二）發展戰略控制

1. 主要風險

（1）發展戰略不明確。缺乏明確的發展戰略或者發展戰略實施不到位，可能導致企業盲目發展，難以形成競爭優勢，喪失發展機遇和動力。——不知道自己要走什麼路。

（2）發展過於激進。脫離企業實際能力或偏離主業，可能導致企業過度擴張，甚至經營失敗。——「大躍進」思維。

（3）發展戰略因主觀原因頻繁變動。可能導致浪費資源，甚至危及企業的生存和持續發展。——朝令夕改，不知所終。

2. 發展戰略制定環節的關鍵控制措施

（1）發展目標。企業應科學制定發展目標並切實可行。

（2）戰略規劃。企業根據發展目標制定戰略規劃，明確路徑、階段目標和工作任務。

【例15】海爾集團的戰略規劃

①名牌戰略（1984—1991年）：只生產一種產品：冰箱，創出名牌。

②多元化戰略（1992—1998年）：以「吃休克魚」的方式進行兼併重組，從白色家電到黑色家電。

③國際化戰略（1999—2005年）：在中國生產，產品銷往全球。

④全球化戰略（2006年至今）：產品在外國生產並銷售。

（3）發展戰略建議方案。在董事會下設戰略委員會負責戰略規劃管理工作，研究並形成發展戰略建議方案，經董事會審議後，報經股東（大）會批准實施。

3. 發展戰略實施環節的關鍵控制措施

（1）分解落實戰略規劃目標。對年度工作計劃、全面預算、管理制度加以落實。

（2）配套保障措施。配套保障措施包括組織結構調整、人員調配、財務支持等安排。
（3）宣傳工作。宣傳工作是指將公司戰略及其分解落實情況傳遞到全體人員。
（4）監控和調整。對確需調整發展戰略的，企業應當按照規定程序和權限審批。

（三）人力資源控制

1. 主要風險

（1）人力結構。人力資源缺乏或過剩、結構不合理、開發機制不健全，可能導致企業發展戰略難以實現。

（2）激勵約束。人力資源激勵約束制度不合理、關鍵崗位人員不完善，可能導致人才流失、經營效率低下或關鍵技術、商業秘密和國家機密洩露。

（3）退出機制。人力資源退出機制不當，可能導致法律訴訟或企業聲譽受損。

2. 人力資源引進與開發環節的關鍵控制措施

（1）人力引進。

建立總體規劃、年度需求計劃、完善制度和流程，做好引進工作。

（2）選用標準。

明確崗位職責和選人、用人的標準，注重選聘對象的價值取向和責任心。

【例16】某公司內部選聘下屬A子公司總經理的資格條件是：

（1）遵紀守法、品行端正、誠信廉潔、勤奮敬業、團結合作、作風嚴謹，有良好的職業素養；

（2）原則上應具有大學本科及以上學歷；

（3）近三年年度考核均為稱職及以上等次；

（4）具有良好的心理素質和正常履職的身體條件；

（5）現任公司本部中層正職或其他子公司班子正職，公司本部中層副職或子公司班子副職累計2年以上；

（6）原則上不超過50歲；

（7）有豐富的企業管理工作經驗，熟悉所任崗位相關的法律法規，熟悉現代企業管理的運作方式，具有較強的計劃執行能力、溝通協調能力、邏輯思維能力、領導決策能力和統籌管理能力。

（3）合同協議。

簽訂勞動合同和保密協議。

（4）建立試用和崗前培訓制度。

（5）人才開發：重視人才開發，加強後備隊伍人才建設。

【例17】諸葛亮可謂神機妙算，神鬼莫測。但是對於識人、用人卻多次鑄成大錯：一是任用關雲長鎮守荊州，關雲長未能嚴格執行「東和孫權，北拒曹魏」的戰略方針，敗走麥城，父子喪命；二是任用馬謖鎮守街亭，街亭失守，馬謖被斬。特別是他對於後備幹部的培養不足，導致到了蜀漢後期，「蜀中無大將，廖化當先鋒！」反觀曹魏陣營，人才濟濟，曹操在時謀士如雲、戰將千員，後有司馬懿父子三人，後期更有鐘會、鄧艾之輩層出不窮。所以，蜀漢終被曹魏所滅。

3. 人力資源使用和退出環節的關鍵控制措施

（1）考核。設置科學的績效考核體系，嚴格考核和評價。

（2）薪酬。制定與績效掛鉤的薪酬制度。

（3）輪崗。建立崗位定期輪換制度。
（4）退出。企業建立健全員工退出機制。
【注意】企業要與退出員工依法約定保守關鍵技術、商業秘密、國家機密和競業限制的期限。
（5）審計。離任審計。

【例18】國有企業領導人員經濟責任審計的對象包括國有和國有資本占控股地位或者主導地位的企業（含金融企業，下同）的法定代表人。根據黨委和政府、幹部管理監督部門的要求，審計機關可以對上述企業中不擔任法定代表人但實際行使相應職權的董事長、總經理、黨委書記等企業主要領導人員進行經濟責任審計。

（6）總結。對年度執行情況進行評估，總結經驗和不足。

（四）社會責任控制

1. 主要風險

（1）安全。安全措施不到位，責任不落實，可能導致企業發生安全事故。——《中華人民共和國安全生產法》

（2）質量。產品質量低劣，侵害消費者權益，可能導致企業巨額賠償、形象受損，甚至破產。——《中華人民共和國產品質量法》

（3）環保。環境保護投入不足，資源耗費大，造成環境污染或資源枯竭，可能導致巨額賠償，甚至破產。——《中華人民共和國環境保護法》

（4）就業。促進就業和員工權益保護不夠，可能導致員工積極性受挫，影響企業發展和社會穩定。——《中華人民共和國勞動法》

2. 安全生產環節的關鍵控制措施

（1）制度控制。建立嚴格安全生產管理體系、操作規範和應急預案，強化安全生產責任追究制度，切實做到安全生產。

（2）設立專職機構和人員。設立安全管理部門和安全監督機構，負責企業安全生產的日常監督管理工作。

【例19】《中華人民共和國安全生產許可證條例》（以下簡稱《安全生產許可證條例》）規定：國家對建築施工企業實施安全生產許可證制度，安全生產許可證的有效期為3年。企業取得安全生產許可證必須具備安全生產條件，包括設置安全生產管理機構，配備專職安全生產管理人員等。

住建部規定：建築工程項目配備專職安全人員的標準：1萬平方米以下的工程1人；1萬~5萬平方米的工程不少於2人；5萬平方米以上的工程不少於3人。

（3）投入保障。重視安全生產的投入（包括人、財、物、技術），保障安全生產費用。

（4）預防控制。預防為主，增強意識，重視培訓，特殊崗位實行資格認證制度。

（5）妥善處置安全事故。發生安全生產事故，及時按照規程處理。比如一般事故必須在1小時內向安全生產監督管理部門報告，重大安全事故應當及時啟動應急預案。及時報告，嚴禁遲報、謊報和瞞報。

【例20】三鹿奶粉事件

2008年爆發的「三鹿牌嬰幼兒配方奶粉」導致多名嬰幼兒死亡事件，經有關部門調查發現，此系人為添加三聚氰胺所釀成的一起重大食品安全事故。當事人之一的三

鹿集團董事長田文華被判生產、銷售偽劣產品罪，判處無期徒刑，剝奪政治權利終身，並處罰金人民幣 2,468.741,1 萬元。2008 年 12 月 23 日，石家莊市中級人民法院宣布三鹿集團破產。這是一起因安全事故導致企業破產、法定代表人判刑的嚴重事件。

3. 產品質量環節的關鍵控制措施

（1）守法合規。企業應當根據國家和行業相關產品質量的要求從事生產經營活動。

（2）控制檢驗。企業應當規範生產流程，建立嚴格的產品質量控制和檢驗制度。

（3）消除隱患。企業加強產品的售後服務，消除缺陷和隱患，妥善處理消費者提出投訴和建議，切實保護消費者權益。比如：日本豐田汽車實行售後故障汽車召回制度。

4. 環境保護和資源節約的關鍵控制措施

（1）環保。建立環境保護意識和資源節約制度，提高保護意識。

（2）生態。重視生態保護，加大投入，實現清潔生產。

（3）技改。加強技術改造和轉變發展方式，實現低投入、低消耗、低排放和高效率。

（4）責任追究。建立監控制度和應急處置機制，嚴格依法追究責任人。

【例21】截至 2017 年 9 月 4 日，四川省對中央環保督察組移交的 298 件信訪問題開展問責，處理 1,020 人。從級別來看，廳級 1 人、縣處級 63 人、鄉科級 447 人；從處理方式來看，黨紀政紀處分 278 人、誡勉 570 人、通報 154 人。

5. 促進就業與員工權益保護環節的關鍵控制措施

（1）合法權益。依法保護員工的合法權益，貫徹人力資源政策。避免在正常情況下批量辭退員工，增加社會負擔。

（2）勞動合同。訂立勞動合同並依法履行，遵循按勞分配、同工同酬原則。

（3）薪酬增長。建立薪酬正常增長機制，保持合理水準，維護社會公平。

（4）社會保障。為員工辦理社保、進行健康監護，遵守法定的勞動時間和休息休假制度。

（5）組織保障。加強職工代表大會和工會組織建設，尊重員工人格，杜絕性別、民族、宗教、年齡等各種歧視，保障員工身心健康。

（6）實習基地。積極創建實習基地，支持產學研相結合的社會需求。

（五）企業文化控制

1. 主要風險

（1）缺乏積極向上的企業文化。這可能導致員工喪失對企業的信心和認同感，從而使企業缺乏凝聚力和競爭力。

（2）缺乏開拓創新、團隊協作和風險意識。這可能導致企業發展目標難以實現，影響可持續發展。

（3）缺乏誠實守信的經營理念。這可能導致舞弊事件發生，造成企業損失，影響企業信譽。

（4）忽視企業間文化差異和理念衝突。這可能導致併購重組失敗。

2. 企業文化培育的關鍵控制措施

（1）特色文化。培育自身特色的企業文化，促長遠發展。

【例22】華為的「床墊文化」

對華為總裁任正非而言，最大的挑戰就是革自己的命，華為最強悍的基因就是他

一手植入的，華為就是任正非，任正非就是華為。他是一個典型的工作狂，事業遠比家庭重要得多。在華為，有種「床墊文化」，每人都有一個墊子，是加班的時候用來睡覺的，任正非在他的辦公室也有一個簡陋的小床。任正非鼓勵員工拼命工作。有數據顯示，歐洲研發人員的工作時間約為每年1,400小時，而華為中國研發人員的工作時間翻了一番。

（資料來源：石文金．床墊文化［N］．華為人，1996-10-29（35）．）

（2）價值觀。樹立企業特色的發展願景，積極向上的價值觀。

【例23】子曰：「君子愛財，取之有道。」企業樹立誠實經營的價值觀，不能制假販假，賺昧心錢。

（3）員工守則。確定文化建設目標和內容，形成企業文化規範，構成員工守則。

（4）高管垂範。加強企業文化的宣傳貫徹，董事、監事、經理和其他高級管理人員主導和垂範，全體員工共同遵守。

（5）結合企業實際。企業文化建設和生產經營結合，與企業發展戰略相結合，增強員工的責任感和使命感，規範員工行為方式，使員工自身價值在企業發展中得到充分體現。

3. 企業文化評估環節的關鍵控制措施

（1）制度。建立企業文化評估制度，避免企業文化建設流於形式。

（2）重點。把握企業文化評估的重點，關注高管在文化建設中的責任履行情況，全體員工對企業核心價值的認同感等。

（3）改進。企業重視文化評估的結果，發現問題，分析原因採取措施加以改進。

【例24】甲公司已經正常營運了八年，隨著公司規模進一步擴大，內部控制建設中存在的問題暴露得愈發明顯，重業務層面內部控制，輕企業層面內部控制；重控制措施運用，輕控制措施構建，從而影響內部控制整體效果的發揮。因此，甲公司召開董事會全體會議，就內部控制相關重大問題進行商討並形成以下決議：

第一，關於組織架構控制。加強組織架構控制，科學設計內部機構，合理分配權責；規定企業的重大決策、重大事項、重要人事任免及大額資金支付業務等，應當按照規定的權限和程序實行集體決策審批或者聯簽制度。在極其特殊的情況下，董事長有權改變集體決策意見。

第二，關於發展戰略控制。重視企業發展戰略控制，在監事會下設戰略委員會，戰略委員會主席由獨立董事擔任；委員中應當有一定數量的獨立董事，以保證委員會更具獨立性和專業性。戰略委員會對公司的現實情況和未來趨勢進行綜合分析和科學預測，並制定長遠發展目標與戰略規劃。

第三，關於人力資源控制。優化人力資源整體佈局，制定人力資源總體規劃和能力框架體系，明確人力資源開發是保證員工素質的第一環節，實現人力資源的合理配置，全面提升企業核心競爭力；應當通過公開招聘、競爭上崗等多種方式選聘優秀人才，還要把選聘對象的價值取向和責任意識作為參考條件。

第四，關於社會責任控制。狠抓產品質量，發展循環經濟、降低污染物排放，提高企業的社會責任意識，切實做到經濟效益與社會效益、短期利益與長遠利益、自身發展與社會發展相互協調，實現企業與員工、企業與社會、企業與環境的健康和諧發展。

第五，關於企業文化控制。倡導積極向上的企業文化，公司董事長應在企業文化

建設中發揮主導和典範作用；應當促進文化建設在內部各層級的有效溝通，加強企業文化的宣傳和貫徹，確保中層以上員工都能認真遵守。

要求：根據上述資料，逐項分析企業層面控制的設置是否恰當；若存在不當之處，請指出不當之處，並說明理由。

【解析】

（1）關於組織架構控制。在極其特殊的情況下，董事長有權改變集體決策意見的觀點不恰當。理由：任何個人不得單獨進行決策或者擅自改變集體決策意見。

（2）關於發展戰略控制。在監事會下設戰略委員會，戰略委員會主席由獨立董事擔任的觀點不恰當。理由：應當在董事會下設戰略委員會，戰略委員會主席應當由董事長擔任。

（3）關於人力資源控制。還要把選聘對象的價值取向和責任意識作為參考條件的觀點不恰當。理由：應重點關注選聘對象的價值取向和責任意識，而不是作為參考條件。

（4）關於社會責任控制的有關設置觀點恰當。

（5）關於企業文化控制。

①公司董事長應在企業文化建設中發揮主導和典範作用的觀點不恰當。理由：公司董事、監事、經理和其他高級管理人員均應在企業文化建設中發揮主導和典範作用。

②加強企業文化的宣傳和貫徹，確保中層以上員工都能認真遵守的觀點不恰當。理由：應當確保全體員工共同遵守。

第三節　業務層面的控制

一、資金活動控制：投資、籌資、營運、分配環節

（一）主要風險

（1）籌資決策。決策不當，導致資本結構不合理，無效融資，籌資成本過高或債務危機。

（2）投資決策。決策失誤，導致盲目擴張，喪失發展機遇，資金使用效益低下，資金鏈斷裂危及企業生存。

（3）資金調度。調度不合理、營運不暢，可能導致企業陷入財務困境或資金冗餘。

（4）資金管控。資金活動監管不嚴，可能導致資金被挪用、侵占、抽逃或企業遭受詐欺。

（二）籌資活動中的重點控制措施

（1）擬定籌資方案。明確籌資用途、規模、結構和方式等相關內容，對籌資成本和潛在風險做出充分估計。

（2）論證籌資方案。重大籌資活動應當形成可行性研究報告，全面反應風險評估情況。

（3）審批籌資方案。

①重點關注籌資用途的可行性和相應的償債能力。

②重大籌資方案，應當按照規定的權限和程序實行集體決策或聯簽制度。
③籌資方案需經有關部門批准的，應該履行相應的報批程序。
④籌資方案發生重大變更的，應當重新進行可行性研究並履行相應的審批程序。
（4）執行籌資方案。嚴格按照規定權限和程序籌集資金。
（5）使用資金。嚴禁擅自改變資金用途；確需改變用途的，應該履行相應的審批程序。
（6）加強債務償還和股利支付的管理。
（7）會計系統控制。加強籌資業務會計系統控制，按照國家統一會計制度進行核算和監督。

(三) 投資活動中的重點控制措施
（1）擬定投資方案。重點關注投資項目的風險和收益；選擇投資項目應當突出主業，謹慎從事股票投資或衍生金融產品等高風險投資。
（2）可行性研究。重點對投資目標、規模、方式、資金來源、風險和收益等做出客觀評價。
（3）決策審批。重大投資項目應當按照規定的權限和程序實行集體決策或者聯簽制度。投資發生重大變更的，應當重新進行可行性研究並履行相應的審批程序。
（4）簽訂投資合同或協議。明確投資的時間、金額、方式、雙方權利義務和違約責任等內容，按照規定的權限和程序審批後履行。
（5）跟蹤管理。指定專門機構或專人負責關注被投資方的財務狀況、經營成果、現金流量以及投資合同履行情況，發現異常情況及時報告並妥善處理。
（6）投資收回或處置。企業應對投資收回、轉讓、核銷等決策和審批程序做出明確規定。

(四) 資金營運環節的重點控制措施
（1）過程管理。統籌內部各機構的資金需求，切實做好資金各環節的綜合平衡，提升營運效率。
（2）資金調度。保證資金及時收付和良好週轉，嚴禁資金體外循環。
（3）資金預算執行分析。及時處理異常情況，避免資金冗餘或資金鏈斷裂。
（4）會計系統控制。嚴格規範資金的收支條件、程序和審批權限。
（5）不相容職務分離控制。不得由一人辦理貨幣資金全過程業務；嚴禁將辦理資金業務的相關印章和票據集中一人保管。

二、採購業務控制

(一) 主要風險
（1）採購計劃。採購計劃不合理，市場預測不準，造成庫存短缺或積壓，可能導致企業生產停滯或資源浪費。
（2）採購方式。供應商選擇不當，採購方式不合理，定價機制不科學，授權審批不規範，可能導致採購物資次價高，出現舞弊或遭受詐欺。
（3）驗收和付款。驗收不規範，付款審核不嚴，可能導致採購物資、資金損失或信用受損。

（二）購買環節的重點控制措施

（1）集中採購。採購業務應集中，避免多頭採購或分散採購。重要和技術性較強的採購業務，應當組織專家論證，實行集體決策和審批。

（2）採購申請。建立採購申請制度，明確採購部門及人員的職責權限和請購審批流程。

【注意】

第一，採購業務不相容崗位分離控制：①請購與審批；②供應商的選擇與審批；③採購合同協議的擬訂、審核與審批；④採購、驗收與相關記錄；⑤付款的申請、審批與執行。

第二，崗位輪換：對辦理採購業務的人員定期實施崗位輪換。

（3）採購預算。按照預算進度辦理請購手續制度。對超預算和預算外採購項目，企業應先履行預算調整程序，由具備相應審批權限的部門的人員審批後，再行辦理請購手續。

（4）供應商准入。建立供應商評估和准入制度。

（5）合理選擇採購方式。大宗採購應當採用招標方式；一般物資或勞務可以採用詢價或定向採購方式；小額零星物資或勞務可以採用直接購買方式。

（6）建立採購定價機制。定價機制包括協議採購、招標採購、談判採購、詢比價採購等。大宗採購應當採用招投標方式確定採購價格。

（7）根據規定權限簽訂採購合同。

（8）建立嚴格的採購驗收制度。由專門的驗收機構或人員進行驗收，出具驗收證明。發現異常情況，應及時報告，查明原因並及時處理。

（9）採購記錄。加強採購供應過程管理，做好採購各環節的記錄，確保可追溯性。

（三）付款環節的重點控制措施

（1）過程控制。完善付款流程，明確審核人責任和權限；嚴格審查有關憑據的真實性、合法性和有效性。發現異常情況，付款方應拒絕付款。

（2）預付款管理。定期對大額或長期的預付款、定金進行追蹤核查，及時處理發現的問題。

【例25】個別企業利用融資性貿易方式長期大額占用交易對手的資金，甚至出現挪用、詐騙預付資金的現象，值得警惕。如果可能，付款方可以要求資金占用方提供預付款擔保方式來控制風險。

（3）會計系統控制。確保會計記錄、採購記錄與倉儲記錄核對一致。定期與供應商核對往來款項。

（4）建立退貨管理制度。涉及符合索賠條件的退貨，應在索賠期內及時辦理索賠。

三、資產管理控制

（一）主要風險

（1）存貨。積壓或短缺，可能導致流動資金占用過量，存貨價值貶損或生產中斷。

（2）固定資產。更新改造不夠，使用效率低下，維護不當，產能過剩，可能導致企業缺乏競爭力，資產價值貶損，安全事故頻發或資源浪費。

（3）無形資產。缺乏核心技術，權屬不清，技術落後，存在重大技術安全隱患，可能導致企業法律糾紛，缺乏可持續發展能力。

(二) 存貨的重點控制措施

（1）存貨驗收。規範存貨驗收程序及方法，驗收無誤方可入庫。

【例26】在鋼材採購中有一個不成文的行規：就是±3%的磅差問題。例如，從A鋼鐵廠採購1,000噸鋼材，出廠稱重為1,000噸，B倉庫驗收時稱重在997~1,003噸都屬於正常值範圍，均按照1,000噸結算。但是，在實際工作中，有人就巧妙地利用這一遊戲規則獲利。比如，從A鋼廠運出來是997噸，在B倉庫驗收時稱重也是997噸，但是符合±3%的磅差的規則，所以購買方仍然按照1,000噸支付價款，鋼廠獲利。如果從A鋼廠出貨為1,000噸，有人中途抽出3噸鋼筋，到B倉庫驗收為997噸，屬於磅差正常值範圍，購買方仍然按照1,000噸付款，購買方遭受損失。除非購買方出售該鋼材到工地時，工地不再稱重直接按照1,000噸驗收，否則損失將無法轉嫁到下游。所以，±3%的磅差風險值得注意。

（2）存貨保管。建立存貨保管制度，定期檢查。嚴格限制未經授權的人員接觸存貨。

（3）發出和領用。明確存貨發出和領用的審批權限，大批存貨、貴重商品或危險品的發出應當實行特別授權。倉儲部門應當根據經審批的銷售（出庫）通知單發出貨物。

（4）最佳庫存。合理確定存貨採購日期和數量，確保存貨處於最佳存貨狀態。

（5）會計系統控制。詳細記錄存貨的入庫、出庫及庫存情況，定期核對。

（6）存貨盤點。建立存貨盤點清查制度，至少每年年度終了開展全面盤點清查，清查結果形成書面報告，並按照規定權限批准後處理。

(三) 固定資產的重點控制措施

（1）目錄。制定固定資產目錄，建立固定資產卡片。

（2）維修。執行固定日常維修和大修計劃，定期維護保養。

（3）運轉。嚴格操作流程，實行崗前培訓和許可制度，確保設備安全運轉。

（4）技改。加大技改投入，不斷促進固定資產技術升級，淘汰落後設備。

（5）保險。對應投保的固定資產按規定程序進行審批，及時辦理投保手續。

（6）抵押。規範固定資產抵押管理，確定固定資產抵押程序和審批權限等。

（7）清查。建立清查制度，至少每年進行全面清理。

（8）處置。關注處置中的關聯交易和處置定價，防範資產流失。

(四) 無形資產的重點控制措施

（1）管理責任。分類制定無形資產管理辦法，落實無形資產管理責任制。

（2）權屬關係。加強無形資產權益保護，梳理外購、自行開發及其他方式取得的各類無形資產的權屬關係，防範侵權行為和法律風險。

（3）先進性評估。定期評估，促進技術更新換代，努力做到核心技術處於同行業領先水準。

（4）品牌建設。通過提供高質量產品和優質服務等打造主業品牌，維護企業品牌的社會認可度和美譽度。

四、銷售業務控制

（一）主要風險

（1）銷售政策。銷售政策和策略不當，市場變化預測不準確，銷售渠道管理不當等，可能導致銷售不暢，庫存積壓，經營難以為繼。

（2）銷售回款。客戶信用調查不到位，結算方式選擇不當，帳款回收不力等，可能導致銷售款項不能收回或遭受詐欺。

（3）銷售舞弊。銷售過程存在舞弊行為，可能導致企業利益受損。

（二）銷售環節的重點控制措施

（1）客戶信用管理。健全客戶檔案信息，關注重要客戶資信變動情況；對境外的客戶和新開發的客戶，企業應當建立嚴格的信用保證制度。

（2）合同談判。重視簽訂合同前的談判，關注信用、定價、結算方式等內容，形成書面記錄。重大的銷售業務談判應當吸收財會、法律等專業人員參加。

（3）合同審核。銷售合同草案應嚴格審核。重要的銷售合同應諮詢法律顧問或專家的意見。

（4）銷售通知。銷售部門應當按照經批准的銷售合同開具銷售通知，發貨和倉儲部門應當對銷售通知進行審核。

（5）銷售臺帳。做好銷售業務各環節記錄，建立銷售臺帳和加強銷售發票管理。

（6）售後服務。完善服務制度，加強客戶服務和跟蹤。比如，飛利浦家電設置全國客戶服務熱線電話。

（三）收款環節的重點控制措施

（1）應收款管理。完善應收款項管理制度，嚴格考核，實行獎懲。

【注意】銷售部門負責應收款項催收，催收記錄（往來函電）應妥善保存；財會部門負責辦理資金結算並監督款項回收。

（2）票據管理。加強商業票據管理，防止票據詐欺。

（3）會計系統控制。加強對銷售、發貨、收款業務的會計系統控制，確保會計記錄、銷售記錄與倉儲記錄核對一致。指定專人定期核對往來款項。

（4）壞帳管理。應收款全部或部分無法收回的，應查明原因，明確責任，嚴格履行審批程序，按照國家統一會計制度處理。

五、研究與開發控制

（一）主要風險

（1）項目論證。研究項目未經科學論證或論證不充分，可能導致創新不足或資源浪費。

（2）研究過程。研發人員配備不合理或研究過程管理不善，可能導致研發成本過高，舞弊或研發失敗。

（3）成果應用。研究成果轉化應用不足，保護措施不力，可能導致企業利益受損。

(二) 立項與研究環節的重點控制措施

（1）立項和可研。根據研發計劃，進行立項申請，開展可行性研究。

（2）決策審批。按照規定的權限和程序對研究項目進行審批，重大研究項目應當報經董事會或類似權力機構集體審議決策。

（3）過程管理。加強對研究過程的管理，提供足夠經費支持。

（4）委託和合作。研究項目委託外單位承擔的，應當採用招標、協議等適當方式確定受託單位，簽訂外包合同；與其他單位合作進行研究的，應當對合作單位進行盡職調查，簽訂書面合作研究合同。

（5）成果驗收。建立完善研究成果驗收制度。需要申請專利的，企業應及時辦理專利申請手續。

（6）核心骨幹。建立嚴格的核心研究人員管理制度，界定人員範圍和名冊清單，簽署保密協議。

(三) 開發與保護環節的重點控制措施

（1）成果轉化。加強研究成果開發，形成科研、生產、市場一體化的自主創新機制，促進研究成果轉化。

（2）成果保護。建立研究成果保護制度，加強研發過程中各類涉密圖紙、程序、資料的管理，禁止無關人員接觸研究成果。

（3）全面評估。建立研發活動評估制度，加強立項、研究、開發和保護等過程的全面評估。

【例27】2018年1月，金山公司投入巨資啓動某重大研發項目，並擬在取得研究成果後申請專利。2018年10月同行業的銀河公司率先申請了同類專利權，迫使甲公司放棄該研發項目，造成重大損失。註冊會計師在審計中發現：該研發項目經董事長個人批准後實施，研發檔案中未見可行性研究報告；核心研究人員中的李某同時為銀河公司的技術顧問。請分析甲公司內部控制存在哪些不當之處，並提出控制措施。

【解析】

①研發項目經董事長個人批准後實施的做法不當。

控制措施：公司應當按照規定的權限和程序對研發項目進行審批，重大研究項目應當報經董事會或類似權力機構集體審議決策。

②研發項目相關檔案中未見可行性研究報告的做法不當。

控制措施：公司應當根據研發計劃，提出研究項目立項申請，開展可行性研究，編製可行性研究報告。

③核心研究人員為同行競爭對手的技術顧問的做法不當。

控制措施：公司應當建立嚴格的核心研究人員管理制度，明確界定核心研究人員範圍和名冊清單，簽署符合國家有關法律法規要求的保密協議。

六、工程項目控制

(一) 主要風險

（1）可行性研究。立項缺乏可行性研究或者可行性研究流於形式，決策不當，盲目上馬，可能導致難以實現的預期效益或項目失敗。

(2) 招標。項目招標暗箱操作，存在商業賄賂，由此可能導致中標人實質上難以承擔工程項目、中標價格失實及相關人員涉案。

(3) 造價。工程造價信息不對稱，技術方案不落實，概預算脫離實際，這些都可能導致項目投資失控。

(4) 質量。工程物資質次價高，工程監理不到位，項目資金不落實，這些都可能導致工程質量低劣，進度延遲或中斷。

(5) 驗收。竣工驗收不規範，最終把關不嚴，這些都可能導致工程交付使用後存在重大隱患。

（二）工程項目立項環節的重點控制措施

(1) 歸口管理。指定專門機構歸口管理工程項目，根據發展戰略和年度投資計劃，編制項目建議書和可行性研究報告。

(2) 專家論證。組織規劃、工程、技術、財會、法律等部門的專家，對項目建議書和可行性研究報告進行論證和評審，作為決策的重要依據。

【注意】企業可以委託具有相應資質和獨立性的專業機構對可行性研究報告進行評審；從事項目可行性研究的專業機構不得再從事可行性研究報告的評審。

(3) 項目決策。按照規定權限和程序對工程項目進行決策，並有完整書面記錄。

【注意】重大工程項目的立項，應當報經董事會或類似權力機構集體審議批准。總會計師或分管會計工作的負責人應當參與項目決策。任何人不得單獨決策或擅自改變集體決策意見。工程項目決策失誤應當實行責任追究制度。

(4) 行政許可。施工前應依法取得建設用地、城市規劃、環境保護、安全、施工等方面的許可。

（三）招標環節的重點控制措施

(1) 招標方式。一般應當採用公開招標，擇優選擇承包單位和監理單位。

【注意】不得違背工程施工設計和招標設計計劃，將應由一個承包單位完成的工程肢解為若干部分發包給幾個承包單位。

(2) 招標過程。依法組織工程招標開標、評標、定標，接受有關部門的監督。

(3) 評標。依法組建評標委員會，擇優選擇中標候選人。

(4) 中標和合同簽訂。確定中標人，發出中標通知書，在規定期限內簽訂書面合同。

【注意】企業和中標人不得再行訂立背離合同實質性內容的其他協議。

（四）工程造價環節的重點控制措施

(1) 概預算編制。加強工程造價管理，明確初步設計概算和施工圖預算的編製方法，確保概預算科學合理。

【例28】某交通建設工程造價管理站的主要職責：貫徹執行國家和交通部有關公路、水運等交通建設工程造價管理的方針、政策和法律；協助省交通廳擬定全省交通建設工程造價管理的規定和計價依據；負責指導和監督全省造價管理站的業務工作；組織全省公路、水運等交通建設工程造價勞動定額的測定和施工定額、養護定額的編製與修訂；負責對交通部、省投資的交通重點項目（含地方重點建設項目和收費路橋）的概算、施工圖預算和標底的審查工作；負責重點項目變更設計造價審查；發布全省公路、水運工程造價信息；測算價格上漲指數；參與全省重點建設項目的竣工驗收和

決算審查工作；負責工程造價人員的培訓、考核、頒證和年檢工作；承擔交通建設工程造價及定額的業務諮詢，調節和仲裁工程造價方面的經濟合同糾紛。

（2）設計質量。企業應向設計單位提供詳細的設計要求和基礎資料，進行有效的技術、經濟交流，保證初步設計、施工圖設計的質量。

（3）設計變更。建立設計變更管理制度，因過失造成的設計變更，應進行責任追究。

（4）專家審核。企業應當組織工程、技術、財會等部門的相關專業人員或委託具有相應資質的仲介機構對編製的概預算進行審核。

（5）審批執行。工程項目概算預算應按照規定的權限和程序進行審核批准後執行。

（五）工程建設環節的重點控制措施

（1）過程監管。對工程建設過程進行監控，確保達到設計要求。

（2）物資採購。加強工程物資採購環節的管理，確保物資符合設計標準和合同要求。

【注意】嚴禁不合格工程物資投入工程項目建設。重大設備和大宗材料的採購應當根據有關招標採購的規定執行。

（3）工程監理。嚴格工程監理制度。未經工程監理人員簽字，工程物資不得在工程上使用或安裝，不得進行下一道工序施工，不得撥付工程價款，不得進行竣工驗收。

（4）價款結算。財會部門應加強與承包單位的溝通，按照要求辦理工程價款結算。

（5）工程變更。嚴格控制工程變更，確需變更的應當按規定權限和程序進行審批。

【注意】

（1）重大的項目變更，應當按照項目決策和概預算控制的有關程序與要求，重新履行審批手續。

（2）因工程變更等原因造成價款支付方式及金額發生變動的，應當提供完整的書面意見和其他相關資料，並經財會部門審核後方可付款。

（六）工程驗收環節的關鍵控制點及控制措施

（1）竣工決算和審計。及時編製竣工決算和開展決算審計。

【注意】未實施竣工決算審計的工程項目，不得辦理驗收手續。

（2）竣工驗收。組織竣工驗收，及時編製財產清單和辦理資產移交手續。

（3）檔案管理。及時收集整理資料，建立完善的工程項目檔案。

（4）績效評估。建立完工項目後評估制度。重點評價工程項目預期目標的實現情況和項目投資效益等，並以此作為績效考核和責任追究的依據。

【例29】2017年8月，山東省首次將7個重點財政支出項目績效評價報告，隨同2016年度財政決算提交省人大常委會參閱。這次省財政廳提交省人大常委會參閱的7個項目，涉及農業、環保、社會保障等重點領域，預算資金36.9億元。評價報告顯示，項目總體實施成效良好。比如，2016年小型農田水利重點縣建設項目，投入預算資金19.64億元，覆蓋84個縣（市、區），項目縣基本形成較為完善的灌排工程體系，初步實現了基本農田「旱能灌、澇能排」，農業綜合生產能力明顯提高，抗御自然災害能力明顯增強。山東財經大學財政稅務學院院長岳軍表示，「此次山東省財政決算曬帳本，實現了從『對帳單』向『成績單』轉變，積極回應了社會公眾的關切，進一步保障了公眾知情權、監督權，不但讓大家能夠知道財政的錢花到了什麼地方，而且讓大

家知道了資金使用的結果，同時有利於強化資金使用單位的支出責任，有利於提高財政預算績效與支出結果的契合度，從而實現財政績效管理目標」。

據瞭解，近幾年，山東省財政廳及各業務主管部門全面推進預算績效管理改革，取得明顯進展。2016年省級預算納入績效目標管理的項目共776個，預算全額達752億元。年度預算完成後，山東省財政廳對135個項目進行了重點評價，預算資金規模439億元，評價組織過程中，嚴格按照財政部有關規定，從投入、過程、產出和效果四個方面設置共性指標體系，並針對項目特點設置差異化的個性化指標，進行全過程評價。為使評價結果更加客觀公正，大部分項目採取委託第三方機構獨立評價的方式組織實施。

（資料來源：2017年大眾日報　標題：山東省財政項目支出績效評價報告首現人大常委會）

七、擔保業務控制

（一）主要風險

（1）擔保申請人。對擔保申請人的資信狀況調查不深、審批不嚴或越權審批，可能導致企業擔保決策失誤或遭受詐欺。

（2）被擔保人。對被擔保人出現財務困難或經營陷入困境等狀況監控不力，應對措施不當，可能導致企業承擔法律責任。

（3）舞弊。擔保過程存在舞弊行為，可能導致經辦審批等相關人員涉案或企業利益受損。

（二）調查評估環節的關鍵控制點及控制措施

（1）資信評估。對擔保申請人進行資信調查和風險評估，出具書面報告。

【注意】下列情形不得提供擔保：

①擔保項目不符合國家法律法規和本企業擔保政策的。

②已經進入重組、託管、兼併或破產清算程序的。

③財務狀況惡化、資不抵債、管理混亂、經營風險較大的。

④與其他企業存在較大經濟糾紛，面臨法律訴訟且可能承擔較大賠償責任的。

⑤與本企業已經發生過的擔保糾紛且仍未妥善解決的，或不能及時足額繳納擔保費用的。

（2）授權和審批。建立擔保授權和審批制度。

【注意】內設機構未經授權不得辦理擔保業務；重大擔保業務，應當報經董事會或類似權力機構批准。經辦人員應在職責範圍內按照審批人員的批准意見辦理擔保業務；對於審批人員越權審批的擔保業務，經辦人員應當拒絕辦理。

（3）子公司擔保。加強對子公司擔保業務的統一監控。

（4）迴避。為關聯方提供擔保，利害關係人在評估和審批環節迴避。

【例30】2018年12月華西公司董事會召開會議，審議通過了為關聯方A公司大額銀行借款提供擔保的議案，並準備提交股東大會表決。會計師事務所在審計中發現，華西公司董事李某（同時為A公司的股東）參與表決並投贊成票。此時A公司已處於資不抵債的困難境地。請分析甲公司內部控制存在哪些不當之處，並分別說明理由。

【解析】
①董事李某參與擔保方案表決的行為不當。理由：與被擔保人存在關聯關係的人員，應當迴避表決。[或：不符合制衡性原則。]
②華西公司在 A 公司存在資不抵債的情況下審議通過擔保議案的行為不當。理由：被擔保人存在資不抵債、經營風險較大等情形的，公司不得提供擔保。

（5）境外擔保。為境外企業擔保，應遵守外匯管理規定，關注被擔保人所在國的政治、經濟、法律等因素。

（6）擔保變更。被擔保人要求變更擔保事項的，擔保機構應重新履行調查評估和審批程序。

（三）執行環節的重點控制措施

（1）擔保合同。訂立擔保合同，明確被擔保人的權利、義務、違約責任等內容。擔保申請人同時向多方申請擔保的，應在擔保合同中明確約定本企業的擔保份額和相應責任。

（2）跟蹤管理。加強擔保合同的日常管理，對被擔保人進行跟蹤和監督。

（3）會計系統控制。加強對擔保業務的會計系統控制，及時足額收取擔保費用，建立擔保事項臺帳。

【注意】財會部門應持續關注被擔保人出現財務狀況惡化、資不抵債、破產清算等情形，應根據國家統一的會計準則制度規定，合理確認預計負債和損失。

（4）反擔保。加強對反擔保財產的管理，妥善保管反擔保財產和權利憑證。

（5）責任追究。建立擔保業務責任追究制度。對在擔保中出現重大決策失誤、未履行集體審批程序或不按規定管理擔保業務的部門及人員嚴格追究相應的責任。

（6）擔保終止。加強擔保合同到期管理，全面清查用於擔保的財產和憑證，及時終止擔保關係，妥善保管擔保檔案，做到完整無缺。

八、業務外包控制

（一）外包業務的範圍

外包業務的範圍包括研發、資信調查、可行性研究、委託加工、物業管理、客戶服務、IT 服務等。

（二）主要風險

（1）外包定位。外包範圍和價格確定不合理，承包方選擇不當，可能導致企業遭受損失。

（2）外包監控。業務外包監控不嚴，服務質量低劣，可能導致企業難以發揮業務外包的優勢。

（3）舞弊。業務外包存在商業賄賂等舞弊行為，可能導致企業相關人員涉案。

（三）承包方選擇環節的重點控制措施

（1）分類管理。外包業務分為重大外包業務和一般外包業務。
①總會計師或分管會計工作的負責人應當參與重大業務外包的決策。
②重大業務外包方案應當提交董事會或類似權力機構審批。
③企業應該綜合考慮成本效益原則、權衡利弊，避免核心業務外包。

【例31】 請分析施工總承包單位以包工包料的形式將全部主體結構工程分包給勞務公司是否妥當。

【解析】 施工總承包單位的做法不妥當。理由如下：

（1）《中華人民共和國建築法》（以下簡稱《建築法》）規定，建築工程的主體結構的施工必須由總承包單位自行完成，而本事件中總承包單位以包工包料的形式將全部主體結構工程分包給勞務公司，這不符合規定，況且還分包給不具備相應資質條件的勞務公司。

（2）根據企業內部控制規範，主體結構工程屬於施工總承包的核心業務，禁止外包。

（2）承包方選擇。承包方應該具備相應的資質和條件，企業應通過競爭機制，遵循公開、公平、公正的原則，擇優選擇外包業務的承包方。

（3）外包價格。綜合考慮內外部因素，按照成本效益原則合理確定外包價格。

（4）合同與保密。簽訂業務外包合同，需要保密的，雙方應當約定保密條款或另行簽訂保密協議。

（四）實施環節的重點控制措施

（1）合同履行。嚴格按照業務外包制度、工作流程和相關要求採取控制措施，確保承包方嚴格履行業務外包合同。

（2）溝通協調。加強與承包方溝通協調，及時解決存在的問題。

【注意】 對於重大業務外包，企業應當密切關注承包方的履約能力，建立相應的應急機制，避免業務外包失敗造成本企業生產經營活動中斷。

（3）會計監督。加強會計核算和監督，做好外包業務的核算、監督和費用結算工作。

（4）能力評估。對承包方履約能力進行持續評估，出現重大違約應及時終止合同並索賠。

（5）合同終止。合同執行完成需要驗收的，企業出具驗收證明。發現異常，企業應及時報告並處理。

九、財務報告控制

（一）主要風險

（1）報告編製。編製財務報告違反會計法律法規和國家統一的會計準則制度，可能導致企業承擔法律責任和聲譽受損。

（2）報告提供。提供虛假財務報告，誤導財務報告使用者，造成決策失誤，干擾市場秩序。

（3）報告利用。不能有效利用財務報告，難以及時發現企業經營管理中存在的問題，可能導致企業財務和經營風險失控。

（二）財務會計報告編製環節重點控制措施

（1）會計政策和會計估計。重點關注會計政策和會計估計，對財務報告產生重大影響的事項處理，應該按照規定程序和權限審批。

（2）會計準則制度。遵守國家統一的會計準則制度，編製財務報告做到內容完整、數字真實、計算準確。

(3) 資產負債權益。企業列示的資產、負債、所有者權益應當真實可靠。
(4) 收入費用利潤。企業財務報告應當如實列示當期的收入、費用和利潤。

【例32】某會計師事務審計發現：W公司的建造合同銷售收入的確認不符合現行會計準則的規定，並認定已經構成財務報告內部控制重大缺陷，出具了否定意見的內部控制審計報告。請說明該事項的主要風險和相應的控制措施。

【解析】該事項可能產生的主要風險是：編製財務報告違反會計法律法規和國家統一的會計準則制度，可能導致企業承擔法律責任和聲譽受損。

控制措施：企業應當遵循國家統一的會計制度的規定，如實列示當期收入、費用和利潤，不得虛列或者隱瞞收入，不得推遲或提前確認收入。

(5) 現金流量。企業財務報告應當列示經營活動、投資活動、籌資活動的現金流量構成，按照規定劃清各類交易和事項的現金流量的界限。
(6) 報表附註。企業應當按照國家統一的會計制度編製附註。
(7) 合併報表。企業集團應當編製合併財務報表，如實反應集團財務狀況、經營成果、現金流量。
(8) 信息技術。充分利用信息技術，減少和避免編製差錯和人為調整因素。

(三) 財務會計報告對外提供環節的重點控制措施
(1) 及時性。按照法律法規制度的規定，及時對外提供財務報告。
(2) 簽名蓋章。財務報告應當裝訂成冊，加蓋公章、由企業負責人、總會計師或分管會計工作的負責人、財會部門負責人簽名並蓋章。
(3) 審計。須經註冊會計師審計的，應當同時提供審計報告和財務報告。

(四) 財務會計報告分析利用環節的重點控制措施
(1) 總會計師主導。總會計師或分管會計工作的負責人，應當在財務分析和財務報告利用工作中發揮主導作用。
(2) 全面分析。
①企業應當分析資產分佈、負債水準和所有者權益結構，關注償債能力和營運能力及淨資產的變化過程。
②企業應當分析各項收入、費用的構成及增減變動情況，分析企業的盈利能力和發展能力，掌握利潤的變動原因及趨勢。
③分析經營活動、投資活動、籌資活動現金流量運轉情況，防止現金短缺或閒置。
(3) 報告利用。企業定期公布財務分析報告的結果，及時傳遞到各管理層級，充分發揮作用。

十、全面預算控制

(一) 主要風險
(1) 預算編製。不編製預算或預算不健全，都可能導致企業經營缺乏約束或盲目經營。
(2) 預算目標。預算目標不合理，可能導致企業資源浪費或發展戰略難以實現。
(3) 執行和考核。預算缺乏剛性，執行不力，考核不嚴，可能導致預算管理流於形式。

（二）編製環節的關鍵控制點及控制措施

(1) 預算制度。建立和完善預算編製工作制度，避免預算指標過高或過低。
(2) 預算程序。按照上下結合、分級編製、逐級匯總的程序，編製全面預算。
(3) 審核審批。預算管理工作機構提交預算方案，預算管理委員會審核形成全面預算草案，提交董事會審核並經股東大會批准，形成正式全面預算文件下達執行。

（三）執行環節的重點控制措施

(1) 責任制。落實預算執行責任制，確保預算剛性。
(2) 預算分解。將預算指標層層分解，落實到各部門、各環節和各崗位；並將年度預算細分為季度、月度預算，形成全方位的預算執行責任體系。
(3) 執行和控制。根據預算組織各項生產經營和投融資活動，嚴格預算執行和控制。
(4) 溝通和反饋。預算管理工作機構加強與執行機構的溝通，及時向決策機構和各預算執行單位報告、反饋預算執行進度、執行差異及其對預算目標的影響。
(5) 預算分析。定期召開預算執行分析會議，研究解決問題。
(6) 預算調整。因客觀原因調整預算，應該履行嚴格的審批程序。

（四）考核環節的關鍵控制點及控制措施

(1) 考核制度。建立預算執行考核制度，獎懲分明。
(2) 定期考核。預算管理委員會定期考核，必要時組織內部審計。
(3) 考核原則。堅持公開、公平、公正原則，考核過程及結果應該有完整的記錄。

十一、合同管理控制

（一）主要風險

(1) 合同訂立。未訂立合同或未經授權對外訂立合同，以及合同對方主體資格未達要求或合同內容存在重大疏漏和詐欺的，可能導致企業合法權益受到侵害。
(2) 合同履行。合同未全面履行或監控不當，可能導致企業訴訟失敗，經濟利益受損。
(3) 合同糾紛。合同糾紛處理不當，可能損害企業信譽和形象。

（二）合同訂立環節重點控制措施

(1) 書面合同。除小額零星即清即結的業務外，應當訂立書面合同。

【注意】對影響重大，涉及較高專業技術或法律關係複雜的合同，企業應當組織法律、技術、財會等專業人員參與談判。談判過程中的重要事項和參與談判人員的主要意見，應當予以記錄並妥善保存。

(2) 文本擬定。擬定合同文本，應做到條款完整、嚴謹準確、手續齊備，避免出現重大疏漏。
(3) 合同審核。對合同文本進行嚴格審核。相關部門提出不同意見的，相關部門應認真分析研究；必要時，應對合同條款做出修改。

【例33】某單位業務部門參加高速公路建設鋼材供應招投標，起草合同文本時，財會部門、風險控制部門對墊付資金過大提出不同意見，業務部門以對方不同意修改為由拒絕財會部門和風險控制部門的意見。這時需要慎重分析研究：

①參加招投標之前，是否已組織多部門聯合研究分析招投標的規定及所附合同的主要條款，是否值得投標。

②訂立合同時，對方是否變更了主要合同約定，比如墊付資金的規模。

③一般情況下，業務部門趨於激進，往往急於求成，財會部門和風險控制部門趨於謹慎和保守，本單位領導應綜合各方意見，評估接受和放棄合同的利弊後進行決策。

（4）合同簽署。正式對外簽訂的合同，應當由企業法定代表人或其授權的代理人簽名或加蓋有關印章。授權簽署合同的，應該簽署授權委託書。

（5）合同專用章。建立合同專用章的保管制度。合同經編號、審批及企業法定代理人或由其授權的代理人簽署後，方可加蓋合同專用章。

（6）合同保密。未經批准，不得以任何形式洩露合同訂立與履行過程中涉及的商業秘密或國家機密。

（三）履行環節的關鍵控制點及控制措施

（1）合同履行。合同履行應遵循誠實信用原則，嚴格履行並實施有效監控。

（2）合同變更。發現有顯示公平、條款錯誤、對方詐欺等情形或客觀因素變化的，應協商一致，按照規定權限和程序變更或解除合同。

（3）合同糾紛。加強合同糾紛管理，可採用協商、仲裁、訴訟等方式解決。

（4）合同結算。財會部門根據合同條款審核後辦理結算業務。對未按照合同條款履行的，或應簽訂書面合同而未簽訂的，財會部門有權拒絕付款，並及時向企業有關負責人報告。

（5）合同登記。合同歸口管理部門應加強合同登記管理，實行全過程封閉管理。

（6）分析評估。建立合同履行評估制度。至少每年年末對合同履行的總體情況和重大合同履行的具體情況進行分析評估，對存在的不足及時加以改進。

十二、內部信息傳遞控制

（一）主要風險

（1）報告系統。內部報告系統缺失、功能不健全，內容不完整，可能影響生產經營有序運行。

（2）信息傳遞。內部信息傳遞不通暢、不及時，可能導致決策失誤，相關政策措施難以落實。

（3）信息洩露。內部信息傳遞中洩露商業秘密，可能削弱企業核心競爭力。

（二）內部報告形成環節的重點控制措施

（1）指標體系。科學規範不同級次內部報告的指標體系。

【例34】某集團公司每月生產經營快報涉及的指標有營業收入、利潤總額、重大項目投資進度、安全責任事故等。

（2）報告流程。制定內部報告流程，強化內部報告信息集成和共享，專人負責內部報告工作。

【注意】重要風險信息應及時上報，並可以直接報告高級管理人員。

（3）外部信息。廣泛收集、分析、整理外部信息，通過內部報告傳遞到企業內部相關管理層級，以便採取應對策略。

【例35】某集團公司政策研究部門定期編印的《領導參閱》資料，收集、整理了當前與企業相關的宏觀政策、行業信息、市場動態等熱點信息供各層級領導研究參考。

（4）建議和投訴。拓寬內部報告渠道，既廣泛收集合理化建議，又重視舉報投訴等反舞弊機制建設。

（三）內部報告使用環節重點控制措施

（1）指導。及時反應全面預算執行情況，指導生產經營活動。
（2）風險。進行風險評估，準確識別內部和外部風險，制定風險對策。
（3）保密。制定保密制度，防止洩密。
（4）評估。建立報告評估制度，重點關注報告的及時性、安全性和有效性。

十三、信息系統控制

（一）主要風險

（1）信息系統缺乏或規劃不合理，可能會造成信息孤島或重複建設，導致企業經營管理效率低下。
（2）系統開發不符合內部控制的要求，授權管理不當，可能導致無法利用信息技術實施有效控制。
（3）系統運行維護和安全措施不到位，可能導致信息洩密或毀損，系統無法正常運行。

（二）開發環節的重點控制措施

（1）管理職責。企業負責人對信息系統建設工作負責；企業應當指定專門機構對信息系統建設歸口管理。
（2）項目建設。按規劃提出項目建設方案，按照規定權限和程序審批後實施。
（3）系統開發。對外包開發的業務應採用公開招標等形式。
（4）系統控制。將業務流程、關鍵控制點和處理規則嵌入系統程序；設置操作日誌，對異常或違背內控要求的交易和數據，由系統自動報告和跟蹤處理。歸口管理部門全程跟蹤管理。
（5）驗收測試。組織獨立第三方驗收測試，確保在功能、性能、控制要求和安全性等方面符合開發要求。
（6）系統上線。確保新舊系統順利切換和平穩運行。

（三）運行與維護環節的重點控制措施

（1）工作規範。制定信息系統工作程序、信息管理制度及操作規範，確保系統持續穩定運行。
（2）系統變更。建立信息系統變更管理流程。操作人員不得擅自進行系統軟件的刪除、修改；不得擅自升級、改變版本；不得擅自改變環境配置。
（3）系統安全。確定信息系統的安全等級，建立信息授權使用制度，建立保密和洩密責任追究制度。
（4）用戶管理。建立用戶管理制度。加強對重要業務系統的訪問權限管理，定期審閱系統帳號，避免授權不當或存在非授權帳號，禁止不相容職務用戶帳號的交叉操作。
（5）安全防護。利用防火牆、路由器，加強網絡安全防護。
（6）數據備份。建立系統數據定期備份制度。
（7）設備管理。未經授權，任何人不得接觸服務器等關鍵信息設備。

十四、內部控制信息系統建設的基本模式

企業應當根據自身的信息技術條件、管理水準和內部控制體系建設所處的階段，合理選擇適合本企業的建設模式，基本模式如下：
（1）獨立模式。建立獨立運行的內部控制信息系統。
（2）整合模式。利用現有管理系統進行整合，實現內部控制系統和企業管理系統、業務系統等其他各類系統的數據共享，將內部控制完全融入企業的管理決策和日常經營活動中。
【例36】在內部控制信息系統中建立流程管理、風險管理、控制點管理、自我評價管理、缺陷整合管理和內部控制報告等核心模塊及功能，並建立該系統和企業ERP及辦公系統（OA）、流程管理系統、審計系統、績效考核系統、綜合報告系統等管理系統和業務系統的集成關係和共享關係。
（3）附加模式。在現有管理系統（如審計系統）中增加內部控制功能。

第三節　企業內部控制評價和審計

一、企業內部控制評價

（一）評價主體
企業董事會或類似權力機構，應當定期對內部控制的設計有效性和運行有效性進行全面評價、形成評價結論、出具評價報告。

（二）評價原則
評價原則包括全面性原則、重要性原則、客觀性原則。

（三）評價內容
評價內容應當從內部環境、風險評估、控制活動、信息與溝通、內部監督五要素入手，確定評價的具體內容和核心指標體系，對內部控制設計和運行情況進行全面評價。

（四）評價程序
（1）設置內部控制評價部門。
【注意】通常授權內部審計部門作為評價部門。
（2）制訂評價工作方案。
（3）組成評價工作組。
（4）實施現場測試。
【注意】評價工作組發現問題，應及時與被評價單位溝通；工作底稿應由評價工作組負責人簽字確認；現場評價報告應由被評價單位負責人簽字確認後提交內部控制評價部門。
（5）匯總評價結果。
（6）編報評價報告。
【注意】評價報告應報送企業經理層、監事會、董事會，由董事會最終審定後對外披露或以其他形式加以利用。

（五）評價方法

評價方法包括個別訪談、調查問卷、專題討論、穿行測試、實地查驗、抽樣和比較分析法。調查證據應保證其充分性和適當性。

（六）內部控制缺陷認定

1. 分類

（1）按照成因分類可分為設計缺陷和運行缺陷。

（2）按照表現形式分類可分為財務報告內部控制缺陷和非財務報告內部控制缺陷。

（3）按照嚴重程度分類可分為重大缺陷、重要缺陷、一般缺陷。具體標準由企業自行確定。

①重大缺陷是指一個或多個控制缺陷的組合，可能導致企業嚴重偏離控制目標。

②重要缺陷是指一個或多個控制缺陷的組合，其嚴重程度和經濟後果低於重大缺陷，但仍有可能導致企業偏離控制目標。

③一般缺陷是指除重大缺陷和重要缺陷之外的其他缺陷。

【例37】假定某企業按照承受損失的限度來劃分內部控制缺陷的分類：如果發生損失1,000萬元以上，該企業元氣大傷或完全不能承受，這種內部控制缺陷就叫重大缺陷；如果損失在100萬元以下，對它來說是「九牛一毛」，這種內部控制缺陷就叫一般缺陷；如果損失在100萬~1,000萬元，其可能導致企業偏離控制目標，這種內部控制缺陷就叫重要缺陷。

2. 財務報告內部控制缺陷的認定標準

（1）重大缺陷。一項缺陷單獨或連同其他缺陷導致財務報表產生重大錯報，影響財務報告的真實可靠性。比如，錯報超過10萬元或收入的10%，就會影響財務報告的真實可靠性，就屬於重大缺陷。

（2）重要缺陷。雖然不影響財務報告的整體有效性，但是足以引起董事會和經理層重視的缺陷應認定為重要缺陷。

（3）一般缺陷。不構成重大缺陷和重要缺陷的屬於一般缺陷。

3. 非財務報告內部控制缺陷的認定標準

由企業自定，包括定量標準和定性標準。在不同評價期間必須保持一致，不得隨意變更。

【例38】某股份公司對非財務報告內部控制缺陷認定等級對照表如表6-3所示。

表6-3

缺陷認定等級	直接財產損失金額 （定量標準）	重大負面影響 （定性標準）
一般缺陷	10萬(含)~600萬元	受到縣級（含）以下政府部門處罰，但未對本公司定期報告披露造成負面影響
重要缺陷	600萬(含)~1,200萬元	受到市政府部門處罰，對本公司定期報告披露造成較小負面影響
重大缺陷	1,200萬元以上(含)	受到省級（含）以上政府部門處罰，對本公司定期報告披露造成較大負面影響

4. 內部控制缺陷的報告和整改

（1）內部控制缺陷報告。

①報告對象。一般缺陷和重要缺陷，通常向企業經理層報告；對於重大缺陷，及時向董事會及其評審委員會、監事會和經理層報告。

②報告時限。一般缺陷、重要缺陷應定期報告，重大缺陷應即時報告。

（2）內部控制缺陷整改。

①制定整改方案，按照規定權限和程序審批後執行。

②整改方案包括整改目標、內容、步驟、舉措、方法和期限等，整改時間超過1年的，還應該在整改方案中明確近期目標和遠期目標，以及對應的整改工作任務。

（七）內部控制評價報告

1. 內部控制評價報告的內容

（1）董事會對內部控制真實性的申明。

（2）內部控制評價工作的總體情況。

（3）內部控制評價工作的依據。

（4）內部控制評價的範圍。

（5）內部控制評價的程序和方法。

（6）內部控制缺陷及其認定。

（7）內部控制缺陷的整改情況和內部控制有效性的結論。

2. 評價有效性的標準

（1）企業對不存在重大缺陷的情形，出具內部控制有效結論。

（2）對存在重大缺陷情形，不得做出內部控制有效的結論，並需描述該重大缺陷的成因、表現形式及其對實現相關控制目標的影響程度。

（3）自內部控制評價報告基準日至內部控制評價報告發出日之間發生重大缺陷的，企業須責成內部控制評價部門予以核實，並根據核查結果對評價結論進行相應的調整。

3. 內部控制評價報告的編製

（1）編製時間。編製時間分定期報告和不定期報告。

（2）編製主體。編製主體有單個企業和企業集團。

（3）編製程序。編製程序為：收集資料—撰寫報告—報經理層審核—董事會審批確定。

（4）對外報送。內部控制評價報告報經董事會批准後對外披露或報送相關主管部門，通常在基準日後4個月內報出。

（5）使用報告。報告的使用者包括政府監管部門、投資者、仲介機構、研究機構和其他利益相關者。

二、企業內部控制審計

內部控制審計是內部控制外部評價的重要形式之一，是對會計師事務所及註冊會計師的指引。

(一) 內部控制審計與內部控制評價比較（見表6-4）

表6-4

比較項目	內部控制評價	內部控制審計
責任主體不同	建立健全和有效實施內部控制，評價內部控制的有效性是董事會的責任	在實施審計工作的基礎上對內部控制的有效性發表意見，是註冊會計師的責任
評價目標不同	內部控制評價是董事會對各類內部控制目標實施的全面評價，包括財務報告和非財務報告方面	內部控制審計是註冊會計師側重對財務報告內部控制目標實施的審計評價
評價結論不同	董事會對內部控制整體有效性發表意見，並在內部控制評價報告中出具內部控制有效性的結論	註冊會計師僅對財務報告內部控制的有效性發表意見，對非財務報告內部控制的重大缺陷，在報告中增加「描述段」披露
相同點	兩者依賴同樣的證據、遵循類似的測試方法、使用同一基準日。所以註冊會計師可以根據實際情況決定是否利用內部審計人員、內部控制評價人員和其他相關人員的工作	—

(二) 內部控制審計與財務報告審計比較

兩者的區別：兩者的審計目標和審計程序不同，內部控制審計是對被審計單位內部控制設計與運行的有效性進行審計，並重點就財務報告內部控制的有效性發表審計意見。財務報告審計對是否在所有重大方面公允反應被審計單位的財務狀況、經營成果和現金流量發表審計意見。

兩者的聯繫：因為兩者的審計證據互相支持、互相利用，所以註冊會計師可以將內部控制審計和財務報表審計整合（也叫整合審計）。

【注意】為企業內部控制提供諮詢的會計師事務所，不得同時為同一企業提供內部控制審計服務。

【例39】如果甲會計師事務所將其內部控制諮詢業務和內部控制審計業務進行分離後，是否可以為同一企業提供內部控制審計和諮詢服務？

【解析】會計師事務所採取內部隔離方式，即在內部成立諮詢部門和審計部門，兩個部門之間相互獨立，人員不交叉使用，在形式上建立了內部的「防火牆」。但是，這種方式難以有效地將內部控制諮詢和內部控制審計業務進行分離，不符合獨立性要求。

【例40】乙公司董事會委託A諮詢公司為公司內部控制體系建設提供諮詢服務，選聘B會計師事務所對內部控制有效性實施審計。A諮詢公司為B會計師事務所聯盟的成員單位，具有獨立法人資格。

【解析】董事會同時選聘A諮詢公司和B會計師事務所分別承擔內部控制諮詢和審計服務不當。理由：A諮詢公司為B會計師事務所的網絡成員，為保證內部控制審計工作的獨立性，兩者不可同時為同一企業提供諮詢和審計服務。

【注意】網絡事務所（或網絡成員），是指屬於某一網絡的會計師事務所或實體。網絡是指由多個實體組成，旨在通過合作實現下列一個或多個目的的聯合體：共享收

益或分擔成本；共享所有權、控制權或管理權；共享統一的質量控制政策和程序；共享同一經營戰略；使用同一品牌；共享重要的專業資源。

(三) 內部控制審計的程序
(1) 計劃審計工作。
(2) 實施審計工作。
(3) 評價控制缺陷。
(4) 完成審計工作。

(四) 內部控制審計報告的類型
(1) 無保留審計意見。無保留審計意見也叫作標準審計報告。
(2) 帶強調段的無保留意見。帶強調段的無保留意見是指存在一項或多項重大事項需要提醒財務報告使用者注意，但不影響對財務報告內部控制發表的審計意見。

【例41】甲會計師事務所在對乙公司內部控制有效性進行審計中發現：乙公司ERP系統的某模塊存在重大技術設計缺陷，但該重大缺陷不影響乙公司財務報表的真實可靠。甲會計師事務所出具了無保留意見的內部控制審計報告。請你根據存在設計缺陷的這一事實，說明甲會計師事務所在內部控制審計報告中應當如何處理。

【解析】甲會計師事務所應當將乙公司ERP系統某模塊存在的重大技術設計缺陷作為非財務報告內部控制重大缺陷，在審計報告中通過增加強調段的方式予以披露。或：在審計報告中增加「非財務報告內部控制重大缺陷強調事項段」。

(3) 否定意見。審計發現存在重大缺陷導致財務報告內部控制無效，應發表否定意見。

【例42】2017年12月，甲會計師事務所審計科隆公司，收到公司員工的內部舉報信，舉報管理層串通舞弊設置「小金庫」。甲會計師事務所實施了必要的審計程序，獲取充分、適當的審計證據，證實科隆公司管理層私設「小金庫」，金額巨大，帳外資金高達1億多元。請分析甲會計師事務所應對科隆公司內部控制有效性發表什麼類型的審計意見，並說明理由。

【解析】發表否定意見。理由：已有確鑿證據表明科隆公司管理層存在串謀舞弊設立「小金庫」的情形，且對甲公司財務報表的真實可靠產生了不利影響，因此該缺陷應定性為財務報告內部控制重大缺陷；且審計範圍沒有受到限制，因此註冊會計師應對財務報告內部控制發表否定意見。

(4) 無法表示意見。審計範圍受到局限，應當解除業務約定或出具無法表示意見的內部審計報告。註冊會計師在已執行的有效程序中發現內部控制存在重大缺陷的，應在「無法表示意見」的審計報告中對已經發現的重大缺陷做出詳細說明。

【例43】黃河公司的境外子公司M公司，在建築施工管理環節存在項目經理部人員串謀舞弊的可疑跡象，可能導致集團層面的財務報表產生重大錯報。M公司管理層未給予必要協助，致使註冊會計師無法進行現場審計和執行替代程序。截至內部控制審計報告日，註冊會計師無法取得進一步審計證據。請分析會計師事務所出具內部控制審計報告時發表審計意見的類型，並簡要說明理由。

【解析】審計意見類型為：無法表示意見。理由：審計範圍受限的，註冊會計師應當解除業務約定或出具無法表示意見的內部控制審計報告。M公司建築施工管理環節的問題導致集團層面的財務報表產生重大錯報，並且M公司管理層不配合註冊會計師

的工作，致使註冊會計師審計範圍受到限制，無法對內部控制有效性發表意見，所以應當出具無法表示意見的審計意見。

(五) 審計期後事項的影響

(1) 註冊會計師知悉期後事項對內部控制有效性具有重大負面影響，應發表否定意見。

(2) 如果無法確定其影響程度，可以出具無法表示意見的審計報告。

【復習重點】

1. 掌握企業內部控制規範的體系框架。
2. 掌握企業內部控制的目標、原則和要素。
3. 掌握資金活動等 18 項內部控制應用指引明確的控制目標、主要風險、關鍵控制措施。
4. 掌握企業內部控制自我評價的內容、程序、方法、評價報告的編製與報送要求。
5. 掌握企業內部控制註冊會計師審計的內容、程序、方法、審計報告編製與披露要求。

【同步案例題】

一、內部控制應用

【資料】(2013 年考試題) 甲公司為一家從事服裝生產和銷售的國有控股主板上市公司。根據財政部和證監會有關主板上市公司分類分批實施企業內部控制規範體系的通知，甲公司從 2012 年起，圍繞內部控制五要素全面啓動內部控制體系建設。2012 年有關工作要點如下：

(1) 關於內部環境。董事會對內部控制的建立健全和有效實施負責；董事會委託 A 諮詢公司為公司內部控制體系建設提供諮詢服務，選聘 B 會計師事務所對內部控制有效性實施審計。A 諮詢公司為 B 會計師事務所聯盟的成員單位，具有獨立法人資格。

(2) 關於風險評估。受國際金融危機的持續影響，甲公司境外市場銷售額和利潤額急遽下降，董事會經審慎研究、集體決策並報股東大會審議通過後，決定調整發展戰略，迅速啓動「出口轉內銷」戰略。由於國內信用環境尚不成熟，戰略調整後導致銷售帳款無法收回的風險明顯增大，財務部門提議將銷售方式由賒銷改為現銷，並在批准後實施。

(3) 關於控制活動。甲公司在對企業層面和業務層面活動進行全面控制的基礎上，重點對資金活動、採購業務、銷售業務等實施控制。一是實施貨幣資金支付審批分級管理。單筆付款金額 5 萬元及 5 萬元以下的，由財務部經理審批；5 萬元以上 20 萬元及 20 萬元以下的，由總會計師審批；20 萬元以上的由總經理審批。二是強化採購申請

制度，明確相關部門或人員的職責權限及相應的請購和審批程序。對於超預算和預算外採購項目，無論金額大小，均應在辦理請購手續後，按程序報請具有審批權限的部門或人員審批。三是建立信用調查制度。銷售經理應對客戶的信用狀況做充分評估，並在確認符合條件後經審批簽訂銷售合同。

（4）關於信息溝通。甲公司在已經建立管理信息系統和業務信息系統的基礎上，充分利用信息系統之間的可集成性，將內部控制措施嵌入公司經營管理和業務流程中，初步實現了自動控制。

（5）關於內部監督。內部審計部門經董事會授權開展內部控制監督和評價，檢查發現內部控制缺陷，督促缺陷整改。甲公司內部審計部門和財務部門均由總會計師分管。

（6）關於外部審計。B會計師事務所在執行內部控制審計時，發現甲公司財務管理信息系統存在設計漏洞，導致公司成本和利潤發生重大錯報。甲公司技術人員於2012年12月30日完成對系統的修復後，成本和利潤數據得以更正。B會計師事務所據此認為上述內部控制缺陷已得到整改，不影響會計師事務所出具2012年度內部控制審計報告的類型。

要求：
1. 根據《企業內部控制基本規範》及其配套指引等有關規定的要求，逐項判斷資料（1）、（3）、（4）、（5）、（6）項內容是否存在不當之處；對存在不當之處的，分別指出不當之處，並逐項說明理由。
2. 根據資料（2），說明財務部門提議採用的風險應對策略類型及其優點和缺點。

【解析】
1. 資料（1）存在不當之處。
不當之處：董事會同時選聘A諮詢公司和B會計師事務所分別承擔內部控制諮詢和審計服務不當。

理由：A諮詢公司為B會計師事務所的網絡成員，為保證內部控制審計工作的獨立性，兩者不可同時分別為同一企業提供諮詢和審計服務。

或：A諮詢公司和B會計師事務所具有關聯關係，兩者不可同時分別為同一企業提供諮詢和審計服務。

資料（3）存在不當之處。

不當之處一：20萬元以上資金支付由總經理審批不當。
理由：大額資金支付應當實行集體決策或聯簽制度。
或：對於總經理的支付權限也應當設置上限。

不當之處二：超預算和預算外採購項目，無論金額大小，均應在辦理請購手續後，按程序報請具有審批權限的部門或人員審批的表述不當。
理由：超預算和預算外採購項目，應先履行預算調整程序，由具有審批權限的部門或人員審批後，再行辦理請購手續。

不當之處三：銷售經理同時負責客戶信用調查和銷售合同審批簽訂不當。
理由：客戶信用調查和銷售合同審批簽訂屬於不相容職責，應當分離。
或：違背了不相容職務相分離的原則。
或：違背了制衡性原則的要求。

資料（4）不存在不當之處。

資料（5）存在不當之處。

不當之處：總會計師同時分管內部審計部門和財務部門不當。

理由：內部審計部門工作的獨立性無法得到保證。

或：總會計師同時分管內部審計部門和財務部門違背了不相容職務相分離的原則。

或：違背了制衡性原則的要求。

資料（6）存在不當之處。

不當之處：會計師事務所認為，已整改的財務管理信息系統設計缺陷不影響出具內部控制審計報告的類型的表述不當。

理由：設計缺陷導致的錯報雖然在內部控制審計報告基準日前得到更正，但會計師事務所在做判斷時沒有考慮測試該設計的運行有效性。

2. 財務部門提議採用的是風險規避的應對策略。

風險規避策略的優點：風險規避是管理風險的一種最徹底的措施，是在風險事故發生之前，將所有風險因素完全消除，從而徹底排除某一特定風險發生的可能性。

風險規避策略的缺點：風險規避是相對消極的應對策略。選擇這一策略意味著：①放棄可能從風險中獲得的收益；②可能影響企業經營績效；③可能帶來新的風險。

評分說明：以上①~③答全得滿分；未答全但答對①~③任意一點，得1分。

二、內部控制評價

【資料】M公司決定實施內部控制評價制度，安排審計部牽頭擬訂評價方案。有關要點摘要如下：

（1）組織領導和職責分工。董事會及其審計委員會負責內部控制評價的領導和監督；經理層負責實施內部控制評價，並對本公司內部控制有效性負責；審計部具體組織實施內部控制評價工作，擬訂評價計劃、組成評價工作組、實施現場評價、審定內部控制重大缺陷、草擬內部控制評價報告，及時向董事會、監事會或經理層報告；其他有關部門負責組織本部門的內部控制的自查工作。

（2）評價的內容和方法。內部控制評價圍繞內部環境、風險評估、控制活動、信息與溝通、內部監督五要素展開。鑒於本公司已按《中華人民共和國公司法》和公司章程建立了科學規範的組織架構，組織架構相關內容不再納入企業層面評價範圍。同時，本著重要性原則，公司在實施業務層面評價時，主要評價對外擔保、關聯交易和信息披露等業務或事項。

在內部控制評價中，公司可以採用個別訪談、調查問卷、專題討論、穿行性測試、實地查驗、抽樣和比較分析等方法。考慮到公司現階段經營任務繁重，為了減輕評價工作對正常經營活動的影響，在本次內部控制評價中，公司只採用調查問卷和專題討論法實施測試和評價。

（3）現場評價。評價工作組應與被評價單位進行充分溝通，瞭解被評價單位的基本情況，合理調整已確定的評價範圍、檢查重點和抽樣數量。評價人員實施現場檢查測試後，按要求填寫評價工作底稿，記錄測試過程及結果，並對發現的內部控制缺陷進行初步認定。

現場評價結束後，評價工作組匯總評價人員的工作底稿，形成現場評價報告。現

場評價報告無須和被評價單位溝通，只需評價工作組負責人審核、簽字確認後報審計部。審計部應編製內部控制缺陷認定匯總表，對內部控制缺陷進行綜合分析和全面復核。

（4）評價報告。審計部在完成現場評價和缺陷匯總、復核後，負責起草內部控制評價報告。評價報告應當包括：董事會對內部控制報告真實性的聲明、內部控制評價工作的總體概括、內部控制評價的依據、內部控制評價的範圍、內部控制評價的程序和方法、內部控制缺陷及其認定情況、內部控制缺陷的整改情況、內部控制有效性的結論等內容。對於重大缺陷及其整改情況，公司只進行內部通報，不對外披露。內部控制評價報告經董事會審核後對外披露。

要求：根據《企業內部控制基本規範》及《企業內部控制配套指引》，逐項判斷甲公司內部控制評價方案中的（1）至（4）項內容是否存在不當之處；存在不當之處的，請逐項指出不當之處，並逐項簡要說明理由。

【解析】
1. 第一項工作存在不當之處。
（1）經理層對內部控制有效性負全責。理由：董事會對建立健全和有效實施內部控制負責。或：經理層負責組織領導企業內部控制的日常運行。
（2）審計部審定內部控制重大缺陷。理由：董事會負責審定內部控制重大缺陷。
2. 第二項工作存在不當之處。
（1）組織架構相關內容不納入公司層面評價範圍。理由：組織架構是內部環境的重要組成部分，直接影響內部控制的建立健全和有效實施，應當納入公司層面評價範圍。
（2）公司在實施業務層面評價時，主要評價對外擔保、關聯交易和信息披露等業務。理由：業務層面的評價應當涵蓋公司各種業務和事項。而不能僅限少數重點業務事項來展開評價。
（3）為了減輕評價工作對正常經營活動的影響，在本次內部控制評價中，公司僅採用調查問卷法和專題討論法實施測試和評價。理由：評價過程中應按照有利於收集內部控制設計、運行是否有效的證據的原則、充分考慮所收集證據的適當性與充分性，綜合運用評價方法。
3. 第三項工作存在不當之處。
（1）現場評價報告無須和被評價單位溝通。理由：現場評價報告應向被評價單位通報。
（2）現場評價報告只需評價工作組負責人審核、簽字確認後報審計部。理由：現場評價報告經評價工作組負責人審核、簽字確認後，應由被評價單位相關責任人簽字確認後，再提交審計部。
4. 第四項工作存在不當之處。
對於重大缺陷及其整改情況，公司只進行內部通報，不對外披露。理由：對重大缺陷及其整改情況，必須對外披露。

第七章 企業成本管理

【知識精講】

第一節　戰略成本管理

一、為什麼要進行戰略成本管理

（一）現代商業環境變化對成本管理產生的重大影響

（1）經濟全球化使得我們必須關心全球同行的成本信息。

馬雲曾說：「全球買，全球賣，讓天下沒有難做的生意！」經濟全球化導致競爭更加激烈，需要成本管理系統提供財務和非財務信息，幫助企業進行有效決策和建立長期競爭優勢。

【例1】某地有5家麵館，以前競爭範圍在5家之間展開。隨著經濟全球一體化的推進，康師傅、統一方面的湧入，競爭的範圍實際上在全球範圍展開。成本的管理不再面向小範圍，應當擴展到全球思維。

清朝的「紅頂商人」胡雪岩有一句名言：做生意最重要的是眼光，有一縣的眼光，就做一縣的生意，有一省的眼光就做一省的生意，有一國的眼光就做一國的生意。當然，有全球的眼光，就做全球的生意。

（2）製造技術、信息技術進步導致成本結構改變——由人工材料成本占主導轉變為設備技術成本占主導。以往關心材料及人工成本的企業，不得不轉變思維，關心設備利用效率和投資決策，關注設備的成本、服務成本對產品成本的影響。

信息技術的進步加快了成本戰略化的進程：一方面通過互聯網能夠更加容易地獲取企業、競爭對手、市場的關鍵信息；另一方面，信息化技術的投入，改變了產品成本的內部結構，設備成本所占的比重日益提高。

【例2】傳統貨運業：車等貨，貨等車，兩者的聯繫主要依靠人力牽線，投入的人力和時間成本高，效率低。現代物流業：通過建立信息平臺，將車或貨的信息集中，電腦自動優化配對組合，實現快速、便捷的運輸服務，提高了效率，但是信息化的設

備和技術投入很大。

（3）顧客導向需要我們關心顧客的成本。

市場結構在全球一體化和信息技術進步的推動下，由賣方市場向買方市場轉變，必須以顧客為導向。

【例3】以方便面為例，過去處於「賣方市場」，品種很少，顧客沒有多大的選擇餘地，但是顧客的需求是多樣化的，有時不得不忍氣吞聲接受。隨著競爭加劇，製造商已經推出眾多口味的產品，有紅燒牛肉面、泡椒酸菜面、香菇炖雞面等，只要你需要，總有一款適合你，這就是「買方市場」，以顧客為導向。當然，產品多樣化條件下的成本管理比單一化複雜。

【例4】成都「美團外賣」為什麼能夠興起？因為它建立了信息平臺和快速送餐系統，顧客在平臺上點餐，幾分鐘後送餐上門，為顧客節約時間，創造了價值，所以深受大家歡迎。

（4）商業模式和管理方式的變革需要我們從產業鏈和價值鏈考慮成本。

過去只考慮「為股東創造財富」的模式已經轉變為「既要為股東創造財富，又要為顧客創造價值」的模式。企業的管理範圍不僅僅局限於本身，應當延伸到整個產業鏈、作業鏈或價值鏈。也就是說不但要看局部，還要看全局。企業從每個環節中摳利潤，然後和顧客分享。

【例5】廣東碧桂園項目，開始把精力主要放在專心打造「名盤」的環節，結果由於距離城市較遠，銷售堪憂。後來在1994年9月4日，其在一個樓盤項目中成功引進北京景山學校，開創了「名盤+名校」的全新發展模式，為客戶帶來便利，銷售一下子火爆起來，實際上這就是從價值鏈的角度考慮問題。

（5）社會、政治和文化因素需要我們關注社會成本。

成本的管理必須考慮社會、政治和文化因素。比如，企業為了降低成本，肆意延長工作時間；為了避免費用增加，就把污水朝地下排放、向河流傾倒；為了不負擔孕婦的休假成本，就禁止招收女工……這些都是違背法律、倫理和文化的。所以成本管理還需考慮社會各方面的因素。

（二）成本管理觀念的轉變

（1）從注重成本核算向成本控制轉變。
（2）從成本的經營性控制向規劃性控制轉變。
（3）從產品製造成本管理向產品全成本管理轉變。
（4）從靜態成本管理向動態成本管理轉變。

綜上，現代成本管理已經從過去純粹的財務導向轉變為戰略導向，從事後管理轉變為事前、事中管理，由環節管理轉變為價值鏈管理。

二、怎樣進行戰略成本管理

（一）管理內容

管理內容包括價值鏈分析、成本動因分析、戰略定位分析三個方面。

（二）價值鏈分析

1. 基本概念

（1）作業鏈。作業鏈是指企業一系列作業活動構成的經營系統，具體包括五個環

節：研發—設計—生產—營銷—售後服務。

（2）價值鏈。作業鏈用貨幣價值來計量就構成了價值鏈，分析每個環節創造價值的多少就是價值分析。

2. 基本原理

每項作業活動在耗費成本的同時要創造一定的價值。企業要根據成本效益原則來鑑別哪些作業有價值，哪些作業無價值或價值不大。自己做能夠增加價值的就自己做，自己做得不償失的，就找具有成本優勢的人來做，這樣一來，大家都受益，都享有價值。

3. 企業內部價值鏈分析

（1）識別企業價值鏈的主要活動，選擇最優價值的作業。

第一，識別主要活動。

在任何一個單位，那些最接近價值創造的活動就是主要活動，反之就是次要活動或輔助活動。比如：如何評價一個特級廚師和大學教授的價值？要看在什麼地方。如果在大學，教授是價值鏈的主要創造者，因為教學是主要活動，教授比廚師更加重要。但是如果在一個五星級酒店，特級廚師是價值的主要創造者，餐飲是主要活動，顯然在這裡廚師比教授更加重要。

第二，根據自身的優勢選擇對企業最有價值的那些作業。

【例6】在蘋果iphone手機價值鏈中，美國蘋果公司主要從事設計、營銷和服務，韓國三星公司生產芯片，臺灣的華碩公司製造主板，富士康公司負責組裝。

蘋果公司把最有創造價值的環節掌控在手中，其他環節則外包出去。在運動鞋行業，耐克和阿迪達斯致力於設計和營銷，生產則外包給中國和東南亞的代加工工廠。而中國的同類企業如銳步、安踏則選擇自產自銷，處於競爭劣勢。

【例7】假如某教授的價值鏈為：休息—教學—學習—做家務。無疑，做家務對他來講既不擅長，又不增加價值，他還不如外包給家政公司。

（2）價值活動的成本動因分析可以幫助企業分析具有成本優勢的作業。

【例8】假定牛奶生產的價值鏈為：牧場—奶牛養殖—牛奶加工—包裝—銷售。作為牧民，其成本優勢顯然是擁有草原牧場，種草是最具有成本優勢的，提供草料就可以賺大錢。

（3）分析價值活動的關聯性。

注意一項價值活動的成本改進可能降低或增加另一項價值活動的成本。價值活動的關聯性存在於企業內部價值鏈和外部價值鏈中，所以會導致企業之間的兼併重組發生。

【例9】比如【例8】中，牧民提供的草料價格居高不下，奶牛養殖基地無法承受，必然產生收購草料基地的兼併重組活動。

（4）建立競爭優勢。

第一，識別競爭優勢。如富士康致力於規模生產，走「成本領先」戰略；蘋果公司致力於創新設計，走「差異化戰略」。

第二，識別增加價值的機會。

【例10】月餅的生產原料、流程大同小異，但是包裝各式各樣，因此增加價值的關鍵就是「精美」而「富有創意」的包裝，所以很多企業把功夫下在這一環節上。

第三，識別降低成本的機會。

【例11】 蘋果公司對生產沒有優勢，將該作業外包給富士康公司，以極大地降低成本，而將資源集中於最具有優勢的設計、營銷和服務等價值鏈上。

4. 企業間價值鏈分析

（1）縱向價值分析。企業處於產業鏈的上、中、下游關係，任何一方的價值活動都會對對方產生關聯影響。因此實現「縱向一體化」有利於節約企業之間的交易成本。縱向一體化採取的方式包括長期合同、戰略聯盟、參股、合營、控股甚至吸收合併等方式。

【例12】 A公司是B公司的原材料供應商，供應量占B公司需求的95%，顯然A公司對B公司具有重大影響，B公司對A具有依賴性。如果A公司提高原材料價格，必然嚴重削弱B公司的利潤，所以為保障原材料來源的穩定和價格的穩定，B公司計劃採用吸收合併實現「縱向一體化」。

（2）橫向價值分析。發揮產業內的規模效應，發揮比較優勢，進行差異化競爭。

【例13】 甲公司和乙公司是競爭對手，甲公司分析發現，與乙公司相比，其核心優勢在於技術研發、綜合服務能力，最大劣勢在於生產效率和人工成本。因此為實現「橫向一體化」，甲公司將產品製造部門出售給乙公司，專注於軟件開發、系統解決方案和諮詢業務，甲、乙公司各自在差異化戰略基礎上的實現規模經濟。

【總結】 價值鏈分析的成本管理不是針對「成本」管理，而是從戰略角度對企業的「業務」進行管理，不是針對成本的結果進行管理，而是對成本形成的過程及成本動因進行管理。

第二節　變動成本法

一、概述

（一）成本性態

1. 固定成本

固定成本是指在一定範圍內總額不變，單位成本隨業務量增加而相對減少的成本。

2. 變動成本

變動成本是指在一定範圍內總額隨業務量呈正比例變動，但是單位成本保持不變的成本。

3. 混合成本

混合成本是指總額隨業務量變動但是不呈正比例變動的成本。

（二）混合成本的分解方法

1. 高低點法

高低點法是指選擇業務量最高和最低的兩點，將其成本和業務量指標帶入 $y=a+bx$ 直線方程式，求出參數 a 和 b，再根據方程式預測未來的總成本的方法。

【例14】 某企業採用高低點法分解混合成本，其產銷量和產品成本情況如表7-1所示，如果2015年產銷量為400萬件，則2015年產品成本為（　　　）萬元。

表 7-1

年度	產銷量（x 萬件）	產品成本（y 萬元）
2010	290	250
2011	275	230
2012	250	240
2013	300	275
2014	325	270

【解析】低點：$(x_1 = 250, y_1 = 240)$，高點：$(x_2 = 325, y_2 = 270)$

$b = (270-240) / (325-250) = 30/75 = 0.4$

$a = 270 - 0.4 \times 325 = 140$

$y = 140 + 0.4x$

2015 年的產品成本 $= 140 + 0.4 \times 400 = 300$（萬元）。

2. 迴歸分析法

【例15】某企業2007—2011年的產銷量和產品成本如表 7-2 所示，若 2012 年預計產銷量為 7.8 萬噸，試建立迴歸直線方程模型，並預測 2012 年的產品成本。

表 7-2

年度	產銷量（X）（萬噸）	產品成本（Y）（萬元）
2007	6.0	500
2008	5.5	475
2009	5.0	450
2010	6.5	520
2011	7.0	550

【解析】利用聯立方程組求解。

（1）先計算準備數據如表 7-3 所示。

表 7-3

年度	產銷量（X）	資金需要量（Y）	XY	X^2
2007	6.0	500	3,000	36
2008	5.5	475	2,612.5	30.25
2009	5.0	450	2,250	25
2010	6.5	520	3,380	42.25
2011	7.0	550	3,850	49
$n = 5$	$\Sigma X = 30$	$\Sigma Y = 2,495$	$\Sigma XY = 15,092.5$	$\Sigma X^2 = 182.5$

（2）代入聯立方程組：

$$\begin{cases} \Sigma Y = na + b\Sigma X \text{——①} \\ \Sigma XY = a\Sigma X + b\Sigma X^2 \text{——②} \end{cases}$$

得：
$$\begin{cases} ① 2,495 = 5a+30b \\ ② 15,092.50 = 30a+182.50b \end{cases}$$
解得：$a=205$（萬元），$b=49$
所以：$Y=205+49X$
2012 年的資金需要量=205+49×7.8=587.2（萬元）

3. 帳戶分析法

企業根據有關成本帳戶及其明細帳的內容，結合其與產量的依存關係，判斷其比較接近的成本類型，將其視為該類成本。比如，某企業根據「管理費用」帳戶的內容結合銷售的關係，判定為「固定成本」帳戶。

4. 技術測定法

企業根據生產過程中各種材料和人工成本消耗量的技術測定來劃分固定成本和變動成本。比如，某製造業通過技術測定判斷主要材料為變動成本，輔助材料屬於混合成本。

5. 合同確認法

企業根據訂立的經濟合同或協議中關於支付費用的規定，來確認並估算歸屬的成本形態。比如，支付的價款與交貨量呈正比例，因此判斷其為變動成本，而手續費是定額，判斷為固定成本。

二、變動成本法的應用

變動成本法相關的公式如下：
①變動生產成本=直接材料+直接人工+變動製造費用
②變動總成本=直接材料+直接人工+變動製造費用+變動銷售費用+變動管理費用
③固定成本總額=固定製造費用+固定銷售費用+固定管理費用
④當期利潤=營業收入總額-變動成本總額-固定成本總額

【例16】某企業生產 X 產品，期初存貨為 0，本期產量為 100 件，本期銷售量為 50 件，單位售價為 40 元，該產品單位直接材料成本為 8.5 元，單位直接人工成本為 3.6 元，單位變動製造費用為 5.5 元，固定性製造費用總額為 400 元，單位變動性銷售及管理費用為 4.8 元，固定性銷售及管理費用為 200 元，請計算下列指標：

（1）採用變動成本法計算單位變動生產成本、銷售成本總額、當期利潤。
（2）採用完全成本法計算單位完全生產成本、銷售成本總額、當期利潤。
（3）分析兩種方法下當期利潤差異的原因。

【解析】
（1）採用變動成本法計算：
①單位變動生產成本=8.5+3.6+5.5=17.6（元）
②銷售成本=17.6×50=880（元）
③當期利潤=40×50-（880+4.8×50）-（400+200）=280（元）
（2）採用完全成本法計算：
①單位完全生產成本=8.5+3.6+5.5+400÷100=21.6（元）
②銷售成本=21.6×50=1,080（元）

③期間費用＝變動性和固定性銷售及管理費用＝4.8×50+200＝440（元）
④當期利潤＝40×50-1,080-440＝480（元）
（3）兩種方法下當期利潤差異的原因如下：
變動成本法下的當期利潤為280元，比完全成本法下的當期利潤480元少200元，其原因在於完全成本法下，50件庫存商品成本吸收了200元的固定製造費用。

第三節　標準成本法

一、標準成本的制定

直接材料標準成本＝Σ單位產品材料用量標準×材料價格標準
直接人工標準成本＝Σ工時用量標準×工資率標準
製造費用標準成本＝Σ工時用量標準×製造費用分配率標準
產品單位標準成本＝Σ直接材料標準成本+直接人工標準成本+製造費用標準成本

二、成本差異的計算及分析

1. 直接材料成本差異＝價差+量差
採購部門負責：價格差異＝(實際價格-標準價格)×實際用量
生產部門負責：用量差異＝標準價格×(實際用量-標準用量)
2. 直接人工成本差異＝工資率差異+直接人工效率差異
勞動人事部門負責：工資率差異＝(實際工資率-標準工資率)×實際人工工時
生產部門負責：人工效率差異＝標準工資率×(實際工時-標準工時)
3. 變動製造費用成本差異＝耗費差異+效率差異
生產部門負責：耗費差異＝(實際分配率-標準分配率)×實際工時
生產部門負責：效率差異＝標準工資率×(實際工時-標準工時)
4. 固定製造費用成本差異計算
公式：
①固定製造費用成本差異＝實際產量下實際製造費用-實際產量下標準製造費用
＝實際工時×實際費用分配率-實際產量標準工時×標準費用分配率

②實際費用分配率＝$\dfrac{實際費用}{實際工時}$

③標準分配率＝$\dfrac{預算費用}{預算產量下的標準工時}$

5. 兩差異分析法
①耗費差異＝實際製造費用-預算產量下的標準費用＝實際費用-預算產量下的標準工時×標準費用分配率
②能量差異＝預算產量下標準固定製造費用-實際產量下標準製造費用＝（預算產量下標準工時-實際產量下標準工時）×標準費用分配率

【例17】某成本中心採用標準成本法，A產品的預算產量為1,000件，變動製造費用預算額為6,000元，固定製造費用預算額為5,000元，單位產品標準成本資料如表7-4所示。

表7-4 單位產品A標準成本卡

項目（1）	用量標準（2）	價格標準（3）	成本標準（4）
直接材料	0.1千克	150元/千克	15元
直接人工	5小時	4元/小時	20元
製造費用：			
其中：變動費用	5小時	1.2元/小時	6元
固定費用	5小時	1元/小時	5元
單位產品標準成本			46元

本月生產A產品800件，變動製造費用實際額為4,000元，固定製造費用實際額為5,000元，單位產品實際成本資料如表7-5所示。

表7-5 單位產品A實際成本卡

項目（1）	實際用量（2）	實際價格（3）	實際成本（4）
直接材料	0.11千克	140元/千克	15.4元
直接人工	5.5小時	3.9元/小時	21.45元
製造費用：	5.5小時		
其中：變動費用		0.909元/小時	5元
固定費用	5.5小時	1.136,4元/小時	6.25元
單位產品實際成本			48.10元

要求：
（1）計算直接材料成本差異、用量差異、價格差異。
（2）計算直接人工成本差異、效率差異、工資率差異。
（3）計算變動製造費用成本差異、效率差異、耗費差異。
（4）採用兩差異法，計算固定製造費用各項差異。

【解析】
（1）直接材料：
直接材料用量差異＝（0.11×800-0.1×800）×150＝1,200（元）
直接材料價格差異＝（140-150）×0.11×800＝-880（元）
直接材料總差異＝1,200-880＝320（元）
（2）直接人工：
直接人工效率差異＝（5.5×800-5×800）×4＝1,600（元）
直接人工工資率差異＝（3.9-4）×5.5×800＝-440（元）
直接人工總差異＝1,600-440＝1,160（元）
（3）變動製造費用：
每小時變動製造費用標準分配率＝6,000÷1,000÷5＝1.2（元/小時）
每小時變動製造費用實際分配率＝4,000÷800÷5.5＝0.909（元/小時）

變動製造費用效率差異＝（5.5×800-5×800）×1.2＝480（元）
變動製造費用耗費差異＝（0.909-1.2）×800×5.5＝-1,280（元）
變動製造費用總差異＝480-1,280＝-800（元）
（4）固定製造費用兩差異法：
每小時固定製造費用標準分配率＝5,000÷1,000÷5＝1（元/小時）
每小時變動製造費用實際分配率＝5,000÷800÷5.5＝1.136（元/小時）
固定製造費用耗費差異＝5,000-1,000×5×1＝0（元）
固定製造費用能量差異＝（1,000×5-800×5）×1＝1,000（元）
固定製造費用總差異＝0+1,000＝1,000（元）

第三節　作業成本管理

一、與傳統成本法的異同

（一）相同點
直接材料和直接人工的分配方法相同，直接分配到成本計算對象產品。
（二）不同點
兩者對間接費用的歸集和分配方法不同。
其中，傳統方法是先按費用發生的地點歸集（通常是職能部門），再按照產品的屬性進行分配（如數量、重量等）。而作業成本法則是先按照資源動因歸集到作業，再按照作業動因分配到產品。

二、作業成本法

（一）相關概念
（1）資源。資源是指在作業中被運用或使用的經濟要素。比如製造業的典型資源有材料費、動力費、職工薪酬、折舊費、辦公費、修理費、運輸費等。
（2）作業。作業是指某一組織內部所從事的工作。比如修理、檢驗等。
（3）成本動因。根據作業耗費資源、產品耗費作業的邏輯關係，歸集作業成本的依據是資源動因，分配作業成本到產品的依據是作業動因。
①資源動因是將各項資源費用歸集到不同作業。
②作業動因是將不同作業成本分配到成本對象（產品）。
【例18】產品質量檢驗作業需要配備專門的檢驗人員及專用設備，並耗用一定的電力。假定檢驗人員的工資為10萬元，專用設備的折舊費為20萬元，耗用的電力為6萬元，則作業成本＝各項資源的耗費合計＝10+20+6＝36（萬元）。
假定甲、乙兩種產品共同耗費上述產品質量檢驗作業，分配的依據應該是檢驗的次數，這就是作業動因。如果甲產品檢驗20次，乙公司檢驗40次，那麼甲產品分配12萬元，乙產品分配24萬元。
（4）作業中心。作業中心是具有同質作業動因的多項作業的集合。例如材料採購、

檢驗、入庫、和倉儲都可以歸入材料處理中心。

(5) 成本庫。作業中心的成本就是成本庫。成本庫按照其有代表性的作業動因分配到各有關產品成本對象中。比如上述材料處理中心的成本就是由採購、檢驗、倉儲等多項作業成本的合計，可以選擇具有代表性的作業動因——檢驗次數分配給產品。

(二) 作業成本法的核算程序

【歸納】兩步制分配程序：

作業成本計算法：資源耗費—作業—成本計算對象（產品）

【注意】既可以按照單項作業一項一項地進行歸集並分配費用，也可以將幾項作業合併為作業中心，選擇代表性的作業動因分配費用。

【例19】某企業生產A、B兩種產品，共需要6道工序。第一道工序按照資源動因歸集費用，具體包括為：人工費用10萬元、電力2萬元、折舊20萬元。第一道工序的成本要按照作業動因分配到A、B兩種產品中去。經過分析，其作業動因為機器工時，其中A產品消耗機器工時1,500小時，B消耗機器工時500小時。

要求：

(1) 按照資源動因歸集第一道工序的作業成本。

(2) 根據作業動因分配第一道工序的作業成本。

【解析】

(1) 按照資源動因歸集第一道工序的作業成本=10+2+20=32萬元。

(2) 按照產品消耗的作業動因分配第一道工序的作業成本，其中A產品=32×1,500/2,000=24萬元；B產品=32×500/2,000=8萬元。

【例20】某服裝廠生產西服和中山服兩種產品，生產過程分為三個步驟：

第一步，備料（備料車間：各種布匹整理、選配等）；

第二步，縫紉（縫紉車間：裁剪、機器縫紉、制領、釘扣、熨燙、檢驗等）；

第三步，包裝（包裝車間：配號、包裝）。

原計劃採用逐步結轉分步法，現改為採用作業成本法進行成本核算。具體程序如下：

(1) 確定成本計算對象：西服、中山服。

(2) 確定直接成本：直接成本直接計入成本對象。假定中山服和西服的布料及輔助材料直接計入成本計算對象，除此以外均為間接成本。

【注意】本題的直接成本僅包括直接材料成本；有時直接成本包括直接材料和直接人工，考試時請按照考題要求處理。

(3) 以關鍵性作業為作業中心，歸集相關間接成本（即成本庫）；然後分析作業動因，將其作為向成本計算對象分配的基礎。

以第二步縫紉車間為例，縫紉車間有6項關鍵性作業：

作業1——裁剪。資源動因：工人薪酬、動力用電、電剪、工作臺折舊。作業動因：裁剪次數。

作業2——機器縫紉。資源動因：設備折舊、工人薪酬、機物料消耗、動力用電、縫紉線。作業動因：設備工時。

作業3——手工鎖眼及釘扣。資源動因：工人薪酬、少量低值易耗品攤銷。作業動因：人工工時。

作業4——熨燙。資源動因：工人薪酬、設備折舊、動力用電、蒸汽費用、機物料消耗。作業動因：設備臺時。

作業5——檢驗。資源動因：檢驗工人薪酬、消耗性材料。作業動因：檢驗時間。

作業6——車間管理。資源動因：車間廠房折舊、管理人員薪酬、照明取暖等費用。作業動因：按受益原則，根據實際產量和預計銷售單價計算銷售收入，即預計收入分攤。

（4）設置並登記作業帳戶：生產成本—基本生產成本—縫紉車間—作業帳戶（1、2、3……6）—專欄，如表7-6所示。

【注意】本步驟是按照資源動因歸集作業的成本。

表7-6　縫紉車間——機器縫紉（作業2）明細帳　　　　　　單位：元

項目	直接人工	折舊費	動力費	縫紉線	機物料消耗	合計
……	……	……	……	……	……	……
發生額合計	120,000	328,000	95,000	3,500	2,500	549,000
本月轉出	120,000	328,000	95,000	3,500	2,500	549,000
本月結餘	0	0	0	0	0	0

（5）編製作業成本分配表如表7-7所示。（注意：本步驟是按照作業動因分配作業成本）

表7-7　編製作業成本分配表

項目		作業1	作業2	作業3	作業4	作業5	作業6	合計
本期成本發生額(元)		132,000	549,000	281,600	212,000	149,600	275,400	1,599,600
分配基礎	裁剪批次（次）	11						—
	機臺時（小時）		4,500					—
	人工工時（小時）			14,080				—
	機器臺時（小時）				4,000			—
	檢驗時間（小時）					176		—
	實際產量×預計單價售價(元)						4,590,000	—
分配率		12,000	122	20	53	850	0.06	—
西服耗用作業量(小時)		5	2,800	8,000	2,400	82	3,180,000	—
中山服耗用作業量(小時)		6	1,700	6,080	1,600	94	1,410,000	—
西服應負擔成本(元)		60,000	341,600	160,000	127,200	69,700	190,800	949,300
中山服應負擔成本(元)		72,000	207,400	121,600	84,800	79,900	84,600	650,000

（6）填列成本計算單（見表 7-8）（注意：僅列出西服的成本計算單，中山服略）

表 7-8　成本計算單

部門：縫紉車間　　產品：西服　　2009 年 8 月　　　　　　　　　單位：元

項目	產量（件）	直接材料成本	作業成本	合計	備註
期初產品成本		858,000	268,500	1,126,500	已知
本月生產成本		2,768,000	949,300	3,717,300	抄分配表
合計		3,626,000	1,217,800	41,843,800	
完工半成品(轉入包裝車間)	1,200	3,108,000	1,074,000	4,182,000	
月末產品成本		518,000	143,800	661,800	

三、作業基礎管理

（一）原因

作業成本法僅僅比較精確地回答了「成本是多少」，但是無法解決「應該是多少，為什麼是多少的」問題。為此，必須引入作業成本的基礎管理。

（二）目的

作業基礎管理的目的是：識別增值作業和非增值作業，消除那些不必要的或者無效的非增值作業，控制成本動因，提高企業競爭力。

（三）內容

作業基礎管理內容包括作業分析、作業改進、作業成本信息與企業經營決策。

1. 作業分析

作業分析包括資源動因分析、作業動因分析。

（1）資源動因的分析。資源動因的分析是評價作業的消耗資源的必要性、合理性和有效性的過程，以減少不合理的消耗。

【例21】某工地上搬運作業的成本顯著高於該公司其他工地，經過分析發現是由於材料堆放地點不合理，產生多次二次搬運的作業，耗費了不必要的成本。改進措施：合理設計平面佈局，和搬運線路，力爭一次吊裝到位。

（2）作業動因的分析。作業動因的分析是指評價作業的增值性，盡可能增加增值作業，控制非增值作業。

【注意】增值作業應該具備的條件：（2015 年考試題）

①該作業的功能是明確的。

②該作業能為最終產品或勞務提供價值。

③該作業在企業的整個作業鏈中是必需的，不能隨意去掉、合併或被代替。

【例22】在食品加工廠中，採購訂單的獲取、在產品的加工、完工產品的包裝屬於增值作業，而返工、檢驗、廢品清理等都是非增值作業。印刷廠的最後工序：先裁邊再裝訂，裁邊改變了印刷品的狀態且為後續的裝訂提供條件，不能被隨意去掉、合併或代替，屬於增值作業，裝訂屬於非增值作業。

(3) 作業鏈綜合分析。

理想的作業鏈應保證作業與作業之間環環相扣，不存在重疊、作業之間的等待、延誤等情形。

【例23】目前，手機充電器型號各異，如果國家能夠統一標準，避免手機生產廠商互相製造非增值作業，將為用戶和社會帶來巨大的價值，減少資源浪費。

【例24】某公司通過作業成本法和作業基礎管理促使其零件供應商消除以下非增值作業，以作業鏈的綜合分析，強化了供應商的合作和企業自身的成本管理，包括：過多的生產步驟、不必要的材料移動、不必要的等待時間、零部件因質量而返工、設備閒置、生產客戶不需要的產品等。

2. 作業改進
(1) 消除不必要的作業以降低成本。
(2) 在其他條件相同時選擇成本最低的作業。
(3) 提高作業效率並減少作業消耗。
(4) 作業共享：利用信息平臺，採用模塊化設計軟件。
(5) 利用作業成本信息編製資源使用計劃，並配置未使用的資源。

3. 作業成本信息與企業經營決策
(1) 作業成本法下的本量利決策。

①作業的分類。

第一，單位級作業。它使單位產品或顧客受益，與產品產量直接相關，即是與產品產量為基礎的變動成本。例如，原材料費、直接人工費、設備維修及運轉費。

第二，批次級作業。它使一批產品或顧客受益，與產品批次呈正比例變動。就生產批次而言屬於變動成本，但就某一特定批次中的產品而言則屬於固定成本。比如，人工準備費、機器調整費、材料處理費及質量控制費。

第三，品種級作業。它是使一種產品或顧客受益的作業，這類作業與產品種類多少呈正比例關係。就品種而言這類作業是變動成本，但就特定品種中的產品而言屬於固定成本。例如，設備檢測費、倉儲費、產品工藝及設計費等。

第四，設施級（或管理級）作業。它是指支持整體生產經營，維持產品生產能力而發生的各項作業。這類作業與基礎設施、生產環境等直接相關，屬於各類產品的共同成本。例如，折舊費、企業行政管理費、員工培訓費等。

②作業成本法下的成本形態。

第一，短期變動成本。與單位級作業相關。所以採用產品或與產量密切相關的動因（工時、機時、重量、體積）作為分配間接費用的基準。

第二，長期變動成本。長期變動成本是指與批次、品種相關的變動成本，不與產品產量呈正比例變動的成本。它屬於品種級、批次級作業，例如，訂購、生產準備、設備調整、接收、檢驗、搬運成本。

第三，固定成本。固定成本屬於設施級作業。例如，總部管理人員工資、房屋、設備等固定資產折舊、審計費等。

③公式。

第一，傳統的保本保利模型公式：

單位邊際貢獻＝單價－單位變動成本

保本銷售量=固定成本/單位邊際貢獻

保利銷售量=（固定成本+目標利潤）/單位邊際貢獻

第二，作業成本法下的保本保利模型公式：

單位邊際貢獻=單價−單位變動成本−單位產品分攤的長期變動成本

保本銷售量=固定成本/單位邊際貢獻

保利銷售量=（固定成本+目標利潤）/單位邊際貢獻

其中：單位產品長期變動成本的分攤額=與作業相關的那部分所謂固定成本/產品總數量

【例25】甲公司計劃上馬一條新的生產線生產A產品，售價為750元/件，變動成本為350元/件，公司預計將每年新增固定成本500,000元，且該公司要求至少營業利潤達到380,000元。請根據以下要求回答問題：

（1）假定產銷量相等，利用傳統本量利分析模型計算保本銷售量、保利銷售量。

（2）預計新生產線的產量可達3,000件，但實行小批量生產，每批只生產30件，固定成本中將有300,000元可以追溯到與批次相關的作業中，請按作業成本法下的本量利分析模型計算保本銷售量和保利銷售量。

【解析】

（1）傳統模型：

①保本銷售量=500,000/（750-350）=1,250（件）

②保利銷售量=（500,000+380,000）/（750-350）=2,200（件）

（2）作業成本法模型：

①3,000件/30=100（批）

②與批次級作業相關的長期變動成本=300,000（元）

③單件產品分配的長期變動成本=300,000/3,000=100（元）

④新產品的固定成本=500,000−300,000=200,000（元）

⑤保本銷售量=200,000/（750-350-100）=667（件）（收尾法）

⑥保利銷售量=（200,000+380,000）/（750-350-100）=1,934（件）（收尾法）

（2）作業成本法下的產品盈利性決策。

【歸納】多種產品之間的共同成本按照產品產量比例分配和按照作業量來分配，其結果完全不同。

【例26】某公司生產甲、乙兩種產品，共同的製造費用為50,000元，如果採用傳統成本法，對於共同的製造費用採用產量比例法分配，如果採用作業成本法，則按照資源動因分配。其他有關信息見表7-9。

表7-9

產品名稱	甲產品	乙產品
單價（元）	480	600
產銷量（件）	100	50
變動成本（元）	9,500	11,000
其中：直接材料（元）	6,000	9,000
直接人工（元）	3,500	2,000

表7-9(續)

產品名稱	甲產品	乙產品
作業成本（元）	29,000	21,000
其中：作業A（元）	10,000	5,000
作業B（元）	15,000	10,000
作業C（元）	4,000	6,000

要求：

（1）請用傳統成本法計算甲、乙產品的總成本和單位成本，並分別計算其單位營業利潤。評價該公司是否應生產甲產品、乙產品。

（2）請用作業成本法計算甲、乙產品的總成本和單位成本，並分別計算其單位營業利潤。

【解析】

（1）傳統成本法：

甲產品分配製造費用＝50,000/150×100＝33,333.33（元）

乙方產品分配製造費用＝50,000/150×50＝16,666.67（元）

甲產品的總成本＝直接材料6,000元+直接人工3,500元+製造費用33,333.33元
　　　　　　　＝42,833.33（元）

甲產品的單位成本＝42,833.33÷100＝428.33（元）

甲產品的單位營業利潤＝單價－單位成本＝480－428.33＝51.67（元）

乙產品的總成本＝直接材料9,000元+直接人工2,000元+製造費用16,666.67元
　　　　　　　＝27,666.67（元）

乙產品的單位成本＝27,666.67÷50＝553.33（元）

乙產品的單位營業利潤＝單價－單位成本＝600－553.33＝46.67（元）

評價：因為甲、乙產品均盈利，所以應該都生產。

（2）作業成本法：

甲產品的總成本＝直接材料6,000元+直接人工3,500元+作業成本29,000元
　　　　　　　＝38,500（元）

甲產品的單位成本＝38,500÷100＝385（元）

甲產品的單位營業利潤＝單價－單位成本＝480－385＝95（元）

乙產品的總成本＝直接材料9,000元+直接人工2,000元+作業成本21,000元
　　　　　　　＝32,000（元）

乙產品的單位成本＝32,000÷50＝640（元）

乙產品的單位營業利潤＝單價－單位成本＝600－640＝－40（元）

評價：因為甲均盈利，乙產品虧損，所以應該生產甲產品。

（3）作業成本法下的產品定價。

【歸納】傳統成本法下的定價＝(直接成本+按照產量分攤的間接成本)×(1+加成率)

作業成本法下的定價＝(直接成本+作業成本)×(1+加成率)

【例27】承【例26】，假定成本加成為30%，請分別按照傳統成本法和作業成本法計算其單位產品售價。

【解析】
（1）傳統成本法下：
甲產品售價=428.33×（1+30%）= 557（元）
乙產品售價=553.33×（1+30%）= 719（元）
（2）作業成本法下：
甲產品售價=385×（1+30%）= 501（元）
乙產品售價=640×（1+30%）= 832（元）

第四節　目標成本法

一、目標成本法概述

（一）產生的背景

市場由「賣方市場」向「買方市場」轉變，通過任意提價轉嫁賣方成本的方式受到制約，買方採用競爭性定價，倒逼賣方成本降低。為實現目標利潤，賣方必須控制成本。

在產品壽命週期的設計階段，產品的價值和屬性已經將大量成本固化，為目標成本的制定提供了客觀條件。

（二）含義

目標成本=產品競爭性市場價格-產品的必要的利潤

（三）計算方法

（1）根據成本利潤率計算。

【例28】某種產品的銷售價格為100元，成本利潤率為10%，求目標成本。

【解析】設目標成本為X，列方程式為：$X×（1+10%）= 100$

解得$X=100÷（1+10%）= 90.91$（元）

【例29】（2014年考試題）A事業部本年度對某藥品實施目標成本管理，目前A事業部該藥品的單位生產成本為9萬元/噸，市場上主要競爭對手的同類藥品平均銷售價格為8.8萬元/噸，A事業部要求的藥品成本利潤率為10%，要求：計算該藥品的單位目標成本和單位成本降低目標。

【解析】該藥品的單位目標成本=8.8÷（1+10%）= 8（萬元）

單位成本降低額=9-8=1（萬元）

單位成本降低率=1/9=11.11%

（2）根據銷售利潤率計算。

【例30】某種產品的銷售價格為100元，銷售利潤率為10%，求目標成本。

【解析】設目標成本為Y，列方程式為：

$Y=100-100×10%$　　$Y=100×（1-10%）= 90$（元）

（3）根據投資報酬率計算。

【例31】某企業經營多種產品，按照市場價格預計銷售總額為1,000萬元，為經營發生的投入為4,000萬元，投資回報率（加權平均資金成本率）不低於15%，要求計

算目標成本總額。

【解析】目標成本總額＝1,000－4,000×15％＝400（萬元）

(4) 根據量本利公式計算

【例32】（2015年考試題）集團公司年初下達給B事業部本年度的生產經營計劃為生產並銷售X產品6萬臺，全年平均銷售價格為2萬元/臺，單位變動成本為1萬元/臺。1－6月，B事業部實際生產並銷售X產品3萬臺，平均銷售價格為2萬臺，單位變動成本為1萬元，目前由於市場競爭加劇，預計下半年X產品的平均銷售價格將降為1.8萬元/臺，為了確保完成全年的目標利潤總額計劃，本事業部擬將下半年計劃產銷量均增加1,000臺，並在全年固定成本控制目標不變的情況下，相應調整下半年X產品的單位變動成本目標。

要求：分別計算2015年全年的固定成本控制目標和下半年的變動成本控制目標。

【解析】

(1) 2015年全年固定成本控制目標＝6×2－6×1－1＝5（億元）。

(2) 2015年下半年變動成本控制目標設為Y，利用本量利原理，列方程式計算：

（總收入 3×2＋3.1×1.8）－（變動成本 3×1＋3.1×Y）－固定成本 5＝1（億元）

求得Y＝0.83（萬元）

（四）目標成本法和標準成本法的主要區別

目標成本法把降低成本的重點放在企業產品的研究、開發、規劃和設計階段；而標準成本法控制成本則主要集中在產品投產後的製造階段。

二、目標成本管理的核心程序和實施原則

（一）核心程序

(1) 調查階段。進行市場調查和產品特性分析，確定目標成本。

(2) 設計階段。組建跨職能團隊並運用價值分析法，將目標成本嵌入產品設計、工程、外購材料的控制程序中，以使產品設計符合目標成本的要求。

(3) 製造階段。將設計完成的產品投入生產製造環節，並通過製造環節的「持續改善策略」，進一步降低產品製造成本。

（二）實施原則

實施原則包括：價格引導的成本管理、關注顧客、關注產品與流程設計、跨職能合作、生命週期成本削減及價值鏈參與等原則。

三、目標成本控制與產品設計

【注意】因為設計階段將決定產品製造成本的80％~85％，所以企業必須將目標成本嵌入產品設計環節。

（一）用目標成本約束產品設計

【例33】為了保障安全，工程師過度擴大安全系數，比如對於非地震帶上的房屋的設計為抗10級地震，從而造成建築成本過高。如果用目標成本約束，實際上設計為抗8級地震就可以了。

（二）應用價值工程技術進行產品設計

價值工程法的基本思想是：將成本控制和價值實現結合起來，實現「一分錢，幾分貨」的高性價比目標。基本公式如下：

$$價值\ V = \frac{F}{C} = \frac{功能}{成本} = \frac{收益}{成本}$$

其實現方式主要有：①功能增加（或收益增加），成本降低；②功能大幅增加（或收益大幅增加），成本小幅增加；③功能小幅下降（或收益小幅下降），成本大幅下降；總之，只要公式中的 V 高於原來的值，就證明成本控制是有效的。

【例34】普通手機的成本為500元，售價1,200元（包含15項功能），性價比為2.4，如果將功能減少，降格為老年手機，售價為600元（功能為5項），成本為100元，性價比為6，就是符合價值工程法的。

四、重點保障措施

（一）供應鏈管理

1. 原理

「賤買貴賣」是盈利之道，首先是賤買降低採購成本。在目標成本法中價值鏈上的所有成員（包括供應商、分銷商、服務提供商、顧客等）都應當納入管理範圍。這是企業成本管理的重要環節。

2. 方法

如何強化供應鏈的管理？對合格供應商的評定，企業建檔管理及信息更新非常重要，但是更重要的是加強企業與供應商之間的聯動，並為供應商降低供貨成本提供足夠的供應激勵。如何激勵供應商？一種普遍的做法是企業要讓供應商分享因跨組織合作產生成本削減所帶來的各種好處（包括信息共享、財務激勵等）。

【例35】《政府採購管理辦法》規定對供應商確定名單並進行優劣評價，實行公開招標、邀請招標等採購方法就是供應鏈價值管理的典範。

（二）生命週期成本管理

1. 概念

（1）生命週期。生命週期是指研究與開發+產品設計+產品生產製造+產品銷售+產品售後服務等期間。

（2）生命週期成本。生命週期成本是指在生命週期中花費的資源總和。

2. 分類

（1）上游成本：產品研發、設計等環節的成本。

（2）中游成本：產品製造。

（3）下游成本：產品銷售、售後服務。

3. 決策

必須全面控制生命週期成本，才可能實現目標成本。也就是說，新產品的營業收入大於生命週期成本，才是值得的。

【例36】某企業確定的單位產品的目標利潤至少為16元。現有一互斥方案：A、B兩種產品待生產。假定投入資源相同，單位A、B產品的競爭性售價均為300元，兩種

產品在製造環節的作業成本分別為260元、255元；應分攤的單位上游成本（研發、設計等環節成本）分別為13元和18元，應分攤的單位下游成本（銷售、售後服務等環節成本）分別為8元和12元。請按照生命週期成本和目標成本法對互斥方案進行決策。

【解析】

A產品的單位生命週期成本＝260+13+8＝281（元/件），單位目標利潤＝300-281＝19元；

B產品的單位生命週期成本＝255+18+12＝285（元/件），單位目標利潤為＝300-285＝15元；

因為A產品的目標利潤大於16元，B產品的目標利潤小於16元，所以應當生產A產品。

（三）跨職能團隊

跨職能團隊可以組建矩陣式、縱向式，但是組建橫向式是必需的，包括設計、製造、採購、生產、財務等各方面的人才，採用頭腦風暴法解決問題。

【例37】某公司V型號產品的目標成本為30萬元，目前實際成本為35萬元，降低額為5萬元。採用以下方式達到控制目標：

(1) 在產品設計階段優化工藝和結構，降低成本1.3萬元。
(2) 在產品製造階段通過節能降耗、控制物料管理和精益流程降低成本3萬元。
(3) 在物資採購環節通過供應鏈管理，實施電子平臺招標降低成本0.9萬元。

最終，成本降低額達到5.2萬元，超額實現目標成本管理目標。

【復習重點】

1. 戰略成本模式下成本管理觀念的轉變。
2. 價值鏈的判斷：企業內部價值鏈和企業間外部價值鏈。
3. 變動成本法。
(1) 高低點法。
(2) 變動成本法和完全成本法下產品成本的計算。
(3) 變動成本法和完全成本法下當期利潤的計算。
4. 標準成本法下的各項成本差異的分析。
5. 作業成本法和傳統成本法的區別，作業成本法的核算程序。
6. 作業基礎管理和經營決策。
(1) 增值作業的條件。
(2) 作業改進的方法有5種。
(3) 作業成本法下的保本量、保利量的計算。
7. 目標成本法。
(1) 目標成本的確定方法：包括成本利潤率法、銷售利潤率法、投資報酬率法、本量利法等。
(2) 關鍵保障措施：供應鏈管理、生命週期成本、跨職能團隊。

【同步案例題】

【資料】某企業生產甲產品和乙產品，兩種產品生產加工工藝不同，甲產品比乙產品複雜。某會計期間的相關資料如表 7-10、表 7-11 所示。

表 7-10　甲產品和乙產品的直接材料和直接人工成本

項目	甲產品	乙產品
產品產量（件）	100	150
直接材料（元）	10,000	12,000
直接人工（元）	2,000	3,000

表 7-11　甲產品和乙產品按照資源動因歸集的間接費用　　　金額單位：元

材料領用	包裝	質量檢驗	設備維護	裝卸搬運	合計
15,000	8,000	10,000	12,000	5,000	50,000

經研究發現，該企業間接費用的作業動因有 5 個：材料領用數量、包裝次數、質量檢驗小時、設備維護小時和裝卸搬運次數。具體如表 7-12 所示。

表 7-12　作業類別和相關作業量

作業類別	作業動因	作業量 甲產品	作業量 乙產品	合計
材料領用	材料領用數量（件）	7	8	15
包　裝	包裝次數（次）	3	5	8
質量檢驗	質量檢驗小時（小時）	10	15	25
設備維護	設備維護小時（小時）	4	8	12
裝卸搬運	裝卸搬運次數（次）	4	6	10

要求：

（1）按照作業成本法將間接費用在甲產品和乙產品之間進行分配。

（2）按照作業成本法計算甲產品和乙產品的總成本和單位成本。

（3）假定甲、乙產品的銷售單價均定為 620 元/件，產品生產組織形式為連續大量生產，所有間接費用均為固定成本，用傳統方法計算產品保本點銷售量（採用收尾法精確到整數）。

（4）假定乙產品單價為 600 元/件，計劃實現目標利潤 20,000 元。該企業預計乙產品均將按照批次來調配生產，包裝成本和裝卸搬運成本均為長期變動成本。計算乙產品此時的保利銷售量（採用收尾法精確到整數）。

（5）如果甲產品的銷售單價為 610 元，直接材料、直接人工以及 50% 的間接費用為變動成本，單位變動性銷售及管理費用為 5 元，固定性銷售及管理費用總額為 1,000 元，如果產量和銷量相等，請採用變動成本法計算甲產品單位產品生產成本及當期銷

售利潤總額。

（6）如果乙產品採用標準成本法控制直接材料成本，經過計算確定的單位材料標準成本為 70 元/件，請計算直接材料成本差異，分析產生的原因及責任部門。

（7）如果採用目標成本法控制乙產品的生命週期成本，已知同類產品的市場競爭性定價為 660 元/件，成本利潤率為 10%，上游和下游的單位成本為 220 元，根據要求（2）計算的乙產品的單位生產成本是否可行？

【解析】

1. 將間接費用在甲產品和乙產品之間進行分配（見表 7-13）。

表 7-13　甲產品和乙產品作業分配表

作業	作業成本（元）	分配率	甲產品 作業量（件）	甲產品 金額（元）	乙產品 作業量（件）	乙產品 金額（元）
材料領用	15,000	1,000	7	7,000	8	8,000
包 裝	8,000	1,000	3	3,000	5	5,000
質量檢驗	10,000	400	10	4,000	15	6,000
設備維護	12,000	1,000	4	4,000	8	8,000
裝卸搬運	5,000	500	4	2,000	6	3,000
合計	50,000	—		20,000	—	30,000

2.（1）甲產品的總成本和單位成本計算如下：

甲產品總成本＝直接材料 10,000＋直接人工 2,000＋作業成本 20,000＝32,000（元）

甲產品單位成本＝32,000/100＝320（元）

（2）乙產品的總成本和單位成本計算如下：

乙產品總成本＝直接材料 12,000＋直接人工 3,000＋作業成本 30,000＝45,000（元）

乙產品單位成本＝45,000/150＝300（元）

3. 根據傳統本量利分析模型：

甲產品保本銷售量＝固定成本 20,000/（單價 620－單位變動成本 120）＝40（件）

乙產品保本銷售量＝固定成本 30,000/（單價 620－單位變動成本 100）＝58（件）

4.（1）乙產品包裝成本為 5,000 元，每件耗費的包裝成本＝5,000/150＝33.33（元）

（2）乙產品裝卸搬運成本為 3,000 元，每件耗費的裝卸搬運成本＝3,000/150＝20（元）

（3）乙產品保利點銷售量為＝（固定成本 30,000－包裝費 5,000－搬運費 3,000＋目標利潤 20,000）÷（單價 600－單位變動成本 100－單位長期變動成本 33.33－單位長期變動成本 20）＝95（件）

5. 甲產品單位變動生產成本＝（10,000＋2,000＋20,000×50%）÷100 件＝220（元）

甲產品當期銷售利潤總額＝收入 610×100－變動成本總額（10,000＋2,000＋20,000×50%＋100×5－固定成本總額（20,000×50%＋1,000）＝27,500（元）

6. 直接材料成本差異＝實際成本－標準成本＝12,000－70×150＝1,500（元），產生的原因有價格差異和數量差異，其責任部門為採購部門和生產部門。

7. 採用目標成本法計算的乙產品單位中游生產成本＝660÷（1＋10%）－220＝380（元）

採用作業成本法計算的單位乙產品生產成本＝300（元），小於上述 380 元，可行。

第八章 企業併購

【知識精講】

第一節　企業併購的概述

── 一、併購的動因 ├──

(一) 企業發展動機

1. 迅速實現規模擴張

【例1】美國石油大王洛克菲勒1870年1月創立標準石油公司，不停地擴張收購兼併其他煉油廠、產油區，他發明了一種新的壟斷形式──托拉斯，壟斷了美國石油工業，在美國煉油業3,600萬桶的年產量中，標準石油公司就占到3,300萬桶。到1888年，美國全國生產出來的石油，有95%是由標準石油公司提煉的，標準石油公司已經到了壟斷一切的地步。後來根據1890年《謝爾曼法》，美國政府將標準石油公司拆分為38家公司，現在的英國石油公司、艾克森美孚石油公司、雪佛龍德士古公司都是原標準石油公司的產業，這些公司每一個都是市場的巨擘，由此可見標準石油公司的強大，擴張發展的迅速。

【備註】托拉斯：參與企業託管財產所有權，喪失商業和法律上的獨立性，托拉斯董事會統一經營全部生產、銷售和財務活動，領導權掌握在資本最大的資本家手中，原企業主成為股東，按股份分紅。

【例2】李嘉誠的擴張：李嘉誠於1950年花7,000美元建立長江塑膠廠，後更名為長江工業公司，1972年上市後又改為長江實業公司，大舉擴張規模，加速併購，先後收購控制香港英資企業和華資企業、海外其他企業，高峰時達數百家，如和記黃埔公司、港燈集團、嘉宏國際集團等，涉及電信、能源、零售、酒店、房地產、鐵路等，地域遍及香港、內地和海外，成為華人首富。2013年李氏集團擁有淨資產310億美元，排名世界富豪第8位，連續15年居華人首富。

2. 突破行業壁壘和規模限制

【例3】中國公路運輸市場對外資是存在行業壁壘的，韓國錦湖公司通過在中國收購 21 個汽車站的股份和運輸公司的股份，突破行業壁壘，進入中國公路運輸市場。

【例4】新希望集團收購五月花、指南針等民營企業的控股權，進入教育行業。

3. 主動適應外部環境變化

【例4】聯想集團併購 IBM 平板筆記本生產線。

【例5】2010 年 3 月吉利與福特汽車簽訂最終股權收購協議，以 18 億美元獲得沃爾沃轎車 100%的股權以及相關資產（包括知識產權）。

4. 加強市場控制能力

（1）減少競爭對手，擴大市場份額佔有率，增強競爭能力。比如：可口可樂併購匯源果汁消除競爭對手。

（2）提高議價能力，提高盈利能力，可以形成壟斷地位，控制市場。

5. 降低經營風險

多元化經營可以降低經營風險——「雞蛋不要放在一個籃子裡」。

【例6】成都置信公司除房地產外，還進入汽車銷售產業，在房地產低迷時迎來新發展。

6. 獲取價值被低估的公司

一些公司的無形資產（如劃撥土地、營銷網絡、品牌等）未納入會計報表，公司價值被嚴重低估，一旦收購會大大獲利。

（二）發揮協同效應

1. 經營協同

【備註】協同效應：1+1>2；等效效應：1+1=2；內耗效應：1+1<2。

（1）規模經濟：因固定成本具有攤薄的效應，規模擴大協同效益顯現，但是受到邊際收益遞減規律制約，當規模達到一定臨界點，將導致規模不經濟。

（2）縱向一體化：減少中間環節，節約交易成本，加強協作，提高效率。

【例7】摩根併購卡內基鋼鐵，實現縱向合併，完成經濟結構的調整。19 世紀 60 年代，美國金融家摩根計劃進入鐵路業，盡可能多地收購鐵路，排擠競爭對手，到 1900 年，摩根控制了美國 17.3 萬千米的鐵路，而他的最大的競爭對手僅控制了 3.3 萬千米的鐵路，摩根成為當之無愧的鐵路大王。但修建鐵路需要鋼材，而當時鋼鐵廠被鋼鐵大王卡內基壟斷，為了更加提高企業效率，卡內基的助手施瓦布在一次講演中提出了企業縱向合併理論，啟發了摩根，使摩根決心收購卡內基的鋼鐵廠，正好卡內基有意退出鋼鐵業，摩根當時給出了 4.2 億美元的天價成功併購了卡內基的鋼鐵廠，從而完成了縱向併購，實現經濟結構戰略性調整，摩根借此控制著美國的經濟。

（3）市場壟斷：橫向併購將減少競爭對手，獲取市場壟斷力，但是不能違背反壟斷法。

（4）資源互補：取長補短，相得益彰。

【例8】2018 年 IBM 併購紅帽，IBM 的優勢是傳統數據的中心市場；紅帽的優勢是雲計算，兩者互補，如虎添翼。

2. 管理協同

（1）充分利用過剩的管理資源，節約管理費用。

（2）提高運行效率。根據差別效率理論，併購將效率提升到最優水準。

3. 財務協同
（1）企業內部現金流量更加充足，在時間分佈上更為合理。
（2）可以選擇更有效益的投資機會。
（3）籌資能力提高，籌資費用降低。
（4）合理避稅。
【例9】 A公司本期盈利1,000萬元，B公司本期虧損800萬元，如果合併為一個納稅主體，則虧損彌補後根據200萬元為基礎納稅，可以減少稅負。

二、企業併購的類型

（一）根據併購後法人地位變化情況劃分
1. 收購控股：A+B=A 控制 B
2. 吸收合併：A+B=A
3. 新設合併：A+B=C

（二）併購雙方行業相關性劃分
1. 橫向併購
橫向併購是指產品、生產工藝相同或相近，實質上是同行業競爭對手之間的併購。
【例10】 攀鋼集團併購成都無縫鋼管廠成立攀成鋼。
【例11】 石油行業內的原有開採、石油精煉、化工與石油製品的銷售企業之間的併購。

2. 縱向併購
（1）含義。縱向併購是指同一產品供應商、生產商、營銷企業之間的併購，即同一產品處於不同階段的企業之間併購。縱向併購發生在同一產品的產業鏈上。
（2）分類。
①前向一體化，前向一體化是指併購下游企業（客戶），控制銷售網絡。
【例12】 某石化煉油企業併購加油站。
②後向一體化，是指併購上游企業獲取原材料供應（供應商）。
【例13】 2010年中石油斥資25億元收購英國塔洛石油烏干達油田股份。

3. 混合併購
混合併購，即非競爭對手又非潛在客戶、供應商之間的併購。其實質是跨行業的併購。
【例14】 1982年可口可樂公司花費7.5億美元併購哥倫比亞影業公司；2019年4月大連萬達集團併購美國傳達影業公司。

三、根據併購雙方的意願劃分

1. 善意併購
善意併購是指雙方協商一致的併購。
【例15】 李嘉誠的長江實業與和記黃埔集團頻頻收購跨國企業、華資企業，均採用善意併購。李嘉誠說道：「我喜歡友善交易，這是我的哲學；錢要賺，但原則也要講。」

2. 敵意收購

敵意收購是指不協商，突然襲擊的收購。

【例16】1993年深圳寶安集團惡意收購上海延中實業公司15.98%的股權，不按規定及時對外公告，在證監會的協調下，該風波才得以平息，1993年10月22日證監會肯定寶安購入延中實業股票是市場行為，持股有效，但針對寶安公司信息披露不及時的做法處以100萬元罰款。

四、按併購形式劃分

(1) 間接收購：收購目標為企業大股東。

【例17】甲公司通過收購A公司的大股東乙公司，從而間接控制A公司。

(2) 要約收購：當擁有被併購企業30%以上的股份時，應以特定價格（高於市場的價格）向所有股東發出收購要求。

(3) 二級市場收購：在二級市場上購買目標企業的股票實現控股，如在證交所購買。

(4) 協議收購：雙方協商收購。

(5) 股權拍賣收購：如通過司法程序拍賣國有股權。

五、按照併購支付方式分

(1) 現金支付式併購：支付現金直接購買淨資產或直接購買股權。

(2) 股權支付式併購：發行自己的股票換取被併購企業的股權。

【例18】M公司發行本公司普通股股票1,000萬股給甲公司，以交換甲公司持有的全資子公司A公司1,000萬股股票，交換後股權結構為：甲公司—M公司—A公司。

(3) 混合支付式併購。

第二節　併購流程

併購的一般流程（9步）：

(1) 制定併購戰略規劃。

(2) 選擇併購對象。

(3) 發出併購意向書，該步驟不是法律要求的必經程序。

(4) 進行盡職調查。調查主要包括註冊會計師進行的商業、財務、稅務調查及律師進行的法律調查等。

(5) 交易方案設計和進行價值評估。需要確定四個方面的價值，即併購企業的價值、被併購企業的價值、併購整體企業價值及併購淨收益，最終形成交易底價。

(6) 開展併購談判，擬訂併購合同。

(7) 做出併購的可行性決策。

可行性決策的原則：併購淨收益大於0。

① 併購收益＝併購整體企業的價值－併購前併購企業的價值－併購前被併購企業的價值

②併購淨收益＝併購收益－併購溢價－併購費用

或＝併購整體企業的價值－併購前併購企業的價值－併購買價－併購費用

③併購溢價＝併購買價－併購前被併購企業的價值

【例19】2018年甲公司準備併購乙公司100%的股權，甲公司的估計價值為20億元，乙公司的估計價值為5億元，甲公司收購乙公司後，兩家公司經過整合，價值將達到28億元，乙公司要求的股權轉讓的出價為6億元。甲公司預計在併購價款外還要發生審計費、評估費等併購交易費用0.8億元。

要求：對本案例財務可行性進行決策。

【解析】

（1）計算併購收益＝併購後整體價值28－併購前價值（20+5）＝3（億元）

（2）併購溢價＝併購買價6－併購前被併購方價值5＝1（億元）

（3）併購淨收益＝併購收益3－併購溢價1－併購費用0.8＝1.2（億元）

或：併購淨收益＝併購後整體價值28－併購前併購方價值20－併購買價6－併購費用0.8＝1.2（億元）

（4）決策：因為併購淨收益大於0，所以該項併購可行。

併購雙方形成併購決議，履行董事會、股東大會等審批程序。

（8）完成併購交易。

①簽署併購合同。

②支付併購對價。

③辦理併購交接，主要包括產權、財務、管理等交接，變更登記、發布公告等事宜。

（9）進行併購整合，即戰略整合、管理整合、財務整合、人力資源整合、企業文化整合及其他方面的整合。

第三節　企業併購價值評估

一、價值評估的主要內容

價值評估主要包括併購價值評估及確定併購交易定價。

（1）併購價值評估，包括併購方、被併購方、併購後的整體企業的價值評估以及評估併購淨收益。

（2）確定併購交易定價。

二、價值評估的主要方法

（一）收益法

1. 含義

收益法也叫折現現金流量法，即企業價值等於未來現金淨流量的現值。

2. 步驟

（1）第一步：確定企業自由現金流量 FCF。

（2）第二步：確定加權平均資本成本作為折現率。

（3）第三步：計算企業價值＝有限期部分的現值＋無限期部分的現值。

3. 企業自由現金流量解析

（1）企業所得稅稅率：用字母 T 代表。

（2）資本淨支出：資本淨支出就是資本性支出，包括購建固定資產、無形資產、發生長期待攤費用及其他資產上的新增支出等。在計算自由現金流量時，使用資本淨支出的概念＝資本支出－折舊及攤銷。

（3）淨營運資本增加：淨營運資本增加指流動資本增加淨額＝流動資產的增加－流動負債的增加。

（4）企業自由現金流量＝EBIT×（1－T）＋折舊及攤銷－資本淨支出－淨營運資本的增加。

【注意】這裡的企業自有現金流量是指實體流量，包括債權人和股東的現金流量之和。

（5）息稅前利潤（EBIT）＝主營業務收入×（1－折扣和折讓）－主營業務成本－稅金及附加－管理費用－營業費用

（6）稅後淨營業利潤＝EBIT×（1－T）＝淨利潤＋利息費用×（1－T）

【注意】比較息稅前利潤、利潤總額、淨利潤和稅後淨營業利潤的區別。

【例20】甲公司本期營業收入 100 萬元，營業成本、稅金及附加、管理費用、營業費用合計 80 萬元，利息費用為 10 萬元，所得稅稅率為 25%，請計算息稅前利潤、利潤總額、淨利潤和稅後淨營業利潤。

【解析】

①息稅前利潤 EBIT＝100－80＝20（萬元）（萬元）

②利潤總額 EBIT－I＝20－10＝10（萬元）

③淨利潤（EBIT－I）×（1－T）＝（20－10）×（1－25%）＝7.5（萬元）

④稅後淨營業利潤＝EBIT×（1－T）＝20×（1－25%）＝15 萬元

或：稅後淨營業利潤＝淨利潤＋利息費用×（1－T）＝7.5＋10×（1－25%）＝15（萬元）

4. 加權平均資本成本解析

（1）債務資本成本＝債券票面利率×（1－所得稅稅率）

【注意】上述公式未考慮債務籌資費用。

（2）確定權益資本成本，主要採用資本資產定價法。

公式一：$R_i = R_f + \beta_1 (R_m - R_f)$

R_f 為無風險收益率，R_m 為股票市場的平均報酬率，（$R_m - R_f$）為風險溢價或風險酬，β_1 為考慮負債的貝塔係數。β_0 代表無負債的貝塔係數，將 β_0 調整為 β_1 是採用哈馬達方程式。

公式二（哈馬達方程式）：$\beta_1 = \beta_0 \times [1 + (1-T) \times D/E]$。

即，有負債的貝塔係數＝無負債的貝塔係數×［1＋（1－所得稅稅率）×負債的市場價值/權益的市場價值］＝無負債的貝塔係數×［1＋（1－所得稅稅率）×產權比率］

【例21】假定無風險報酬率 R_f＝3.65%，股票市場的平均報酬率為 R_m＝10.62%，

無負債的 β_0 為 1.28，假定某公司的資本結構為：負債市場價值/權益市場價值 = 0.55，適用企業所得稅稅率 25%，請你根據哈馬達方程式計算該公司的貝塔系數，按照資本資產定價模型計算權益資本成本。

【解析】
$\beta_1 = \beta_0 \times [1+(1-T) \times D/E] = 1.28 \times [1+(1-25\%) \times 0.55] = 1.808$
$R_i = R_f + \beta_1 \times (R_m - R_f) = 3.65\% + 1.808 \times (10.62\% - 3.65\%) = 16.25\%$

（3）確定加權平均資本成本率。

公式：加權平均成本 = 股權市值比重 × 權益資本成本 + 債券市值比重 × 債務資本成本

5. 分段折現，然後合計得到企業價值

【歸納】企業價值 V_0 = 高速增長階段現值（有限期部分的現值）+ 穩定增長階段的現值（無限期部分的現值）

【例22】某公司預計未來 3 年 FCF 將按每年 20% 遞增，在此後轉為正常增長，增長率為 12%，公司目前的 FCF_0 為 2 萬元，折現率為 15%，請計算公司價值。

【解析】
（1）$FCF_0 = 2$
$FCF_1 = 2 \times (1+20\%) = 2.4$
$FCF_2 = 2.4 \times (1+20\%) = 2.88$
$FCF_3 = 2.88 \times (1+20\%) = 3.456$

（2）首先求前 3 年的折現值：
$P_0 = 2.4 \times (P/F, 15\%, 1) + 2.88 \times (P/F, 15\%, 2) + 3.456 \times (P/F, 15\%, 3)$
$= 2.4 \times 0.870 + 2.88 \times 0.756 + 3.456 \times 0.658 = 6.539$（萬元）

（3）求第 4-n 年的折現值。先折現到第 3 年年末，再折現到第 1 年年初。

【歸納】預測期末終值（無限期部分）的計算模型為：

$TV_n = \dfrac{FCF_{n+1}}{r_{wacc} - g_{FCF}} = \dfrac{FCF_n \times (1 + g_{FCF})}{r_{wacc} - g_{FCF}}$

因此，$TV_3 = \dfrac{FCF_4}{r_{wacc} - g_{FCF}} = \dfrac{FCF_3 \times (1 + g_{FCF})}{r_{wacc} - g_{FCF}} = \dfrac{3.456 \times (1 + 12\%)}{15\% - 12\%} = 129.02$（萬元）

TV_3 再折現到 $P_1 = V_3 \times (P/F, 15\%, 3) = 129.02 \times (P/F, 15\%, 3)$
$= 129.02 \times 0.658 = 84.90$（萬元）

（4）求總現值 $V_0 = P_0 + P_1 = 6.539 + 84.90 = 91.439$（萬元）。

（二）可比企業法

1. 市盈率乘數

公式：目標企業股權價值 =（目標企業稅後利潤 - 非經常性損益）× 可比企業的預測市盈率

【例23】甲公司發行普通股 1 億股，甲公司每股收益為 1.5，同類企業乙公司的預測市盈率為 15，求甲公司的股權價值。

【解析】$V = 15 \times 1.5 \times 1$ 億 = 22.5（億元）

【例24】（2015 年考試題）甲公司擬併購 F 公司，經過盡職調查發現：F 公司近年來盈利能力持續下降，預計 2015 年的淨利潤為 11,500 萬元（含一次性政府補助 1,500 萬元），可比企業的市盈率為 20 倍，雙方商定的初步交易對價為 22 億元。要求：

運用可比企業分析法計算 F 公司的企業價值,並說明如何選擇可比企業。

【解析】F 企業的價值=（11,500-1,500）×20=200,000（萬元）=20（億元）

2. EV/EBITDA 乘數（息稅折舊攤銷前利潤）

公式：目標企業價值=目標企業的息稅折舊攤銷前利潤×可比企業 EV/EBITDA 乘數

【例25】A 公司 EBITDA 為 3,500 萬元,同類企業 EV/EBITDA 乘數為 6.5,求 A 公司價值。

【解析】EV=3,500×6.5=22,750（萬元）

3. EV/EBIT 乘數

公式：目標企業價值=目標企業的息稅前利潤×可比企業 EV/EBIT 乘數

【例26】乙公司的 EBIT 為 2 億元,同類企業丙公司的 EV/EBIT 乘數為 5,求乙的公司的價值。

【解析】V=2×5=10（億元）

4. EV/FCF 乘數（自由現金流量）

公式：目標企業價值=目標企業的息稅前利潤×可比企業 EV/FCF 乘數

【例27】丁公司的 FCF 為 2 億元,同類企業 M 公司的 EV/FCF 乘數為 10,求丁公司的價值。

【解析】V=2×10=20（億元）

（三）可比交易分析法

1. 支付價格/收益比=併購者支付的價格/稅後利潤

目標企業的價值=支付價格/收益比×目標企業當前的稅後利潤

【例28】甲公司併購乙公司,已知乙公司的稅後利潤為 10 億元,採用行業支付價格/收益比=3/1,求乙公司的價值。

【解析】乙公司的價值=10×3=30（億元）

2. 帳面價值倍數=併購者支付的價格/淨資產價值

目標企業的價值=帳面價值倍數×目標企業當前的淨資產價值

【例29】甲公司併購乙公司,已知乙公司的當前淨資產價值為 10 億元,採用行業帳面價值倍數 5,求乙公司的價值。

【解析】乙公司的價值=10×5=50（億元）

3. 市場價值倍數=併購者支付的價格/股票的市場價值

目標企業的價值=市場價值倍數×目標企業當前的股票的市場價值

【例30】甲公司併購乙公司,已知乙公司的當前股票市場價值為 10 億元,採用行業市場價值倍數 10,求乙公司的價值。

【解析】乙公司的價值=10×10=100（億元）

（四）成本法

1. 帳面價值法

公式：企業價值=財務報表帳面淨資產價值

2. 重置成本法

根據現有水準購買同樣的資產或重建一個同樣的企業所要的資金估算該企業的價值。

（1）公式：企業價值＝總資產重置成本－負債的價值
（2）總資產重置成本的計算辦法：
①價格指數調整：根據資產帳面價值×價格指數＝重置價值
【例31】甲企業總資產帳面價值為100億元，價格指數為1.1，負債價值為20億元，估計企業價值。
【解析】企業價值＝100×1.1－20＝90（億元）
②逐項調整法：根據資產帳面價值×價格指數×技術貶值系數＝重置價值
【例32】甲企業總資產帳面價值為100億元，價格指數為1.1，技術貶值系數為0.8，負債價值為30億元，估計企業價值。
【解析】企業價值＝100×1.1×0.8－30＝58（億元）
3. 清算價格法
企業喪失整體功能後對資產處置的價格估算。也就是將資產拆零後變賣。類似收荒匠把家用電器拆散，搜集有用的零件進行變賣。
公式：企業價值＝企業清算淨收入＝出售企業所有部門和全部固定資產的收入－應付債務價值
【例33】某企業清算出售企業所有部門和全部固定資產的收入為30億元，企業負債為16億元，估計企業價值。
【解析】企業價值＝30－16＝14（億元）

第四節　併購融資與對價支付

一、併購融資渠道

（一）內部籌資渠道
（1）企業自有資金，包括留存收益、閒置資產變賣收入及應收帳款等。
（2）企業應付稅款、利息、應付帳款、應付職工薪酬等。
（二）外部籌資渠道
1. 直接融資
（1）含義。直接融資是指資金需求者和資金提供者直接見面籌措資金，不通過仲介。
（2）具體方式包括發行普通股、企業債券、可轉換公司債券、認購股權證等。
2. 間接融資
（1）含義。間接融資的流程為：資金需求者—仲介—資金提供者，需要金融機構等仲介介入。
（2）具體方式有貸款、信託等。
【例34】2010年中國民營企業吉利集團支付18億美元從美國福特汽車公司手中收購瑞典沃爾沃汽車公司100%的股權，另外籌資7.5億美元作為發展沃爾沃品牌的營運資金。其資金來源包括境外籌集資金50%（美國、歐洲、中國香港等地），境內籌資50%（包含自有資金25%以及從中國銀行浙江分行、倫敦分行，中國進出口銀行貸款籌資25%），綜合運用了內部融資和外部融資、直接融資和間接融資方式。

二、併購融資方式

（一）債務融資

1. 併購貸款

併購貸款是指專門用於併購目的的貸款。中國銀監會 2008 年 12 月 6 日發布了《商業銀行併購貸款指引》，2015 年又印發《商業銀行併購貸款風險管理指引》再一次規定：併購貸款用於支持中國境內併購企業通過受讓現有股權、認購新增股權或收購資產、承接債務方式以實現合併或實際控制設立並持續經營的目標企業。

2. 票據融資

（1）分類。商業匯票按照承兌人的不同分為商業承兌匯票和銀行承兌匯票兩種。

（2）融資方式。

第一，用票據直接支付貨款，視為融資。

第二，用票據貼現或轉讓後獲取現金，再完成支付。

【備註】票據貼現：賣給銀行；票據轉讓：背書給後手。

3. 債券融資

（1）抵押債券。抵押債券是指以財產為抵押擔保物發行的債券。

（2）信用債券。信用債券是指無擔保債券。

（3）無息債券。無息債券的票面利率＝0，但以低於票面值的金額發行的債券。

（4）浮動利率債券。浮動利率的利率水準波動。

（5）垃圾債券。併購方以被併購方的資產作為抵押，發行債券，通過投資銀行承銷，保險公司和風險投資機構購買。由於被併購方的資產存很大的風險，好像「垃圾裡淘黃金」，所以叫作垃圾債券。

4. 租賃

按照出租人資產的來源不同，租賃可分類為直接租賃、轉租賃和售後租回。

【例 35】售後租回：甲公司擁有設備一套價值 5,000 萬元，出售給乙租賃公司獲得現金，同時以每年 1,200 萬元的租金為代價再從乙公司租回，請分析該方式對雙方的有利之處。

【解析】甲公司獲得了現金，以第一年為例，5,000-1,200＝3,800 萬元，同時繼續佔有設備，生產活動不中斷，如果盈利較好完全可以覆蓋租金。乙公司獲得設備產權，同時獲得較高收益，兩全其美。

（二）權益性融資

（1）發行新股併購：併購方先發行股票獲得資金，再用資金去收購被併購方。

（2）換股併購，也叫交換股份。

【例 36】甲公司擬併購乙公司的子公司丙，甲公司發行本公司股票給乙公司，乙公司將持有的丙公司股票轉讓給甲公司，換股後，股權關係演變為：乙—甲—丙。

（三）混合性融資

1. 可轉換債券

（1）優點：①靈活性高；②報酬率較低；③可獲得較為穩定的長期資本供應。

（2）缺點：

①市場上股價過高於可轉換債券的轉股價格，將導致企業蒙受損失。
②市場上股價過低於可轉換債券的轉股價格，將導致轉股無法完成。
③轉股順利完成，會稀釋原有股東的控制權。

【例37】甲公司平價發行可轉換債券1億元，每份面值為100元，票面年利率為2%，期限3年。轉換標的股票為甲公司的普通股，假定轉股價格為每股100元，目前轉換期限臨近，股票市場價格已經升至每股210元，請分析對甲公司的轉換活動將造成何種影響。

【解析】假定甲公司順利轉股，將發行普通股=1億元/100元=100（萬股），如果直接按市場價格發售股票，將獲得資金=100萬股×210元=2.1（億元），如果按照可轉換債券轉股將獲得資金=100萬股×100元=1億元，將損失=2.1-1=1（億元）。

2. 認股權證
認股權證屬於看漲期權，類似一張優惠券，可以以較低的價格購入普通股。

【例38】寶鋼公司認股權證
標的股票：寶鋼公司股票
發行人：寶鋼集團公司
存續期：自認購權證被劃入流通股東帳戶之日起算，含該日即2005年8月18日至2006年8月30日，共378天。
權證類型：歐式認股權證，即權證持有人在最後一天2006年8月30日行權。
發行和上市數量：38,770萬份。
行權比例：1:1。
行權價格：4.5元。
結算方式：證券給付方式結算，即寶鋼集團公司按行權價格4.5元和1:1的比例計算的價款，向行權者收取現金並支付股份。

假定某股民購買了寶鋼認股權證1萬份，每份認股權證的購買價為0.3元，當股票市價為6元時，該股民是否行權？計算所獲淨收益；如果股票市價為4元，是否行權？股民的淨損失如何？

【解析】
（1）當股票市價為6元時：
股民持有的認股權證到期日價值=Max（每股股票市價-每股執行價，0）×份數=Max（6-4.5，0）×10,000=15,000（元），該股民行權。淨收益=到期日價值-權證購買價=15,000-3,000=12,000（元）
（2）當股票市價為4元時：
股民持有的認股權證到期日價值=Max（每股股票市價-每股執行價，0）×份數=Max（4-4.5，0）×10,000=0（元），股民棄權。
淨收益=到期日價值-權證購買價=0-3,000=-3,000（元）

3. 優先股
中國證監會2014年3月21日出拾的《優先股試點管理辦法》有關規定如下：
（1）可以公開或不公開發行優先股。
（2）公開發行作為支付手段僅可用於收購或吸收合併其他上市公司的情形。
（3）可以嵌入個性化條款，比如嵌入回購條款。

(4) 中國優先股屬於固定股息、累計優先股、不可參加優先股、不可轉換優先股。
(5) 發行條件：不超過普通股的50%，籌資金額不超過發行前淨資產的50%。

(四) 其他特殊融資方式

1. 過橋貸款

過橋貸款是指投資銀行為了促進併購交易迅速達成而提供的貸款。這筆貸款日後由併購企業公開發行的高利率、高風險債券所得款項，或以併購完成後收購者出售部分資產、部門或業務等所得的資金進行償還。中國銀行開展的委託貸款實質上也屬於過橋貸款。

2. 槓桿收購

槓桿收購是指併購企業主要以借款方式購買被併購企業的產權，繼而以被併購企業的資產或現金流來償還債務的方式。

【例39】甲公司擁有自有資金2,000萬元，在某銀行貸款8,000萬元，併購了乙公司，然後以乙公司未來的收入歸還銀行貸款本息。

3. 賣方融資

賣方融資即我借錢給你買我的資產。比如：甲某作為購買者貸款買房，叫作買方信貸；如果開發商借款給購房者，或者為購房者提供擔保獲得銀行貸款用於購房，就是賣方融資。

4. 信託

信託是指從信託機構融資併購某企業，然後利用被併購企業的現金流歸還信託貸款。信託資金貸款最高可達30億元人民幣。

【例40】2003年1月29日，全興集團管理層 (18人) 從成都衡平信託籌集2.7億元資金，交付成都市國資管理部門收購全興集團66.7%的國有股份，最後以分期出讓股權給法國洋酒商帝亞吉歐，獲取現金流歸還成都衡平信託。

5. 資產證券化

(1) 傳統融資與資產證券化的區別。

傳統融資是以融資者的整體信用和全部資產為支撐，而資產證券化是以融資者的部分資產為支撐。傳統融資好比拿一頭生豬去融資，而資產證券化猶如拿一只火腿去融資。

傳統融資比較注重融資者現時的信用水準，資產證券化比較注重資產未來的預期收益。

(2) 類型。

①資產支持證券 (Asset Backed Securities，簡稱ABS)。

流程：原始權益人出售資產—特設機構 (比如某商業銀行、投資銀行) 支付購買價款—該特設機構發行債券，投資人購買—特設機構利用資產的現金流或處置收益還本付息。

【例41】以出售資產的收益為支撐發行債券

原始權益人哈爾濱市城建投資集團公司以二環路、軌道交通、越江隧道、三環路為資產池，將該資產池出售給特設機構 (哈爾濱商業銀行或哈爾濱城市交通建設資金管理中心)，該特設機構發行債券 (或叫作資產支持收益憑證)，通過上海市海通證券公司承銷，個人和投資基金進行購買。特設機構以資產池的未來現金流或資產處置收

益為支持，支付投資者本金和利息。

②抵押支持證券（Mortgage Backed Securities，簡稱 MBS）。

流程：原始權益人抵押資產—特設機構（比如某商業銀行、投資銀行）提供貸款—該特設機構發行債券，投資人購買—特設機構利用抵押資產的現金流或處置收益還本付息。

【例42】以抵押資產的收益權為支撐發行債券

某公司總資產為 200 億元，總負債為 180 億元，淨資產為 20 億元。從該公司的整體信用來看，償債能力較差，無法融資。但是該公司可以單獨分立一些資產組合（比如高速公路），以其未來的收費權為抵押向特定機構（比如商業銀行、信託機構等）進行貸款，該特定機構再向社會發行債券融資，並且該資產組合與該公司的其他負債不發生關聯，成為封閉運行的一個板塊。還款程序是：高速公路收費收入首先歸還特定機構的借款本息，然後該特定機構再歸還債券持有者本息。如果高速公路收費減少或者停止，債務危機就爆發了。

三、併購對價的支付

（一）現金支付

1. 以現金購買資產

【例43】北京林德國際運輸有限公司 2007 年支付 11 億元人民幣購買德國帕西姆機場 100% 的股權及附屬土地，建立物流倉儲及中轉中心。

2. 以現金購買股權

【例44】全球最大的鋼鐵製造商米塔爾公司 2005 年支付 3.8 億美元收購湖南華菱管線股份有限公司 36.67% 的股權。

（二）股權支付

1. 以股權換取資產

【例45】阿里巴巴以自身 40% 的股權換取雅虎中國的全部資產。換股後，雅虎持有阿里巴巴 40% 股權，阿里巴巴則持有雅虎中國的全部資產。

2. 以股權換取股權

換股比例的確定是關鍵。

（1）每股淨資產之比：換股比例＝目標企業當前的每股淨資產／併購企業當前的每股淨資產

【例46】併購公司目前每股淨資產為 10 元，被併購企業每股淨資產為 5 元，換股比＝5/10＝0.5

（2）每股收益之比：換股比例＝目標企業當前的每股收益／併購企業當前的每股收益

【例47】併購公司目前每股收益為 5 元，被併購企業每股收益為 0.5 元，換股比例＝0.5/5＝0.1

（3）每股市價之比：換股比例＝目標企業當前的每股市價／併購企業當前的每股市價

【例48】併購公司目前每股市價為 40 元，被併購企業每股市價為 50 元，換股比例＝50/40＝1.25

（三）混合支付：現金+股權支付

【例49】分眾傳媒以現金2.3億美元和7,700萬股分眾傳媒原始股收購聚眾傳媒。

（四）其他支付方式

1. 債權轉股權方式
2. 承擔債務方式
3. 無償劃撥方式

【例50】2007年8月中國鋁業無償接受甘肅省國資委持有的蘭州鋁業100%的國有股權。

第五節　併購後的整合

一、戰略整合

戰略整合包括總體戰略整合、經營戰略整合和職能戰略整合。

戰略整合的重點：戰略業務重組堅持集中優勢資源，突出核心能力和競爭優勢。如美國強生併購中國大寶化妝品。

二、管理整合

1. 管理思想整合

【例51】中國和外國的管理思想不同：中國認為「人性本善」，注重人文關懷，外國認為「人性本惡」，外國比較重視制度管人。因此，中外企業的併購要注意管理思想的差異。

2. 管理制度整合

管理制度整合是指制度法規統一，比如行政管理制度的統一。

3. 管理機制整合

管理機制整合包括決策、執行、監督的運行機制的整合。

三、財務整合

財務整合的內容：

（1）財務管理目標整合。
（2）會計人員及組織機構整合。
（3）會計政策及會計核算體系的整合。
（4）財務管理制度體系的整合。
（5）存量資產的整合。
（6）資金流量的整合。
（7）業績評估考核體系的整合等。

四、人力資源的整合

人力資源應按照平穩過渡、保護人才、多種組合的原則進行整合。避免「一代天子，一朝臣」的大清洗。

【例 52】TCL併購法國湯姆遜公司失敗，主要原因在於未能留用原有高級管理人員。TCL集團自身人員占大多數，導致一部分法國員工離職，剩餘員工也不配合。

五、企業文化整合

文化整合的關鍵是認識不同文化的差異性，加強文化的繼承、溝通、融合和創新。

【例 53】成功的案例：聯想併購IBM後，面臨的是艱難的文化整合。中西方高管的文化衝突明顯，略舉幾個事例：

（1）中國高管解決矛盾通常會找共同的上級，而美國人遇到矛盾一般是由下屬自己解決。

（2）整合之前的聯想得到總裁楊元慶的表揚很不容易，如果楊元慶說「不錯」，當事人比得到獎金還高興；而美國高管經常會表揚你「做得好」，對每個人都那樣說。

（3）中國高管很難開口對老板談給自己加薪的事，「世間自有公道，付出就有回報。」合併後發現，美國人加薪，會理直氣壯地找老板。

韋爾奇說過，企業最大的變革成功就是「排除異己」，即消除價值觀不同的人，柳傳志經歷中西方高管的文化衝突後認清了文化整合的關鍵：統一高層價值觀。最後，新聯想建立了共同價值觀：盡心盡力，說到做到。

【例 54】失敗的案例：2005年10月臺灣明基併購西門子的手機業務，因未能成功改變西門子「慢工出細活」的作風，文化灌輸失敗，終於釀成虧損6億元的苦酒。

第六節　企業合併會計

第一部分　概述

一、企業合併的概念

企業合併是指兩個或兩個以上的報告主體合併形成一個報告主體。企業合併具有兩個條件：

（1）其必須取得控制權，包括控股合併和吸收合併。

（2）被合併單位要構成業務。如果被合併對象為「空殼公司」，則不屬於企業合併準則核算的範圍，應按照權益性交易的原則處理。

【注意】構成業務是指資產、負債的組合具有加工、產出的能力。僅僅具有貨幣資金和實收資本的公司不構成業務，通常叫「空殼公司」。

二、會計準則對企業合併的分類

(1) 同一控制下的企業合併：合併前後的最終控制者相同。同一控制下的企業合併包括控股合併和吸收合併。

【例 55】 甲、乙均為 A 公司的子公司，甲收購乙公司 80% 的股份，乙公司成為甲公司的子公司及 A 公司的孫公司，則乙在合併前後均受 A 公司的最終控制。

(2) 非同一控制下的企業合併：合併前後的最終控制者不相同。非同一控制下的企業合併也包括控股合併和吸收合併。

【例 56】 甲為 A 公司的子公司，乙為 B 公司的子公司；A、B 為兩大企業集團。如果甲收購了乙 100% 的股份。則乙公司在合併後成為甲公司的子公司，不再受 B 公司的控制，而受 A 公司的最終控制。

三、計量模式

同一控制下的企業合併採用帳面價值模式計量；而非同一控制下的企業合併採用公允價值模式計量。

第二部分　同一控制下的企業合併

一、合併日的判斷標準

合併方取得被合併方控制權的日期為合併日，具體標準有 5 條（與購買日的判斷標準相同）。

(1) 企業合併合同或協議已經獲得股東大會通過。
(2) 企業合併事項需國家有關部門批准的已經獲得批准。
(3) 參與合併各方已經辦理了必要的財產權轉移手續。
(4) 合併方或購買方已經支付了大部分價款（超過 50%），並有能力、有計劃支付剩餘款項。
(5) 購買方實際上已經控制了被購買方的財務政策和經營政策，並享有相應的收益和風險。

二、同一控制下的控股合併

（一）控股合併的處理原則

(1) 資產和負債的計量：合併方從被合併方取得的資產、負債，按原帳面價值計量（包括原來已經確認的商譽），合併中不產生新的資產和負債。
(2) 長期股權投資初始投資成本等價於合併日被合併方所有者權益在最終控制方合併報表中帳面價值的份額。其目的是保持集團的會計政策統一。
(3) 合併差額：合併方支付對價−享有的被合併方淨資產帳面價值份額＝調整資本

公積（資本溢價），資本公積（資本溢價）不足衝減的部分，調整留存收益。

【注意】該差額首先反應在母公司的個別報表中；在合併報表中因為長期股權投資初始成本和擁有的被合併方的所有者權益的帳面價值的份額相同，並且進行了抵銷，所以上述差額被母公司代入了合併報表。

【例57】P公司2009年從乙公司購入其全資子公司B公司的100%的股權。2010年12月31日P公司下屬全資子公司A公司支付現金10億元，又從P公司手中收購了B公司的全部股權，假定合併日B公司在最終控制者P公司合併報表中的總資產的帳面價值為20億元，總負債的帳面價值為8億元，淨資產的帳面價值為12億元。要求編製合併方A公司的會計分錄。

【解析】借：長期股權投資　　　　　　　　　　　1,200,000,000
　　　　貸：銀行存款　　　　　　　　　　　　　1,000,000,000
　　　　　　資本公積——資本溢價　　　　　　　　200,000,000

（二）合併日個別報表的核算：長期股權投資初始成本的會計處理（成本法）

（1）以支付現金、轉讓非現金資產或承擔債務方式作為合併對價，按照合併日所取得被合併方在最終控制方合併報表中淨資產的帳面價值份額作為長期股權投資的初始成本。

【例58】甲公司2014年1月1日支付現金1億元，取得同一集團內部乙公司80%的股權，已知當日乙公司在最終控制者合併報表中所有者權益的帳面價值為4億元。要求編製甲公司的會計分錄。

長期股權投資=400,000,000×80%=320,000,000（元）

【解析】借：長期股權投資　　　　　　　　　　　320,000,000
　　　　貸：銀行存款　　　　　　　　　　　　　100,000,000
　　　　　　資本公積——資本溢價　　　　　　　　220,000,000

（2）以發行權益性證券作為合併對價的，應當按照合併日取得被合併方在最終控制者合併報表中的所有者權益帳面價值的份額作為長期股權投資的初始成本。

【例59】2008年6月30日，P公司向同一集團內S公司原股東M定向發行1,500萬股普通股（每股面值為1元，市價13.02元），取得S公司100%的股權，並於當日起能夠控制S公司。合併日S公司在最終控制者帳面所有者權益總額為6,606萬元。

會計分錄：
借：長期股權投資　　　　　　　　　　　　　　　66,060,000
　貸：股本　　　　　　　　　　　　　　　　　　15,000,000
　　　資本公積——資本溢價　　　　　　　　　　　51,060,000

【注意】

（1）如果合併日被合併方在最終控制者合併報表中的淨資產為負數，則合併方長期股權投資初始成本按照0來確定，同時在備查簿中進行登記。

（2）如果被合併方在本次合併前是最終控制者通過非同一控制下的企業合併所控制的，本次合併的長期股權投資初始成本=被合併方在最終控制者合併報表中淨資產的帳面價值的份額+商譽。

【例60】甲公司以一項固定資產和一項無形資產作為對價取得同一集團（黃河集團）內乙公司100%的股權，該固定資產和無形資產的帳面價值分別為700萬元和400萬元，

公允價值分別為 800 萬元和 500 萬元。合併日乙公司所有者權益帳面價值為 1,300 萬元，相對於最終控制者而言的帳面價值為 1,400 萬元，黃河集團原合併乙公司時產生的商譽為 200 萬元，假定不考慮增值稅等相關稅費，甲公司在確認對乙公司的長期股權投資時，應當確認的資本公積為多少萬元？

【解析】支付對價-享有被合併方淨資產的份額+商譽
=（700+400）-（1,400+200）= -500（萬元）

會計分錄：

借：長期股權投資	16,000,000
貸：固定資產	7,000,000
無形資產	4,000,000
資本公積——資本溢價	5,000,000

所以，應該確認資本公積——資本溢價 500 萬元。

（三）合併日合併財務報表的編製

1. 要編製合併資產負債表、合併利潤表、合併現金流量表

【例61】甲、乙公司同為集團 M 公司的子公司，同時成立於 2010 年 1 月 1 日，2015 年 3 月 1 日，甲公司從 M 公司收購了乙公司的全部股份，要求回答：

(1) 合併日 2015 年 3 月 1 日編製哪些合併報表，起止時間如何？

(2) 合併日後的 2015 年 12 月 31 日編製哪些合併報表，起止時間如何？

【解析】如表 8-1 所示。

表 8-1

項　目	合併資產負債表	合併利潤表	合併現金流量表
合併日（2015 年 3 月 1 日）	要編製，自 2010 年 1 月 1 日起到 2015 年 3 月 1 日。2015 年的年初數要調整	要編製，自 2015 年 1 月 1 日至 2015 年 3 月 1 日	要編製，自 2015 年 1 月 1 日至 2015 年 3 月 1 日
合併日後（2015 年 12 月 31 日）	要編製，自 2010 年 1 月 1 日起到 2015 年 12 月 31 日。2015 年的年初數要調整	要編製，自 2015 年 1 月 1 日至 2015 年 12 月 31 日	要編製，自 2015 年 1 月 1 日至 2015 年 12 月 31 日

2. 合併日及以後編製合併報表的準備工作：涉及子公司報表調整的範圍（見表 8-2）

表 8-2

子公司報表涉及調整的事項	合併日	合併日以後的資產負債表日
(1) 母、子公司會計政策、會計期間不一致	要調整	要調整
(2) 母、子公司之間存在未實現內部利潤	合併日及以前要調整	資產負債表日以前要調整
(3) 子公司資產負債的公允價值與帳面價值不一致	要調整	要調整
(4) 母公司的成本法在合併工作底稿中轉為權益法	不調整	要調整

3. 合併抵銷，以及子公司被抵銷的合併前的留存收益份額應當恢復

【歸納】同一控制下，在抵銷母公司長期股股權投資和子公司所有者權益份額時，

因兩者一致，所以不會出現「商譽」和「營業外收入」。

（1）全資子公司抵銷分錄如下：

借：股本
借：資本公積
借：盈餘公積
借：未分配利潤
　貸：長期股權投資

（2）非全資子公司抵銷分錄如下：

借：股本
借：資本公積
借：盈餘公積
借：未分配利潤
　貸：長期股權投資
　貸：少數股東權益

【注意】在合併編製合併資產負債表時，因合併抵銷分錄把被合併方的留存收益進行了抵銷，但是由於參與合併各方在合併以前期間實現的留存收益應體現為合併報表中的留存收益，所以應當把被抵銷了的留存收益份額（即母公司享有部分）恢復，但必須以合併方的「資本公積——資本溢價」貸方餘額為限。所以，已抵銷的留存收益份額可能全面恢復，也可能部分恢復。

調整分錄如下：

借：資本公積
　貸：盈餘公積
　貸：未分配利潤

【例62】A公司、B公司分別為P公司控制下的兩家子公司。A公司於2017年3月10日自母公司P處取得B公司100%的股權，合併後B公司仍維持獨立法人資格繼續經營。為進行該項合併，A企業發行了1,500萬股本公司普通股（每股面值為1元）作為對價，假定A公司、B公司採用的會計政策相同。合併日，A公司及B公司的所有者權益構成如表8-3所示。

表8-3　　　　　　　　　　　　　　　　　　　　　　單位：萬元

A公司		B公司	
項目	金額	項目	金額
股本	9,000	股本	1,500
資本公積	2,500	資本公積	500
盈餘公積	2,000	盈餘公積	1,000
未分配利潤	5,000	未分配利潤	2,000
合計	18,500	合計	5,000

要求：

（1）請編製A公司合併日在個別報表的長期股權投資的會計分錄。

(2) 編製合併日的合併抵銷分錄。
(3) 如果合併前 A、B 公司的資本公積均為資本溢價，如何恢復已經抵銷的合併前 B 公司的留存收益？
(4) 如果本題改為 A 公司取得 B 公司 70% 股權，其他條件不變，如何恢復已經抵銷的合併前 B 公司的留存收益？

【解析】
(1) 個別報表長期股權投資的會計分錄：

借：長期股權投資　　　　　　　　　　　　　　　50,000,000
　　貸：股本　　　　　　　　　　　　　　　　　　　15,000,000
　　　　資本公積——資本溢價　　　　　　　　　　　35,000,000

(2) 合併抵銷分錄：

借：股本　　　　　　　　　　　　　　　　　　　15,000,000
　　資本公積　　　　　　　　　　　　　　　　　　5,000,000
　　盈餘公積　　　　　　　　　　　　　　　　　10,000,000
　　未分配利潤　　　　　　　　　　　　　　　　20,000,000
　　貸：長期股權投資　　　　　　　　　　　　　　50,000,000

(3) 因為合併方 A 公司資本公積（資本溢價）的餘額＝2,500＋3,500＝6,000 萬元，大於被抵銷的 B 公司留存收益中 A 公司享有的份額 3,000 萬元〔(1,000＋2,000)×100%〕，所以應當全額恢復。

借：資本公積——資本溢價　　　　　　　　　　　30,000,000
　　貸：盈餘公積　　　　　　　　　　　　　　　10,000,000
　　　　未分配利潤　　　　　　　　　　　　　　20,000,000

(4) 首先反應個別報表中長期股權投資的成本：

長期股權投資＝50,000,000×70%＝35,000,000（元）

借：長期股權投資　　　　　　　　　　　　　　　35,000,000
　　貸：股本　　　　　　　　　　　　　　　　　　　15,000,000
　　　　資本公積——資本溢價　　　　　　　　　　　20,000,000

其次，編製合併抵銷分錄：

少數股東權益＝50,000,000×30%＝15,000,000（元）

借：股本　　　　　　　　　　　　　　　　　　　15,000,000
　　資本公積　　　　　　　　　　　　　　　　　　5,000,000
　　盈餘公積　　　　　　　　　　　　　　　　　10,000,000
　　未分配利潤　　　　　　　　　　　　　　　　20,000,000
　　貸：長期股權投資　　　　　　　　　　　　　　35,000,000
　　　　少數股東權益　　　　　　　　　　　　　　15,000,000

最後，恢復被抵銷的 B 公司合併前留存收益中 A 公司享有的份額：因為合併方資本公積（資本溢價）的餘額＝2,500＋2,000＝4,500 萬元，大於被抵銷的 B 公司留存收益中 A 公司享有的份額（1,000＋2,000）×70%＝2,100 萬元，所以可以全額恢復。

盈餘公積＝10,000,000×70%＝7,000,000（元）
未分配利潤＝20,000,000×70%＝14,000,000（元）

借：資本公積　　　　　　　　　　　　　　　　　21,000,000
　　貸：盈餘公積　　　　　　　　　　　　　　　　7,000,000
　　　　未分配利潤　　　　　　　　　　　　　　14,000,000

三、同一控制下的吸收合併

【歸納】處理規則：與控股合併基本相同，唯一區別在於不編製合併報表，直接將被合併方的資產負債表並入合併方的個別報表。

會計分錄：
借：資產
借或貸：資本公積、留存收益
　貸：負債

【例63】甲公司於2010年3月31日對同一集團內的全資子公司進行吸收合併，支付合併對價2,000萬元。合併日，乙公司資產的帳面價值為3,000萬元，負債帳面價值為800萬元，淨資產帳面價值為2,200萬元。要求：編製合併方在合併日的會計處理。

【解析】
借：資產　　　　　　　　　　　　　　30,000,000
　貸：負債　　　　　　　　　　　　　　 8,000,000
　　　銀行存款　　　　　　　　　　　　20,000,000
　　　資本公積——資本溢價　　　　　　 2,000,000

第三部分　非同一控制下的企業合併

一、確定購買方

在企業合併中取得對另一方或多方控制權的企業。

二、確定購買日

購買日與合併日的條件相同。

【注意】逐次取得股份分階段實現企業合併，以購買方最終取得控制權的日期為準。例如甲公司購入集團外部的某公司股份，2010年1月1日持有30%，2014年2月5日持有75%，取得控制權，所以2014年2月5日為購買日。

三、非同一控制下控股合併

（一）資產負債計量的問題

（1）企業合併中取得被購買方的資產和負債應以購買日的公允價值計量。

（2）合併商譽和遞延所得稅的處理。對於被購買方在企業合併前已經確認的商譽和遞延所得稅項目不予考慮，視為不存在。因合併後取得各項可辨認資產和負債形成的暫時性差異，應按規定重新分別確認遞延所得稅資產或遞延所得稅負債。

【例64】甲公司以增發市場價值為6,000萬元的本企業普通股為對價購入乙公司

100%的淨資產，假定該項企業合併符合稅法規定的免稅合併條件，且乙公司原股東選擇進行免稅合併處理。甲、乙公司適用的所得稅稅率為25%。購買日乙公司各項可辨認資產、負債的公允價值及其計稅基礎如表8-4所示。假定乙公司在合併前已經確認有商譽100萬元，遞延所得稅資產20萬元。

表8-4　　　　　　　　　　　　　　　　　　單位：萬元

項　目	公允價值	計稅基礎	可抵扣暫時性差異	應納稅暫時差異
固定資產	2,700	1,550		1,150
應收帳款	2,100	2,100		
存貨	1,740	1,240		500
其他應付款	300	0	300	
應付帳款	1,200	1,200		
不包括遞延所得稅的可辨認資產、負債的公允價值合計	5,040	3,690	300	1,650

【解析】
(1) 乙公司合併前的商譽100萬元和遞延所得稅資產20萬元不予考慮。
(2) 合併後重新計算乙公司的遞延所得稅及商譽。
①企業合併成本為6,000萬元
②不包括遞延所得稅的可辨認淨資產的公允價值（5,040萬元）
③遞延所得稅資產（300萬元×25%＝75萬元）
④遞延所得稅負債（1,650萬元×25%＝412.5萬元）
⑤考慮遞延所得稅後的可辨認淨資產的公允價值＝可辨認淨資產的公允價值5,040＋遞延所得稅資產75－遞延所得稅負債412.5＝4,702.5（萬元）
⑥商譽＝合併成本6,000萬元－考慮遞延所得稅後的可辨認淨資產的公允價值4,702.5萬元＝1,297.5（萬元）。

【注意】商譽的帳面價值為1,297.50萬元，但計稅基礎為0，兩者之間產生的應納稅暫時性差異，不再進一步確認遞延所得稅負債。

(二) 長期股權投資的成本問題
【歸納】長期投資的初始成本＝合併成本＝包括在購買日支付對價的公允價值和或有應付金額。上述金額均指公允價值，不含直接費用和融資費用。

(三) 合併差額問題
(1) 不考慮所得稅：企業合併成本－合併中取得的被購買方可辨認淨資產公允價值份額＝合併差額；合併差額為正數列入「商譽」，合併差額為負數列入「營業外收入」。
(2) 考慮所得稅：商譽＝支付對價的公允價－（享有被購買方可辨認資產的公允價值＋遞延所得稅資產對應的資本公積或其他綜合收益－遞延所得稅負債對應的資本公積或其他綜合收益）×合併方的持股比例。

【注意】在合併方的平時個別報表的核算中，由於使用成本法，合併差額不反應，在編製合併報表時因轉換為權益法，在編製合併抵銷分錄中合併差額才反應。

（四）購買日個別報表的核算：長期股權投資初始成本的會計處理（成本法）

1. 資產轉讓損益的處理

支付對價為非現金資產的，其公允價值與其帳面價值的差額按以下原則處理：

(1) 存貨：公允價值列入「主營業務收入、其他業務收入」，帳面價值列入「主營業成本、其他業務成本」。

(2) 固定資產、無形資產：差額列入「營業外收入」「營業外支出」。

(3) 金融資產：其差額列入「投資收益」。

(4) 發行普通股：公允價值或市價-面值=資本公積（股本溢價）

2. 會計分錄模式

(1) 支付現金購買方式。

【例65】甲公司支付現金8,000萬元取得乙公司80%的股權，實現非同一控制下企業合併，合併合同規定，如果合併一年後乙公司實現淨利潤超過1,000萬元，則甲公司再支付給乙公司的原股東500萬元。甲公司從目前的情況判斷很可能支付該款項，購買當日乙公司可辨認淨資產的公允價值為10,000萬元。則甲公司在購買日的會計處理如下：

借：長期股權投資——乙公司　　　　　　　　　　85,000,000
　貸：銀行存款　　　　　　　　　　　　　　　　80,000,000
　　　預計負債　　　　　　　　　　　　　　　　 5,000,000

(2) 支付非現金資產購買方式。

【例66】甲公司以一項無形資產和一批商品作為對價購買集團外某公司100%的股權，已知無形資產帳面價值為300萬元，公允價值為400萬元；商品成本價為200萬元，公允價值為280萬元。購買日該集團外某公司可辨認淨資產的公允價值為600萬元。則甲公司在購買日的會計處理如下：

借：長期股權投資　　　　　　　　　　　　　　　6,800,000
　貸：無形資產　　　　　　　　　　　　　　　　3,000,000
　　　營業外收入　　　　　　　　　　　　　　　1,000,000
　　　主營業務收入　　　　　　　　　　　　　　2,800,000
同時，借：主營業務成本　　　　　　　　　　　　2,000,000
　　　　貸：庫存商品　　　　　　　　　　　　　2,000,000

（五）購買日非同一控制下合併報表的編製

1. 購買日只編合併資產負債表

【例67】甲、乙公司不屬於同一集團，2015年7月1日，甲公司收購了乙公司的全部股份，要求回答：

(1) 購買日2015年7月1日編製哪些合併報表，起止時間如何？

(2) 購買日以後2015年的12月31日編製哪些合併報表，起止時間如何？

【解析】

表8-5

項　目	合併資產負債表	合併利潤表	合併現金流量表
購買日（2015年7月1日）	要編製，以購買日2015年7月1日合併參與方的情況為準合併。2015年的年初數不調整	不編製	不編製

表8-5(續)

項目	合併資產負債表	合併利潤表	合併現金流量表
購買日後（2015年12月31日）	要編製。自2015年7月1日起到2015年12月31日	要編製。自2015年7月1日起到2015年12月31日	要編製。自2015年7月1日起到2015年12月31日

2. 合併抵銷分錄

借：子公司所有者權益項目　　（公允價）
　　商譽或營業外收入　　　　（合併差額）
　貸：母公司長期股權投資　　（支付對價的公允價）
　　　少數股東權益　　　　　（子公司所有者權益的公允價×少數股東的份額）

【例68】甲公司於2018年6月30日購買了乙公司100%的股份，乙公司所有者權益的公允價為10億元，與帳面價值一致，甲公司支付對價為18億元，請編製購買日的購買方的個別報表核算分錄和合併報表的抵銷分錄。

【解析】

個別報表：借：長期股權投資　　　　　　　　　800,000,000
　　　　　　貸：銀行存款　　　　　　　　　　800,000,000
合併報表：借：商譽　　　　　　　　　　　　　800,000,000
　　　　　　　子公司所有者權益項目　　　　1,000,000,000
　　　　　　貸：長期股權投資　　　　　　　1,800,000,000

四、吸收合併的處理原則

1. 處理原則

吸收合併的處理原則與控股合併基本一致，唯一的區別是不編製合併報表，將被購買方的資產、負債按照公允價值納入購買方的個別報表即可。

2. 會計分錄：

借：資產
　　商譽或營業外收入
　貸：負債
　　　銀行存款等

【例69】2007年6月30日，P公司支付現金12,000萬元吸收合併集團外S公司。購買日S公司的總資產公允價值為13,700萬元，總負債公允價值為2,850萬元，淨資產公允價值為10,850萬元。要求編製合併日P公司的會計分錄。

【解析】會計分錄：

借：總資產　　　　　　　　　　　　　　　　137,000,000
　　商譽　　　　　　　　　　　　　　　　　 11,500,000
　貸：總負債　　　　　　　　　　　　　　　　28,500,000
　　　庫存現金　　　　　　　　　　　　　　 120,000,000

第四部分　企業合併費用的處理

【注意】下列各項費用的處理方法，在同一控制下和非同一控制下的企業合併中均相同。

一、各項直接費用

各項直接費用包括企業合併的諮詢費、律師費，專設併購部門的日常費用計入當期損益（管理費用）。

二、發行的權益性證券的交易費用

【歸納】發行的權益性證券的交易費用衝減資本公積（資本溢價）；溢價收入不足衝減的衝減留存收益（盈餘公積、利潤分配——未分配利潤）。

【例70】某公司平價發行普通股100萬股，每股面值1元，支付發行費用10萬元。以普通股置換集團內某子公司股權100%；已知合併日該子公司所有者權益帳面價值為150萬元。

【解析】

長期股權投資 = 1,500,000×100% = 1,500,000（元）

借：長期股權投資　　　　　　　　　　　　　1,500,000
　　貸：股本　　　　　　　　　　　　　　　　1,000,000
　　　　資本公積——資本溢價　　　　　　　　　500,000

同時，

借：資本公積——資本溢價　　　　　　　　　　100,000
　　貸：銀行存款　　　　　　　　　　　　　　　100,000

三、發行債務性證券的交易費用

【歸納】發行債務性證券的交易費用應當計入債務性證券的初始確認金額，列入「應付債券——利息調整」科目。

【例71】甲公司發行債券籌集資金900萬元，另外發生手續費100萬元，從價款中坐扣；已知債券面值為1,000萬元；以此籌集資金收購集團內某子公司股權60%，該子公司合併日所有者權益帳面價值2,000萬元。如何處理？

【解析】

應付債券 = 10,000,000 - (9,000,000 - 1,000,000) = 2,000,000（元）

長期股權投資 = 20,000,000×60% = 12,000,000（元）

借：銀行存款　　　　　　　　　　　　　　　8000,000
　　應付債券——利息調整　　　　　　　　　2,000,000
　　貸：應付債券——面值　　　　　　　　　10,000,000

同時，

借：長期股權投資　　　　　　　　　　　　　　　12,000,000
　　貸：銀行存款　　　　　　　　　　　　　　　　8,000,000
　　　　資本公積——資本溢價　　　　　　　　　　4,000,000

四、應收股利

實際支付價款中包含的已宣告發放但未領取的股利作為「應收股利」處理。

第五部分　非同一控制下企業合併的特殊事項

一、非同一控制下通過多次交易分步實現企業合併

【例72】甲公司於2011年1月1日支付500萬元取得非關聯方乙公司20%的股份，對乙公司生產經營具有重大影響，採用權益法進行核算。當日乙公司可辨認的淨資產公允價值為2,250萬元。2011年年末乙公司經調整後的淨利潤為400萬元，其他綜合收益增加為100萬元。

2012年1月1日甲公司支付貨幣資金3,000萬元又購入乙公司60%的股份，累計持股比例達80%，實現非同一控制下的企業合併。當日，乙公司可辨認的淨資產公允價值為4,000萬元，甲公司原持有的20%股份在購買日的公允價值為800萬元。

要求回答以下問題：

（1）個別報表中長期股權投資在購買日追加投資前的帳面價值和公允價值分別是多少？兩者之間的差額在購買日合併報表中如何處理？

（2）在合併報表中購買日甲公司的合併成本為多少？如果形成合併商譽，金額是多少？

（3）本題是否存在與長期股權投資對應的其他綜合收益？如果存在，請問，在購買日的個別報表和合併報表中如何處理？

【解析】

（1）個別報表中長期股權投資在購買日追加投資前的帳面價值=購買日原權益法下的帳面價值（500+400×20%+100×20%）=600（萬元）。公允價值=購買日原有股權的公允價值=800萬元。兩者之間的差額200萬元列入購買日合併報表的投資收益。

（2）合併報表中甲公司的合併成本=原有股權在購買日的公允價值+購買日新增股權所支付對價的公允價值=800+3,000=3,800（萬元）。

形成商譽=3,800-4,000×80%=600（萬元）。

（3）本題存在「其他綜合收益」20萬元，在購買日個別報表保持「其他綜合收益」不變，在編製合併報表時轉為「投資收益」。

二、購買子公司少數股權的會計處理

【例73】甲公司於2017年12月30日以21,000萬元取得對乙公司70%的股權，能夠對乙公司實施控制，形成非同一控制下的企業合併。2018年12月31日，甲公司又出資7,500萬元自乙公司的其他股東處取得乙公司20%的股權。甲公司與乙公司及其

少數股東在相關交易發生前不存在任何關聯方關係。

（1）2017年12月30日，甲公司在取得乙公司70%股權時，乙公司可辨認淨資產公允價值總額為25,000萬元。

（2）2018年12月31日，乙公司有關資產、負債自購買日開始持續計算的金額（對母公司的價值）以及其個別報表中相關資產、負債的帳面價值如表8-6所示。

表8-6　　　　　　　　　　　　　　　　　單位：萬元

項　目	乙公司個別報表的帳面價值	乙公司資產、負債自購買日開始持續計算的金額（對母公司的價值）
存　貨	1,250	1,250
應收款項	6,250	6,250
固定資產	10,000	11,500
無形資產	2,000	3,000
其他資產	5,500	8,000
應付款項	1,500	1,500
其他負債	1,000	1,000
可辨認淨資產	22,500	27,500

要求：

（1）確定2017年12月30日和2018年12月31日甲公司個別財務報表對乙公司長期股權投資的成本。

（2）確定2017年12月30日和2018年12月31日編製合併財務報表時是否產生商譽。

【解析】

（1）個別報表：

2017年12月30日為該非同一控制下企業合併的購買日，甲公司取得對乙公司長期股權投資的成本為21,000萬元。2018年12月31日甲公司在進一步取得乙公司20%的少數股權時，支付價款7,500萬元。甲公司個別報表中該項長期股權投資在2018年12月31日的帳面成本為28,500萬元。

（2）合併報表：

2017年12月30日甲公司取得乙公司70%股權時產生的商譽＝21,000－25,000×70%＝3,500（萬元）

2018年12月31日合併財務報表中，甲公司長期股權投資成本7,500萬元－與新取得乙公司的20%股權相對應的可辨認淨資產份額27,500×20%＝5,500（萬元）＝差額2,000萬元，在合併資產負債表中首先調整資本公積（資本溢價），在資本公積（資本溢價）的餘額不足沖減的情況下，調整留存收益（盈餘公積和未分配利潤）。

三、不喪失控制權情況下處置部分子公司投資的會計處理

【例74】甲公司於2018年3月20日取得集團外的乙公司80%的股權，成本為8,600萬元，購買日乙公司可辨認淨資產公允價值的總額為9,800萬元。該項合併為非同一控制下企業合併。

2019年1月2日，甲公司將其持有的對乙公司長期股權投資中的25%對外出售，取得價款2,600萬元。出售投資當日，乙公司自甲公司取得其80%股權之日持續計算的應當納入甲公司合併財務報表的可辨認淨資產總額為12,000萬元。該項交易後，甲公司持有乙公司剩餘股權的比例為60%，仍能夠控制乙公司的財務和生產經營決策。假定商譽未發生減值，不考慮有關稅費。

要求：
(1) 編製個別報表中反應甲公司處置25%股權的會計分錄。
(2) 計算合併報表中產生的商譽、資本公積或投資收益金額。

【解析】
(1) 甲公司個別財務報表處置25%的會計處理：
長期股權投資 = 86,000,000×25% = 21,500,000（元）

借：銀行存款　　　　　　　　　　　　　　　26,000,000
　貸：長期股權投資　　　　　　　　　　　　21,500,000
　　　投資收益　　　　　　　　　　　　　　4,500,000

(2) 甲公司合併財務報表的處理：
①購買日合併報表中產生的商譽 = 8,600-9,800×80% = 760（萬元）
②交易日產生的資本公積（資本溢價）= 2,600-12,000×80%×25% = 200（萬元）
③不確認投資收益。

【歸納】本題表明：處置部分股權但是控制權不變。
①合併報表中不確認投資收益，而應當確認資本公積。
②合併報表中的商譽不因持股比例改變而改變。
③甲公司持有長期股權投資80%×25% = 乙公司全部股份100%×20%。

四、處置子公司部分股權喪失控股權的處理

【例75】2017年1月1日，甲公司支付600萬元取得乙公司100%的股權，投資當日乙公司可辨認淨資產的公允價值為500萬元，該項合併業務產生商譽100萬元，2017年1月1日至2018年12月31日，乙公司的可辨認淨資產自購買日持續計算增加了75萬元，其中按照購買日公允價值計算實現的淨利潤為50萬元，持有可供出售金融資產的公允價值上升了25萬元。

2019年1月2日，甲公司轉讓乙公司60%的股權收取現金480萬元存入銀行，轉讓後甲公司對乙公司的持股比例為40%，能夠對其施加重大影響。2019年1月2日，即甲公司喪失對乙公司的控制權日，乙公司剩餘40%股權的公允價值為320萬元，假定甲、乙公司均按照10%提取法定盈餘公積，乙公司未分配現金股利，不考慮其他因素。

要求：
(1) 編製甲公司喪失控制權日個別報表的會計分錄。
(2) 計算喪失控制權日甲公司合併報表中應確認的投資收益。

【解析】
(1) 個別報表：
①確認處置部分股權投資的收益。
長期股權投資 = 6,000,000×60% = 3,600,000（元）

借：銀行存款 4,800,000
　　貸：長期股權投資 3,600,000
　　　　投資收益 1,200,000

②對剩餘股權，將成本法改按權益法核算，進行追溯調整。
盈餘公積＝500,000×40%×10%＝20,000（元）
未分配利潤＝500,000×40%×90%＝180,000（元）
其他綜合收益＝250,000×40%＝100,000（元）

借：長期股權投資 300,000
　　貸：盈餘公積 20,000
　　　　利潤分配——未分配利潤 180,000
　　　　其他綜合收益 100,000

（2）合併報表：
喪失控制權日甲公司合併財務報表中應確認的投資收益＝（處置股權取得的對價480＋剩餘股權的公允價值320）－（按照原持股比例計算應享有原有子公司自購買日開始持續計算的淨資產的份額（500＋75）×100%＋按原持股比例計算的商譽100）＋與原有子公司股權投資相關的其他綜合收益25＝150（萬元）。

五、反向購買的處理

（一）反向購買的含義

在某些非同一控制下企業合併中，合併方發行權益性證券與被合併方的股東交換股份時，出現法律角度和會計角度正好相反的情況，構成反向購買。如下例：

【例76】　　　　　A（合併方）　　　　　　B（被合併方）
法律角度：　　　　（母公司）　　　　　　　（子公司）
會計角度：　　　　（被購買方）　　　　　　（購買方）

【例77】甲公司原股本總額為800萬股（每股面值1元），全部為A公司持有。2019年6月30日，甲公司以增發1,200萬股（每股面值1元）、市價為12,000萬元的自身普通股為對價，從乙公司的原股東丙公司處購入乙公司70%的股份，實現企業合併。合併前A公司、甲公司與丙公司、乙公司不存在任何關聯方關係。甲公司增發後股本總額增加到2,000萬股。

要求：
（1）根據上述資料，指出上述業務是否屬於反向購買，並說明理由。
（2）根據上述資料，分別指出哪家公司是法律上的母公司，哪家公司屬於法律上的子公司，同時分別指出編製合併報表時，哪家公司是購買方，哪家公司是被購買方。
（3）根據上述資料，分別指出甲公司和乙公司資產、負債應該以其帳面價值還是其公允價值納入合併報表。

【解析】
（1）該業務構成反向購買。理由：甲公司增發股票後，甲公司的股本總數為2,000萬股（800＋1,200），其中甲公司的原股東A公司持股40%（800/2,000），丙公司持股比例為60%（1,200/2,000），甲公司相當於脫離A公司的控制，加入了丙、乙公司的企業集團，反而受其控制。圖示：丙—60%—甲公司—70%—乙公司。

（2）從法律角度來說，甲公司為母公司，乙公司為子公司。從會計角度來說，乙公司為購買方，甲公司為被購買方。

（3）從合併報表的編製角度看：名義編製主體為甲公司，實際上以乙公司為主體編製。乙公司採用帳面價值，甲公司採用公允價值。

（二）非上市公司購買上市公司股權實現間接上市的處理

【歸納】處理規則：

（1）上市公司不構成業務的，合併差額列入所有者權益，不得確認商譽或計入當期損益。即合併成本－享有的被購買方可辨認淨資產的份額＝資本公積或留存收益。

（2）上市公司構成業務的，合併差額應當確認為商譽或計入當期損益。即購買方的合併成本－享有的被購買方可辨認淨資產的公允價值的份額＝商譽或營業收入

【例78】非上市公司A擁有全資子公司B，擬以持有的B公司100%的股權為代價收購集團外上市公司M公司90%的股權，實現反向購買間接上市。請分別回答以下問題：

（1）如果上市公司M為空殼公司，購買方B公司支付的合併對價與享有的被購買方M的可辨認淨資產價值的份額之間的差額如何處理？

（2）如果上市公司M構成業務，購買方B公司支付的合併對價與享有的被購買方M的可辨認淨資產價值的份額之間的差額如何處理？

【解析】收購完成後的股權結構是非上市公司持有M上市公司90%股份，M公司持有B公司100%的股份。其中M公司為法律上的母公司，B為法律上的子公司；但是從會計實質來看，B公司為購買方，M公司為被購買方。

（1）如果上市公司M為空殼公司，購買方B公司支付的合併對價與享有的被購買方M的可辨認淨資產價值的份額之間的差額列入所有權益（資本公積、留存收益）。

（2）如果上市公司M構成業務，購買方B公司支付的合併對價與享有的被購買方M的可辨認淨資產價值的份額之間的差額列入商譽或營業外收入。

【復習重點】

1. 企業併購的協同效應：經營協同、管理協同、財務協同。
2. 併購類型的判斷。
3. 併購淨收益的計算公式及決策。
4. 被併購公司的價值評估方法：收益法、市場法和成本法。

【注意】

（1）收益法的要點：FCF公式，加權平均資本成本，預測終值TV，哈馬達方程式。

（2）市盈率法、EV/EBIT、EV/EBITDA、EV/FCF法。

（3）可比交易分析法及指標。

（4）成本法：帳面價值法、重置成本法、清算價格法。

5. 併購融資方式的判斷，重點注意換股併購、優先股、資產證券化。
6. 併購整合方式的判斷。
7. 企業合併會計總結。

【歸納】

1. 同一控制下：

支付對價－享有的權益份額＝資本公積或留存收益

2. 非同一控制下增加或減少子公司股份在合併報表中的處理原則：
（1）增加子公司股份。
①取得控制權日：合併差額＝商譽或營業外收入。
②取得控制權日後，繼續購入子公司少數股權，控制權不變的。購買差額＝資本公積或留存收益。
（2）減少子公司股份。
①喪失控制權的，處置差額作為「投資收益」。
②不喪失控制權的，處置差額列入「資本公積」或「留存收益」。
3. 非同一控制下商譽的計算
（1）不考慮所得稅：商譽＝支付對價的公允價－享有被購買方可辨認淨資產的公允價值×購買方的持股比例。
（2）考慮所得稅：商譽＝支付對價的公允價－（享有被購買方可辨認淨資產的公允價值＋遞延所得稅資產對應的資本公積或其他綜合收益－遞延所得稅負債對應的資本公積或其他綜合收益）×購買方的持股比例。
4. 具體處理細則總結（見表8-7）

表8-7 同一控制和非同一控制下企業合併比較

序號	項目	同一控制	非同一控制
1	判斷依據	集團內部合併	集團外部合併
2	計量原則	帳面價值	公允價值
3	控制者	合併方	購買方
4	取得控制權的日期	合併日	購買日
5	直接費用	管理費用	管理費用
6	發行債券的籌資費用	計入負債的初始計量金額	計入負債的初始計量金額
7	發行股票的籌資費用	衝減資本公積（資本溢價），盈餘公積、未分配利潤	衝減資本公積（資本溢價），盈餘公積、未分配利潤
8	併購部門的日常費用	管理費用	管理費用
9	控股式合併	個別報表： （1）長期股權投資的初始成本－合併日取得的被合併方所有者權益在最終控制方合併報表中帳面價值的份額 （2）支付對價與取得的被合併方所有者權益帳面價值的份額之間的差額調整資本公積、留存收益 合併報表： 因為長期股權投資的帳面價值與擁有的權益份額一致，在合併時被抵銷 母公司支付對價－享有的權益份額產生的差額反應在「資本公積、留存收益中」將被轉入合併報表 （2）合併日：編製合併資產負債表、合併利潤表、合併現金流量表。其中：合併資產負債表中應將已經抵銷的被合併方的留存收益在合併方的資本公積（資本溢價）的限額內恢復 （3）合併日以後編製：合併資產負債表、合併利潤表、合併現金流量表	個別報表： （1）長期股權投資的初始成本＝企業合併成本＝購買日支付對價的公允價值 （2）購買日支付對價的公允價值－對價的帳面價值＝資產轉讓損益 合併報表： （1）合併差額＝合併成本－被合併方可辨認淨資產公允價值份額＝列入「商譽」或「營業外收入」 （2）購買日只編製合併資產負債表 （3）購買日以後編製：合併資產負債表、合併利潤表、合併現金流量表

表8-7(續)

序號	項目	同一控制	非同一控制
10	吸收合併	個別報表： （1）合併日被合併方的資產、負債按照帳面價值列入被合併方的個別報表 （2）合併方支付對價的帳面價值與被合併方淨資產帳面價值之間的差額調整「資本公積、留存收益」，也列入合併方的個別報表	個別報表： （1）購買日被購買方的資產、負債按公允價值計量並列入購買方的個別報表 （2）購買方支付對價的公允價值-被合併方可辨認淨資產公允價值份額的公允價值=「商譽」或「營業外收入」也在購買方個別報表中列示
11	多次交易分步控制		1. 個別報表 （1）原投資為「長期股權投資」的權益法 ①成本法下：購買日長期股權投資初始成本=原投資帳面價值+新增投資成本 ②原投資涉及的「其他綜合收益」「其他權益變動」在處置投資時，轉入當期「投資收益」 （2）原投資為：「交易性金融資產」 ①成本法下：購買日長期股權投資初始成本=原投資公允價值+新增投資成本 ②購買日：原投資的公允價-帳面價轉入當期「投資收益」 （3）原投資為「其他權益工具投資」 ①成本法下：購買日長期股權投資初始成本=原投資公允價值+新增投資成本 ②購買日：原投資的公允價-帳面價轉入當期「留存收益」 2. 合併報表 （1）購買方對於購買日前持有被購買方的股權按購買日公允價值計量 公允價值-帳面價值=當期投資收益 （2）購買日購入的股權按當日支付對價的公允價值計量 （3）合併報表的合併成本=（1）+（2） （4）合併差額=合併成本-購買日被合併方可辨認淨資產的公允價值的份額=商譽或營業外收入 （5）購買日前持有被購買方的股權涉及其他綜合收益轉為購買日當期投資收益
12	反向購買		反向購買原則只適用於合併報表： 比如：A公司為母公司（被購買方），B為子公司（被購買方），規則如下： （1）編製主體：名義上以法律上的母公司A公司編製合併報表，實際上以會計上的購買方B公司編製 （2）B公司採用帳面價值；A公司採用公允價值 （3）確定合併成本（B公司角度）=（B公司已有股份/持股比例-B公司已有股份）×每股公允價值 （4）計算合併差額=B公司合併成本-A公司可辨認淨資產公允價值份額（即看成是B公司購買了A公司）=「商譽」或「營業外收入」 （5）少數股東權益=合併前法律上子公司B公司所有者權益的帳面價值×未轉換比例 （6）非上市公司購買上市公司股權實現間接上市： ①構成業務的確認，合併差額作為「商譽或營業外收入」 ②不構成業務的按照權益性交易的原則處理，合併差額作為「資本公積」或「留存收益」

表8-7(續)

序號	項目	同一控制	非同一控制
13	購買子公司少數股權		1. 個別報表： 母公司長期股權投資的入帳價值＝支付對價的公允價值 2. 合併報表： (1) 購買日取得控制權，合併差額＝支付對價的公允價－擁有被購買方可辨認淨資產公允價值的份額＝「商譽或營業外收入」 (2) 購入子公司少數股權時，支付對價的公允價－擁有子公司自購買日開始持續計算的可辨認淨資產公允價值份額＝資本公積（資本溢價），資本公積不足衝減的，調整留存收益（盈餘公積、未分配利潤）
14	不喪失控股權的情況下對子公司處置部分投資		1. 個別報表： 處置價款－長期股權投資帳面價值×處置比例（持有部分）＝投資收益 2. 合併報表： 處置價款－被投資單位可辨認淨資產的公允價值×處置比例（全口徑的比例）＝資本公積（留存收益）
15	喪失控股權的情況下對子公司處置部分投資		1. 個別報表： (1) 處置價款－長期股權投資帳面價值×處置比例（持有部分）＝投資收益 (2) 對於剩餘股權在取得投資日至處置投資日之間的業務，如果處置後子公司轉變為聯營企業或合營企業，可能按照追溯調整法的方式把成本法核算的結果調整為權益法核算；如果處置子公司轉變為參股企業，按照其他權益工具投資或交易性金融資產核算，不追溯調整 2. 合併報表： (1) 剩餘股權按照處置日的公允價值重計量 (2) 處置日因喪失控制權合併報表中確認的投資收益＝處置股權取得的對價＋剩餘股權的公允價值－（按照原持股比例計算應享有原子公司自購買日開始持續計算的淨資產的份額＋按持股比例計算的商譽）＋與原子公司股權投資相關的其他綜合收益 【注意】在多次交易分步處置股權喪失控制權的，如果屬於「一攬子交易」，在未喪失控制權之前，處置損益計入「其他綜合收益」，在喪失控制權日一併計入「投資收益」

5. 合併日及以後編製合併報表的準備工作（見表8-8）

表8-8

子公司報表涉及調整的事項	合併日	合併日以後的資產負債表日
(1) 母子公司會計政策、會計期間不一致	要調整	要調整
(2) 母子公司之間存在未實現內部利潤	合併日及以前要調整	資產負債表日以前要調整
(3) 子公司資產負債的公允價值與帳面價值不一致	要調整	要調整
(4) 母公司的成本法在合併工作底稿中轉為權益法	不調整	要調整

【同步案例題】

一、企業併購和價值評估

【資料】甲、乙兩公司適用的所得稅稅率均為25%。甲公司準備併購目標公司乙公司，甲公司聘請某財務顧問公司進行盡職調查和財務預測。乙公司的估值基準日為2013年12月31日，財務顧問公司採用收益法和市場法兩種方法分別對乙公司企業價值進行評估，並從穩健的角度出發，決定最終以兩種方法估值孰低者為準。乙公司有關資料如下（見表8-9）：

【資料一】

表8-9　乙公司財務預測數據表　　　　　　　　單位：萬元

項　目	2014年	2015年	2016年	2017年	2018年
息稅前利潤	1,300	1,690	1,920	2,230	2,730
折舊及攤銷	500	650	800	950	1,050
資本支出	1,200	1,200	1,200	800	800
淨營運資本增加額	200	300.50	600	1,200	1,000

假定自2019年起，乙公司的自由現金流量每年以5%的固定比率增長。與乙公司同行業的上市公司剔除財務槓桿後的β係數為0.4，無風險報酬率為5%，市場平均報酬率為15%；乙公司的資產負債率為50%，稅前平均債務資本成本為16%。

【資料二】乙公司2013年的稅後利潤為1,200萬元，其中包含2013年11月20日處置的一項固定資產的稅後淨收益200萬元。類似的可比交易的支付價格收益比為15。

【資料三】併購交易前甲公司的企業價值為40,000萬元，併購後經過成功整合甲公司的整體價值可達65,000萬元。乙公司的要價為20,000萬元，甲公司預計併購過程中還將產生交易費用1,000萬元。

要求：

1. 根據資料一，填列完成表8-10中的空格。

表8-10

項　目	2014年	2015年	2016年	2017年	2018年
稅後淨營業利潤					
折舊及攤銷	500	650	800	950	1,050
資本支出	1,200	1,200	1,200	800	800
淨營運資本增加額	200	300.50	600	1,200.50	1,000.50
自由現金流量					

2. 根據資料一，計算乙公司的加權平均資本成本。
3. 根據資料一，運用收益法估算乙公司的企業價值。
4. 根據資料二，運用市場法估算乙公司的企業價值。
5. 根據收益法和市場法兩者孰低的原則，判斷乙公司的企業價值應當為多少。
6. 根據資料三和財務公司的預測結果，計算甲公司的併購收益和併購淨收益，並從財務管理角度判斷該項交易是否可行。

【解析】
1. 填列空格（見表 8-11）

表 8-11　　　　　　　　　　　　　　　　　　　　　　　　單位：萬元

項　目	2014 年	2015 年	2016 年	2017 年	2018 年
稅後淨營業利潤	975	1,267.50	1,440	1,672.5	2,047.5
折舊及攤銷	500	650	800	950	1,050
資本支出	1,200	1,200	1,200	800	800
淨營運資本增加額	200	300.50	600	1,200.50	1,000.50
自由現金流量	75	417	440	622	1,297

2. 計算加權平均成本
（1）稅後債務資本成本＝稅前債務資本成本16%×（1−25%）＝12%。
（2）乙公司的資產負債率＝50%，則產權比率＝1；
利用哈馬達方程式計算包括負債的 β 系數＝無負債的 β 系數 0.4×[1+1×(1−25%)]
＝0.7；
採用資本資產定價模型計算權益資本成本＝5%+0.7×（15%−5%）＝12%。
（3）計算乙公司的加權平均資本成本＝12%×50%+12%×50%＝12%。
3. 採用收益法計算乙公司的企業價值
＝75/1.121+417/1.122+440/1.123+622/1.124+1,297/1.125+1,297×（1+5%）/
（12%−5%）/1.125
＝12,883.11（萬元）
4. 採用市場法計算乙公司的企業價值＝15×（1,200−200）＝15,000（萬元）。
5. 根據收益法和市場法兩者孰低原則，乙公司的企業價值應當為12,883.11（萬元）。
6. 併購收益＝併購後的整體價值−併購前併購方和被併購方的企業價值
　　　　　＝65,000−40,000−12,883.11＝12,116.89（萬元）
併購淨收益＝併購收益−併購溢價−相關稅費
　　　　　＝12,116.89−（20,000−12,883.11）−1,000＝4,000（萬元）
因為併購淨收益大於 0，所以該項併購可行。

二、企業合併會計和金融工具

【資料】甲公司是一家境內外上市的綜合性國際能源公司，該公司在致力於內涵式發展的同時，也高度重視企業併購以實現跨越式發展，以下是該公司近年來的一些併

購資料：

（1）2016年9月30日，甲公司與其母公司乙集團簽訂協議，以100,000萬元購入乙集團下屬全子公司A公司50%的有表決權股份，A公司系2015年乙公司從外部收購的，當時產生合併商譽0.1億元。收購完成後，A公司董事會進行重組。7名董事中4名由甲公司委派，A公司所有生產經營和財務管理重大決策須由半數以上董事表決通過，9月30日，A公司的淨資產帳面價值為160,000萬元（與最終控制者合併報表上數據一致，以下同），可辨認淨資產公允價值為180,000萬元。10月1日，甲公司向乙集團支付了100,000萬元。10月31日，甲公司辦理完畢股權轉讓手續並擁有實質控制權。A公司當日的淨資產帳面價值為170,000萬元，可辨認淨資產公允價值為190,000萬元，此外，甲公司為本次收購發生審計、法律服務、諮詢等費用1,000萬元。

（2）2016年6月30日，甲公司決定進軍銀行業。其戰略目的是依託油氣主業，進行產融結合，實現更好發展。2016年11月1日，甲公司簽訂協議以160,000萬元的對價購入與其無關聯關係的B銀行90%的有表決權股份，2016年11月30日，甲公司支付價款並取得實質控制權，B銀行當日淨資產帳面價值為180,000萬元，可辨認淨資產公允價值為190,000萬元，另外B銀行報表上還存在商譽1,500萬元。

併購完成後，甲公司對B銀行進行了一系列整合：

①要求B銀行將戰略重點轉向與石油業務鏈相關的業務，支持油氣業主發展；

②要求B銀行將財務政策從激進轉為穩健；

③要求B銀行更加重視內部控制和風險管理，按照銀監會有關要求完善管理制度、規範運作；

④要求B銀行按照發展目標和業務變化，調整其部門設置和人事安排，以與甲公司有關機構設置相協同；

⑤要求B銀行努力吸收甲公司長期所形成的良好企業文化，以此來促進銀行管理，以上整合收到了很好的效果。

（3）2017年上半年，歐債危機繼續蔓延擴大，世界經濟復甦乏力，中國經濟也面臨較大的下行壓力，受此影響，中國成品油銷量增速放緩，C公司是一家與甲公司無關聯關係的成品油銷售公司，擁有較好的營銷網絡，但受市場形勢影響上半年經營業績不佳，經多次協商，甲公司於2017年6月30日以12,000萬元取得了C公司70%的有表決權股份，能夠實施控制。C公司當日可辨認淨資產公允價值為15,000萬元。8月31日，甲公司又以4,000萬元取得了C公司20%的有表決權股份。C公司自6月30日開始持續計算的可辨認淨資產公允價值為18,000萬元。

（4）2016年9月30日甲公司發行了自行決定是否派發股利的含5%的非累計股利優先股，如果稅務法規被修訂，該股份將被贖回。甲公司將其確認為金融負債。

（5）2016年12月31日，甲公司綜合考慮相關因素後，判斷其生產產品所需的某原材料的市場價格將在較長時期內持續上漲且目前庫存材料較少。對此，甲公司決定對預定3個月後需購入的該原材料採用買入套期保值方式進行套期保值，套期工具為與現貨交易到期日相同的期貨合約。甲公司將其分類現金流量套期。2017年1月31日，套期工具自套期開始的累計利得為310萬元，被套期項目（預期購買原材料合約）自套期開始以來的預計現金流量現值的累計變動額為-260萬元，甲公司會計按照50萬元計入了其他綜合收益。

(6) 甲公司既是結算企業又是接受服務的企業，2016 年實施股票期權激勵計劃，決定以下屬子公司的股票為結算工具，應該作為權益結算的股份支付。

假定不考慮其他因素。

要求：

1. 根據資料（1），指出甲公司購入 A 公司股份是否屬於企業合併，並簡要說明理由；如果屬於企業合併，指出屬於同一控制下的企業合併還是非同一控制下的企業合併，並簡要說明理由，同時指出合併日（或購買日）。

2. 根據資料（1），計算甲公司在合併日（或購買日）應確定的長期股權投資金額，簡要說明支付的價款與長期股權投資金額之間差額的會計處理方法，簡要說明甲公司支付的審計、法律服務、諮詢等費用的會計處理方法。

3. 根據資料（2），指出該項合併屬於同一控制下的企業合併還是非同一控制下的企業合併，並簡要說明理由；計算甲公司合併成本與確認的可辨認淨資產公允價值份額之間的差額，並簡要說明該差額會計處理方法。指出對 B 銀行報表上商譽的處理方法。

4. 根據資料（2），指出該項合併屬於橫向合併、縱向合併還是混合合併，簡要說明理由，並根據①至⑤指出合併後進行了那些類型的整合。

5. 根據資料（3），指出甲公司購入 C 公司 20% 股份是否構成企業合併，並簡要說明理由，計算甲公司購入 C 公司 20% 股份後，甲公司個別報表上的長期股權投資金額，以及在甲公司合併報表上應該列示的商譽金額。

6. 根據資料（3），計算甲公司購入 C 公司 20% 股份支付的價款與其應享有 C 公司自購買日始持續計算的可辨認淨資產公允價值份額之間的差額，並簡要說明該差額的會計處理方法。

7. 根據資料（4）至（6）逐項判斷甲公司的會計處理是否正確；不正確的，分別說明理由。

【解析】

1.（1）甲公司購入 A 公司股份屬於企業合併。

理由：收購完成後，甲公司在 A 公司董事會中擁有半數以上董事，A 公司所有生產經營和財務管理重大決策須由半數以上董事表決通過，甲公司擁有實質控制權。

（2）該收購屬於同一控制下的企業合併。

理由：甲公司及 A 公司在合併前後均受乙集團最終控制。

（3）合併日為 10 月 31 日。

2. 甲公司在合併日應確定的長期股權投資金額為 86,000 萬元（170,000×50%＋商譽 1,000）。

支付的價款 100,000 萬元與長期股權投資金額 86,000 萬元之間的差額 14,000 萬元，首先調整資本公積（資本溢價或股本溢價），資本公積（資本溢價或股本溢價）的餘額不足沖減的，應沖減留存收益。

甲公司支付的審計、法律服務、諮詢等費用 1,000 萬元，應於發生時費用化計入當期損益（管理費用）。

3. 該項合併屬於非同一控制下的企業合併。

理由：甲公司及 B 銀行在合併前後不受同一方或相同的多方最終控制。

合併成本與確認的可辨認淨資產公允價值份額之間差額為-11,000萬元（160,000-190,000×90%）。

該差額計入甲公司合併利潤表當期損益（或：計入合併利潤表當期的營業外收入）。

B銀行報表的商譽1,500萬元在企業合併中不予考慮。

4. 該類合併屬於混合合併。

理由：參與合併的雙方既非競爭對手又非現實中潛在的客戶或供應商。

合併後進行了戰略整合、財務整合、管理整合、人力資源整合和企業文化整合。

5. 甲公司購入C公司20%的股份不構成企業合併。

理由：甲公司於6月30日取得C公司70%的有表決權股份，能夠對C公司實施控制，構成企業合併，再次購入C公司20%的有表決權股份，屬於從少數股東購買股份的業務。

甲公司購入C公司20%股份後，甲公司個別報表上的長期股權投資金額為16,000萬元（12,000+4,000）。

在甲公司合併報表上應該列示的商譽金額為1,500萬元（12,000-15,000×70%）。

【備註】企業購買子公司少數股權前後，商譽的金額不變。

6. 甲公司購入C公司20%股份支付的價款，與其應享有C公司自購買日開始持續計算的可辨認淨資產的公允價值份額之間的差額為400萬元（4,000-18,000×20%）。

該差額在甲公司合併報表中，應當調整資本公積，資本公積的餘額不足衝減的，調整留存收益。

7. (4) 甲公司的處理不正確。該優先股包含負債和權益的特徵，屬於一項複合金融工具。

(5) 甲公司的會計處理不正確。應將260萬元計入其他綜合收益，50萬元計入當期損益。

(6) 不正確。理由：應作為現金結算的股份支付。

第九章 金融工具會計

【知識精講】

第一節　金融工具分類

一、金融工具的概念

金融工具包括金融資產、金融負債和權益工具。
【例1】某公司籌集資金10億元，長期借款6億元，發行普通股融資4億元。
借：銀行存款　　　　　　　　　1,000,000,000（金融資產）
　貸：長期借款　　　　　　　　　600,000,000（金融負債）
　　　股本　　　　　　　　　　　400,000,000（權益工具）

二、金融資產的分類

(一) 按照是否具有衍生性分類
按照是否具有衍生性，我們把金融資產分為基礎工具和衍生工具。
1. 基礎工具
基礎工具包括現金、銀行存款、應收及應付、貸款、普通股、債券投資和應付債券等。
2. 衍生工具
衍生工具包括遠期合同、期貨合同、互換合同、期權合同以及任意一種或一種以上特徵的合同。
(1) 遠期合同。遠期合同是一種特別簡單的衍生工具，通常是在兩個金融機構或金融機構與其公司客戶之間簽署的合同；買方為多頭，賣方為空頭，特定價格為交割價格；根據交易標的物不同分為：遠期利率合約、遠期外匯合約、遠期股票合約。

簽署合約時公允價值為0,以後隨著市場價格的波動,它可能具有正的或負的價值。比如,標的資產價格上升,買方獲利;反之,價格下跌,賣方獲利。在交割日,虧損者將結算金額支付給獲利者。

【例2】甲某和乙某簽訂遠期利率合約打賭,甲賭利率上升,乙賭利率下降,每上升或下降1%,按100元計價,虧損者將結算金額支付獲勝者。假定當前市場利率為5%,交割日為1個月後的月末之日,市場利率上升到7%,則買方甲某獲勝,乙某將支付虧損額200元(2×100)給甲某。

【例3】A公司計劃半年後將借入500萬歐元,為避免利率上升,決定購入遠期利率合約。幣種:歐元,合約金額500萬歐元,合同利率為7.23%/年;到期日為2015年11月22日,合約共186日。假定到期日,歐元利率上升為7.63%,如何結算?

【解析】

利率上升,購買方A公司獲利,銀行將支付結算金額給A公司,公式如下:

$$結算金額 = \frac{(實際利率 - 合同利率) \times \frac{合同期限}{360} \times 合同金額}{(1 + 實際利率 \times \frac{合同期限}{360})}$$

$$= \frac{(7.63\% - 7.23\%) \times \frac{186}{360} \times 500}{(1 + 7.63\% \times \frac{186}{360})} = 0.994,1(萬歐元)$$

也就是將未來的利息差額折現到現在的價值。

(2) 期貨合同。期貨合同是一種標準化的合約,除了價格以外,其他條款都是由期貨交易所預先規定好的。期貨交易必須在期貨交易所內進行,並且實行會員制,以預先交付保證金方式進行交易。期貨交易具有雙向交易和對沖機制:也就是可以先買入建倉,作為開端,然後在合約到期日反向操作——賣出相同期貨合約解除履約責任;也可以先「賣空建倉」,然後在到期日反向操作——買入相同期貨平倉解除履約責任,俗稱「買空賣空」。

【例4】一手大豆期貨合約,執行價格為3,000元,6個月到期,甲某預計價格上漲,採用先買入然後賣出的方式操作。假定到期市價為每手4,000元,甲某是否獲利?

【解析】「預計價格上漲,先買後賣」,由於市價和預計情況方向一致,所以甲某獲利 = 4,000 - 3,000 = 1,000元。

【例5】承上例,如果甲某預計價格將下跌,應採用先賣出然後買入的方式操作,假定到期日市場價格為每手2,500元,請問甲某是否獲利?

【解析】「預計價格下降,先賣後買」,由於市價和甲某預計情況方向一致,則應獲利 = 3,000 - 2,500 = 500(元)。

(3) 互換合同。互換合同包括利率互換、貨幣互換、商品互換、其他互換(如股權、信用、期權等互換)。

【例6】國內甲金融企業與境外乙金融企業簽訂了一份1年期利率互換合約:每半年末甲企業向乙企業支付美元固定利息,從乙公司收取以6個月美元LIBOR(浮動利率)計算確定的浮動利息,合約名義金額為1億美元。合約簽約時,其公允價值=0(也就是

雙方等價交換，不虧不盈）。但假定半年以後，浮動利率（6個月美元LIBOR）與簽約時不同，則甲企業將根據未來可收取的浮動利息價值減去將支付的固定利息現值，以確定合約的公允價值＝甲公司盈虧金額。

（4）期權合同。

①含義。期權合同是指期權購買者（多頭）支付一定的期權費（期權價格），從期權出售者（空頭）處購買一項未來的選擇權，即有權以固定的價格（執行價格）買入特定的標的物（看漲期權），或以固定的價格（執行價格）賣出特定的標的物（看跌期權）。如果到期日對買方有利，則行權，如果對買方不利則棄權。

②看漲期權舉例：

【例7】甲某支付5元的期權費，從乙某處購買了一項期權，將按100元/股的價格從乙某處購入其發行的10,000股普通股，如果到期日，乙某的股票價格分別為110元、100元、98元，請問甲某持有期權的到期日價值和淨損益，甲某是否行權？再計算乙某的到期日價值、淨損益。

【解析】

（1）當股票市價＝110元時，甲某購入期權到期日價值＝Max（110-100, 0）＝10（元），淨損益＝10-5＝5（元），要行權。

乙某的到期日價值＝-Max（110-100, 0）＝-10（元）

淨損益＝-10+5＝-5（元）

（2）當股票市價＝100元時，甲某購入期權到期日價值＝Max（100-100, 0）＝0（元），淨損益＝0-5＝-5（元），棄權。

乙某的到期日價值＝-Max（100-100, 0）＝0（元），淨損益＝0+5＝5（元）。

（3）當股票市價＝98元，甲某購入期權到期日價值＝Max（98-100, 0）＝0（元）；淨損益＝0-5＝-5（元）；棄權。

乙某的到期日價值＝-Max（98-100, 0）＝0（元），淨損益＝0+5＝5（元）。

③注意事項。

第一，期權分為看漲期權和看跌期權，包括買方（多頭）和賣方（空頭）兩個角度。期權的買方（多頭）支付期權費；期權的賣方（空頭）收取期權費。只有期權的到期日價值>0，才行權。

第二，期權到期日價值和淨損益公式如表9-1所示。

表9-1

項　目		多頭（買入）	空頭（賣出）
看漲期權	到期日價值	Max（到期日市價-執行價, 0）	-Max（到期日市價-執行價, 0）
	到期日淨損益	到期日價值-支付的期權費	到期日價值+收到的期權費
看跌期權	到期日價值	Max（執行價-到期日市價, 0）	-Max（執行價-到期日市價, 0）
	到期日淨損益	到期日價值-支付的期權費	到期日價值+收到的期權費

第三，重大價內期權。這是指符合預期的期權，極可能行權。

第四，重大價外期權。這是指不符合預期的期權，極可能棄權。

第五，期權的內在價值。這是指期權立即執行產生的經濟價值，內在價值取決於期

權標的資產的現行市價與期權執行價格的高低。把上述表格公式中的到期日市價改為現行市價，那麼期權的到期日價值就變成了內在價值。

第六，時間價值＝第三方購買期權的價格－內在價值。

【例8】某標的股股票的現行市價為120元，看漲期權的執行價格為100元，第三方購買多頭手中的看漲期權價格為21元，求內在價值和時間價值。

【解析】

多頭看漲期權的內在價值＝Max（現行市價－執行價,0）＝Max（120－100,0）＝20（元）

時間價值＝21－20＝1（元）

第七，歐式期權在到期日結算，而美式期權在到期日前的任何時間結算。

（二）會計準則對金融資產的分類

1. 按照業務模式和收取的現金流量特徵分類如表9-2所示（從投資方角度分類）

表9-2

業務模式及現金流	債務工具	權益工具	衍生工具
（1）收取本金＋利息	債權投資		
（2）收本息＋售價雙重目的	其他債權投資		
（3）隨時準備出售獲利	交易性金融資產	交易性金融資產	交易性金融資產
（4）有公允價計量，不準備交易，且不具有控制、共同控制和重大影響		其他權益工具投資	
（5）長期持有，具有重大影響、共同控制、控制		長期股權投資	

註：①以攤餘成本計量的金融資產，會計科目為「債權投資」；②以公允價值計量且變動計入其他綜合收益的金融資產（債務工具），會計科目為「其他債權投資」；③以公允價值計量且變動計入當期損益的金融資產，會計科目為「交易性金融資產」；④指定為以公允價值計量且變動計入其他綜合收益的金融資產（權益工具），會計科目為「其他權益工具投資」；⑤具有重大影響、共同控制或控制的股權投資，會計科目為「長期股權投資」。

2. 直接指定

（1）為了減少「會計錯配」或消除「會計錯配」，直接指定為「交易性金融資產」或指定為「其他權益性工具投資」。

【例9】甲商業銀行發放一筆固定利率貸款，並採用「利率互換」合同進行套期。由於利率互換作為衍生金融工具，只能按公允價值計量且變動計入當期損益的金融資產計量（即交易性金融資產）。因此「貸款」如果分類為「以攤餘成本計量的金融資產」，則兩者無法匹配，為了消除「會計錯配」，只好將「貸款」指定為「以公允價值計量且變動計入當期損益」的金融資產，也就是同樣分類為「交易性金融資產」。

（2）不是為了解決「會計錯配」而進行的直接指定。

【注意】企業在非同一控制下的企業合併中確認的或有應收對價，直接指定分類為「交易性金融資產」，而不是「其他權益工具投資」；或有應付對價則指定為「交易性金融負債」。

【例10】A公司為上市公司，2018年12月31日，A公司支付5,000萬元收購了B公司60%的股權完成了非同一控制下的企業合併。B公司承諾合併後一年內實現淨利潤1,000萬元，不足部分B公司原股東承諾向A公司支付其差額的60%；A公司承諾以併購

後一年內B公司的淨利潤為基礎的1.5倍支付或有對價。假定2019年B公司實現淨利潤800萬元，如何處理？

【解析】
A公司確定支付對價=5,000萬元，或有應付對價=800×1.5=1,200萬，或有應收對價=（1,000-800）×60%=120（萬元），長期股權投資=50,000,000+12,000,000-1,200,000=60,800,000（元）

會計分錄：
借：長期股權投資　　　　　　　　　　　　　　　60,800,000
　　交易性金融資產　　　　　　　　　　　　　　1,200,000
　貸：銀行存款　　　　　　　　　　　　　　　　50,000,000
　　　交易性金融負債　　　　　　　　　　　　　12,000,000

三、金融負債的分類

(一) 直接指定

比如非同一控制下的企業合併中購買支付的或有應付金額，直接指定為以公允價值變動且計入當期損益的金融負債，即「交易性金融負債」。

(二) 直接指定外的分類

1. 交易性金融負債範圍
(1) 衍生金融工具的虧損。
(2) 金融資產轉移形成的金融負債。
(3) 為交易而形成的金融負債，比如按市場價格回購已經發行的債券。
(4) 財務擔保。

【例11】甲公司發行短期債券，擇期按公允價回購。
【解析】為交易而持有，劃入「交易性金融負債」。

【例12】乙公司發行了一批股票期權，其標的資產並非乙公司自身股票，顯然，如對方行權，乙公司只有從市場上購買其他公司的標的股票用於交付，所以初始確認為「交易性金融負債」。

【例13】丙銀行發行了一項非保本理財產品，納入表內核算（就是自己發行的，而不是受託理財），劃入「交易性金融性負債」。

2. 除了上述範圍的金融負債，可以劃分為「以攤餘成本計量的金融負債」

【例14】丁公司發行3年期債券，按固定利率付息，並到期還本，劃分為「以攤餘成本計量的金融負債」，也就是「應付債券」。

【注意】金融負債不得進行重分類。

四、權益工具

權益工具包括：
(1) 股本。股本即股票。
(2) 資本公積——其他資本公積。如股票期權。
(3) 其他權益工具。如可轉換債券投資中的權益成分的公允價值。

第二節　金融工具的計量

一、金融資產核算

【歸納】

金融資產具體核算見表 9-3。

表 9-3

項　　目	債權投資	其他債權投資	其他權益工具投資	交易性金融資產
①計量模式	攤餘成本	公允價值	公允價值	公允價值
②交易費用	初始成本	初始成本	初始成本	當期損益
③公允價值變動	無	其他綜合收益	其他綜合收益	當期損益
④減值準備	借：信用減值損失 貸：債權投資 　　減值準備	借：信用減值損失 貸：其他綜合收益	不提	不提
⑤持有期間的利息或股利	當期損益	當期損益	當期損益	當期損益
⑥匯兌損益	當期損益	當期損益	其他綜合收益	當期損益
⑦處置	當期損益	當期損益	留存收益	當期損益
⑧重分類	可以	可以	不可以	可以

（一）債權投資

1. 帳戶設置

債權投資——成本

　　　　——利息調整

　　　　——應計利息（反應到期一次付息情況）

【注意】如分期付息，利息列入「應收利息」帳戶。

2. 初始計量

初始計量按公允價值計入初始成本。相關交易費用如手續費、佣金、稅金等也計入初始成本，具體列入「利息調整」明細帳戶。

3. 後續計量

後續計量採用攤餘成本計量，按實際利率法確認利息收入、分攤溢折價。

其中，實際利率=使債權投資的 NPV 等於 0 時的折現率，或使債券投資未來現金流入的現值等於目前現金流出現值時的折現率。

攤餘成本=「債權投資」總帳科目餘額-「債權投資減值準備」總帳科目餘額。

4. 會計處理

以分期付息債券投資為例：

（1）購入時。

借：債權投資——成本（反應債券面值）

　　應收利息（已宣告但尚未領取利息）

借或貸：債權投資——利息調整
　　貸：銀行存款
（2）計提減值準備。
借：信用減值損失
　　貸：債權投資減值準備
（3）資產負債表日計息和攤銷。
借：應收利息（面值×票面利率＝票面利息）
借或貸：債權投資——利息調整（兩者差額）
　　貸：利息收入（期初攤餘成本×實際利率＝實際利息）
（4）分期收回利息。
借：銀行存款
　　貸：應收利息
（5）到期收回本金。
借：銀行存款
　　貸：債權投資——成本
（6）如果出售債權投資。
借：銀行存款
借：債權投資減值準備
　　貸：債權投資
借或貸：投資收益

【例15】2016年1月1日，甲公司從證券市場購入面值總額為2,000萬元的債券，購入時實際支付價款2,078.98萬元，另支付交易費用10萬元。該債券發行日為2016年1月1日，系分期付息、到期還本債券，期限為5年，票面年利率為5%，實際年利率為4%，每年12月31日支付當年利息。甲公司將該債券作為以攤餘成本計量的金融資產核算。2016年12月31日，該債券投資的信用風險自初始確認後未顯著增加，甲公司由此按照12個月確認的預期信用損失準備為10萬元。假定不考慮其他因素，甲公司持有該債券投資2017年應確認的投資收益為多少？

【解析】
(1) 2016年1月1日，購入債券時。
借：債權投資——成本　　　　　　　　　　　　　　20,000,000
　　　　　　——利息調整　　　　　　　　　　　　　 889,800
　　貸：銀行存款　　　　　　　　　　　　　　　　　　　　　20,889,800
(2) 2016年12月31日確認利息收入，並攤銷溢折價。
應收利息＝20,000,000×5%＝1,000,000（元）
利息收入＝20,889,800×4%＝835,592（元）
借：應收利息　　　　　　　　　　　　　　　　　　1,000,000
　　貸：債權投資——利息調整　　　　　　　　　　　　　　164,408
　　　　利息收入　　　　　　　　　　　　　　　　　　　　835,592

(3) 2016 年 12 月確認減值損失。

借：信用減值損失 100,000
　　貸：債權投資減值準備 100,000

(4) 2017 年 12 月 31 日確認利息收入，並攤銷溢折價。

借：應收利息 1,000,000
　　貸：債權投資——利息調整 174,984
　　　　利息收入 825,016

(期初攤餘成本 20,889,800−164,408−100,000)×4% = 20,625,392×4% = 825,016(元)

(二) 其他債權投資

會計分錄：

(1) 購買債務工具時。

借：其他債權投資——成本(面值)
　　　　　　　　——利息調整
　　應收利息(已到付息期尚未領取的利息)
　　貸：銀行存款

(2) 發生減值。

借：信用減值損失
　　貸：其他綜合收益——信用減值準備

(3) 資產負債表日，計息並攤銷溢折價。

借：應收利息　　（面值×票面年利率＝票面利率）
借或貸：其他債權投資——利息調整
　　貸：利息收入（期初攤餘成本×實際年利率＝實際利息）

【注意】

(1) 其他債權投資除「減值損失、利息收入、匯兌損益」計入當期損益外，其他都計入「其他綜合收益」。當其他債權投資終止確認時，「其他綜合收益」才結轉當期損益。

(2) 其他債權投資公允價值的變動不影響利息收入的計算，因為利息收入＝攤餘成本×實際利率，由於信用減值損失計入「其他綜合收益」，沒有減少其他債權投資的帳面價值，所以，不會影響攤餘成本，因此對利息收入不會有影響，實際上利息收入應該是帳面餘額×實際利率。

(4) 資產負債表日公允價值正常變動。

①上升：

借：其他債權投資——公允價值變動
　　貸：其他綜合收益

②下降：

借：其他綜合收益
　　貸：其他債權投資——公允價值變動

【注意】這裡的「其他綜合收益」並非直接用本期末公允價−上期末公允價，而是利用以下公式求得的：本期末公允價值累計變動數−上期末公允價值變動累計數
＝(本期末公允價−本期末攤餘成本)−(上期末公允價−上期末攤餘成本)

(5)出售時。
借:銀行存款
　貸:其他債權投資(帳面價值)
借或貸:投資收益
同時
借:其他綜合收益
　貸:利息收入

【例16】2018年1月1日甲公司支付價款1,020萬元(與公允價值相等)購入某公司同日發行的3年期公司債券,另外支付交易費用8.24萬元,該公司債券的面值為1,000萬元,票面年利率為4%,實際年利率為3%,每年12月31日支付本年利息,到期支付本金。甲公司將該公司債券劃分為以公允價值計量且其變動計入其他綜合收益的金融資產。2018年12月31日,甲公司收到債券利息40萬元,該債券的公允價值為900萬元,甲公司期末確認預期信用損失準備100萬元,不考慮其他因素,甲公司下列會計處理中正確的是(　　)。
A.2018年1月1日該金融資產的初始確認金額為1,028.24萬元
B.2018年應該確認的信用減值損失為119.09萬元
C.2018年12月31日資產負債表中其他綜合收益餘額為-19.09萬元
D.2018年12月31日該金融資產帳面價值為900萬元

【解析】選項B錯誤,正確答案為ACD。
(1)購入時。
借:其他債權投資——面值　　　　　　　　　　　　10,000,000
　　　　　　　——利息調整　　　　　　　　　　　　282,400
　貸:銀行存款　　　　　　　　　　　　　　　　　　10,282,400
(2)計息並攤銷利息調整。利息收入=10,282,400×3%=308,500(元)。
借:應收利息　　　　　　　　　　　　　　　　　　400,000
　貸:其他債權投資——利息調整　　　　　　　　　　91,528
　　利息收入　　　　　　　　　　　　　　　　　　308,472
(3)公允價值變動=本期末公允價值變動的累計數-上期末公允價值變動的累計數
　　　　　　　　=(本期末公允價值-本期末攤餘成本)-上期末公允價值變動的累計數
　　　　　　　　=9,000,000-(10,282,400-91,528)-0=1,190,872
借:其他綜合收益　　　　　　　　　　　　　　　　1,190,872
　貸:其他債權投資　　　　　　　　　　　　　　　　1,190,872
(4)計提信用減值損失=∑(預計應收合同現金流量-實際收到現金流量)×$(P/A, i, n)$
借:信用減值損失　　　　　　　　　　　　　　　　1,000,000
　貸:其他綜合收益——信用減值準備　　　　　　　　1,000,000

(三)其他權益工具投資
會計分錄:
(1)購進權益工具時。
借:其他權益工具投資——成本(公允價+交易費用)
　應收股利(已宣告但尚未發放的現金股利)
　貸:銀行存款

（2）公允價值正常波動。
①上升：
借：其他權益工具投資——公允價值變動
　　貸：其他綜合收益
②下降：
借：其他綜合收益
　　貸：其他權益工具投資——公允價值變動
（3）持有期間被投資單位宣告分派現金股利。
借：應收股利
　　貸：投資收益
（4）出售時。
①將出售的差價結轉留存收益。
借：銀行存款
　　貸：其他權益工具投資（帳面價值）
　　　　留存收益（盈餘公積、利潤分配——未分配利潤）
②同時將平時的「其他綜合收益」結轉「留存收益」。
借：其他綜合收益
　　貸：留存收益（盈餘公積、利潤分配——未分配利潤）

【例17】2018年5月6日，甲公司支付價款1,016萬元（含交易費用1萬元和已宣告發放現金股利15萬元），購入乙公司發行的股票200萬股，占乙公司有表決權股份的0.5%。甲公司將其指定為以公允價值計量且其變動計入其他綜合收益的非交易性權益工具投資。
①2018年5月10日，甲公司收到乙公司發放的現金股利15萬元。
②2018年6月30日，該股票市價為每股5.2元。
③2018年12月31日，甲公司仍持有該股票；當日，該股票市價為每股5元。
④2019年5月9日，乙公司宣告發放股利4,000萬元。
⑤2018年5月13日，甲公司收到乙公司發放的現金股利。
⑥2018年5月20日，甲公司由於某特殊原因，以每股4.9元的價格將股票全部轉讓。
假定盈餘公積的提取比例為10%，不考慮其他因素。
要求：編製甲公司的帳務處理（金額單位：元）。
【解析】
（1）2018年5月6日，購入股票。
借：其他權益工具投資——成本　　　　　　　　　　10,010,000
　　應收股利　　　　　　　　　　　　　　　　　　　　150,000
　　貸：銀行存款　　　　　　　　　　　　　　　　　10,160,000
（2）2018年5月10日，收到現金股利。
借：銀行存款　　　　　　　　　　　　　　　　　　　150,000
　　貸：應收股利　　　　　　　　　　　　　　　　　　150,000
（3）2018年6月30日，確認股票價格變動。

借：其他權益工具投資——公允價值變動　　　　　　　　　　　390,000
　　貸：其他綜合收益——其他權益工具投資公允價值變動　　　　390,000

【注意】這裡的公允價值變動＝本期末公允價－上期末公允價，與其他債權投資的計算不同。

（4）2018年12月31日，確認股票價格變動。
借：其他綜合收益——其他權益工具投資公允價值變動　　　　　400,000
　　貸：其他權益工具投資——公允價值變動　　　　　　　　　　400,000

（5）2019年5月9日，確認應收現金股利。
借：應收股利　　　　　　　　　　　　　　　　　　　　　　　200,000
　　貸：投資收益　　　　　　　　　　　　　　　　　　　　　　200,000

（6）2019年5月13日，收到現金股利。
借：銀行存款　　　　　　　　　　　　　　　　　　　　　　　200,000
　　貸：應收股利　　　　　　　　　　　　　　　　　　　　　　200,000

（7）2019年5月20日，出售股票。
①將價差結轉留存收益。
借：銀行存款　　　　　　　　　　　　　　　　　　　　　　9,800,000
　　其他權益工具投資——公允價值變動　　　　　　　　　　　 10,000
　　盈餘公積——法定盈餘公積　　　　　　　　　　　　　　　 20,000
　　利潤分配——未分配利潤　　　　　　　　　　　　　　　　180,000
　　貸：其他權益工具投資——成本　　　　　　　　　　　　10,010,000
同時，
②將平時的其他綜合收益結轉留存收益。
借：盈餘公積—法定盈餘公積　　　　　　　　　　　　　　　　1,000
　　利潤分配——未分配利潤　　　　　　　　　　　　　　　　　9,000
　　貸：其他綜合收益——公允價值變動　　　　　　　　　　　 10,000

(四) 交易性金融資產
會計分錄：
（1）取得時。
借：交易性金融資產——成本（公允價值）
　　投資收益（發生的交易費用）
　　應收股利（已宣告但尚未發放的股利）
　或　應收利息（已到付息期尚未領取的利息）
　　貸：銀行存款
（2）持有期間獲得股利或利息。
借：應收股利或應收利息
　　貸：投資收益
（3）公允價值變動。
上升：
借：交易性金融資產——公允價值變動
　　貸：公允價值變動損益

下降：
借：公允價值變動損益
　　貸：交易性金融資產——公允價值變動
(4) 出售。
借：銀行存款
借或貸：投資收益
　　貸：交易性金融資產——成本
　　　　　　　　　　——公允價值變動

【注意】新規定：公允價值變動損益在處置時不再結轉「投資收益」。

【例18】承【例17】，如果甲公司根據其管理乙公司股票的業務模式和乙公司股票的合同現金流量特徵，將乙公司股票分類為以公允價值計量且其變動計入當期損益的金融資產，且2018年12月31日乙公司股票市價為每股4.8元，其他資料不變，則甲公司應做如下帳務處理（金額單位：元）。

(1) 2018年5月6日，購入股票。

借：交易性金融資產——成本	10,000,000
應收股利	150,000
投資收益	10,000
貸：銀行存款	10,160,000

(2) 2018年5月10日，收到現金股利。

| 借：銀行存款 | 150,000 |
| 　　貸：應收股利 | 150,000 |

(3) 2018年6月30日，確認股票價格變動。

| 借：交易性金融資產——公允價值變動 | 400,000 |
| 　　貸：公允價值變動損益 | 400,000 |

(4) 2018年12月31日，確認股票價格變動。

| 借：公允價值變動損益 | 800,000 |
| 　　貸：交易性金融資產——公允價值變動 | 800,000 |

【備註】公允價值變動＝200萬股×（本期市價4.8元/股－上期市價5.2元/股）＝－80（萬元），這與其他債權投資計算也不同。

(5) 2019年5月9日，確認應收現金股利。

| 借：應收股利 | 200,000 |
| 　　貸：投資收益 | 200,000 |

(6) 2019年5月13日，收到現金股利。

| 借：銀行存款 | 200,000 |
| 　　貸：應收股利 | 200,000 |

(7) 2019年5月20日，出售股票。

借：銀行存款	9,800,000
交易性金融資產——公允價值變動	400,000
貸：交易性金融資產——成本	10,000,000
投資收益	200,000

【歸納】
表 9-4

類別	後續計量	影響損益	影響其他綜合收益
債權投資	攤餘成本	（1）使用實際利率法確認的利息收入；（2）信用減值損失；（3）匯兌損益；（4）終止確認產生的利得或損失（投資收益）	無
其他債權投資	公允價值	（1）使用實際利率法確認的利息收入；（2）信用減值損失；（3）匯兌損益；（4）終止確認產生的利得或損失（投資收益）	（1）公允價值變動 （2）減值準備：其他綜合收益-減值準備 （3）當終止確認時將累計「其他綜合收益」金額轉入當期損益
其他權益工具投資	公允價值	正常股利收入（投資收益）	（1）公允價值變動 （2）匯兌損益 （3）終止確認時累計「其他綜合收益」應轉入留存收益
交易性金融資產	公允價值	（1）公允價值變動；（2）交易費用；（3）匯兌損益；（4）終止確認時產生的利得或損失（投資收益）	

二、金融負債的核算

（一）以攤餘成本計量的金融負債：應付債券

1. 帳戶設置
應付債券——面值
　　　　——利息調整
　　　　——應計利息　（一次性還本付息）
如分期付息則票面利息單設帳戶「應付利息」核算。

2. 分期付息債券的帳務處理
（1）債券發行。
借：銀行存款
借或貸：應付債券——利息調整
　　貸：應付債券——面值
（2）利息調整的攤銷（實際利率法）。
借：財務費用（期初攤餘成本×實際利率＝實際利息）
借或貸：應付債券——利息調整
　　貸：應付利息（面值×票面利率＝票面利息）

【歸納】應付債券的期初攤餘成本＝「應付債券」總帳科目的期初餘額。

（3）付息。

借：應付利息
　　貸：銀行存款

（4）還本。

借：應付債券——面值
　　貸：銀行存款

【例19】甲公司為上市公司，2001年1月1日發行4年期、面值總額為20,000萬元，一次還本分期付息的公司債券，每年年末計算票面利息，於次年1月1日支付票面利息，票面年利率為6%，實際年利率為5%，採用實際利率法攤銷溢折價。假定發行價格為20,709.20萬元，未發生其他相關稅費。

要求：編製債券發行、溢折價攤銷、還本付息的會計分錄。

【解析】

（1）2001年1月1日發行債券時。

借：銀行存款　　　　　　　　　　　　　　　　207,092,000
　　貸：應付債券——面值　　　　　　　　　　200,000,000
　　　　應付債券——利息調整　　　　　　　　　7,092,000

（2）每年年末計算利息費用（見表9-5）。

表9-5　　　　　　　　　　　　　　　　　　　　單位：萬元

年　限	票面利息	實際利息	攤銷利息調整	應付債券的攤餘成本
2001年1月1日				20,709.20
2001年12月31日	1,200	1,035.46	164.54	20,544.66
2002年12月31日	1,200	1,027.23	172.77	20,371.89
2003年12月31日	1,200	1,018.59	181.41	10,190.48
2004年12月31日	1,200	1,009.52	190.48	20,000
合　計	4,800	4,090.80	709.20	20,000

① 2001年12月31日會計分錄。

借：財務費用　　　　　　　　　　　　　　　　10,354,600
借：應付債券——利息調整　　　　　　　　　　　1,645,400
　　貸：應付利息　　　　　　　　　　　　　　12,000,000

② 2002年1月1日付息時。

借：應付利息　　　　　　　　　　　　　　　　12,000,000
　　貸：銀行存款　　　　　　　　　　　　　　12,000,000

其餘分錄模式同上，此略

③ 2005年1月1日還本付息。

借：應付債券——面值　　　　　　　　　　　200,000,000
借：應付利息　　　　　　　　　　　　　　　　12,000,000
　　貸：銀行存款　　　　　　　　　　　　　212,000,000

(二) 交易性金融負債

【歸納】 其公允價值變動形成的利得或損失，除與套期會計有關的外，應當計入當期損益。

【例20】 2018年7月1日，中金公司經批准在全國銀行間債務市場公開發行10億元人民幣短期融資券，期限為1年，票面年利率5.58%，每張面值為100元，到期一次還本付息。所募集資金主要用於購買生產用的原材料。該公司將短期融資券指定為以公允價值計量且其變動計入當期損益的金融負債。2018年12月31日，該短期融資券市場價格每張120元（不含利息）；2019年3月31日，該短期融資券市場價格每張110元（不含利息）；2019年6月30日，該短期融資券到期兌付完成。假定不考慮交易稅費。

【解析】 帳務處理如下：

(1) 2018年7月1日，發行短期融資券。

借：銀行存款　　　　　　　　　　　　　　　1,000,000,000
　　貸：交易性金融負債——成本　　　　　　　　　　1,000,000,000

(2) 2018年12月31日，年末確認公允價值變動和利息費用。

交易性金融負債 = (120-100)×1,000 = 20,000（萬元）

應付利息 = (100,000×5.58%×1/2) = 2,790（萬元）

①借：公允價值變動損益　　　　　　　　　　　200,000,000
　　貸：交易性金融負債——公允價值變動　　　　　　200,000,000

②借：財務費用　　　　　　　　　　　　　　　27,900,000
　　貸：應付利息　　　　　　　　　　　　　　　　27,900,000

(3) 2019年3月31日，季末確認公允價值變動和利息費用。

財務費用 = 100,000×5.58%×1/4 = 1,395（萬元）

①借：交易性金融負債——公允價值變動　　　　100,000,000
　　貸：公允價值變動損益　　　　　　　　　　　　100,000,000

②借：財務費用　　　　　　　　　　　　　　　13,950,000
　　貸：應付利息　　　　　　　　　　　　　　　　13,950,000

(4) 2019年6月30日，短期融資券到期。

①借：財務費用　　　　　　　　　　　　　　　13,950,000
　　貸：應付利息　　　　　　　　　　　　　　　　13,950,000

②借：交易性金融負債——成本　　　　　　　1,000,000,000
　　　　　　　　　　——公允價值變動　　　　　100,000,000
　借：應付利息　(2,790×2個半年)　　　　　　　55,800,000
　　貸：銀行存款　　　　　　　　　　　　　　　1,055,800,000
　　　　公允價值變動損益　　　　　　　　　　　　100,000,000

第三節 金融工具的重分類

一、範圍

債權投資、其他債權投資和交易性金融資產相互可以重分類。但其他權益性工具投資不得重分類。

二、方法（未來適用法）

1. 債權投資重分類
（1）交易性金融資產。
（2）其他債權投資。

【例21】甲公司將一項債券投資初始確認為「以攤餘成本計量」成本為1,000萬元，於本年末重分類，假定公允價值為1,020萬元，成本不變。按以下情況分析：

第一，重分類為「交易性金融資產」，入帳價值＝當日公允價值1,020萬元，公允價值1,020萬元－原帳面價值1,000萬元＝20萬元計入當期損益（公允價值變動損益）。

第二，重分類為「其他債權投資」，入帳價值＝當日公允價1,020萬元，公允價值1,020萬元－原帳面價值1,000萬元＝20萬元計入「其他綜合收益」。

2. 「其他債權投資」重分類
（1）債權投資。

【歸納】將此前的「其他綜合收益」轉出調整重分類日的公允價值，並以調整後的金額作為新的入帳價值，視同一直採用攤餘成本計量。該重分類不影響其實際利率和預期信用損失的計量。

（2）交易性金融資產。

【歸納】應當繼續以公允價值計量，同時將此前的「其他綜合收益」累計數轉為當期損益（公允價值變動損益）。

【例22】甲公司將初始確認為「其他債權投資」的金融資產重分類，當日公允價為10億元，累計確認利得1億元列入「其他綜合收益」。根據以下情況分別處理：

（1）重分類為「債權投資」。

借：其他綜合收益　　　　　　　　　　　　100,000,000
　　貸：債權投資　　　　　　　　　　　　　　　　100,000,000

同時：

借：債權投資　　　　　　　　　　　　　1,000,000,000
　　貸：其他債權投資　　　　　　　　　　　　　1,000,000,000

（2）劃分為「交易性金融資產」。

借：交易性金融資產　　　　　　　　　　1,000,000,000
　　貸：其他債權投資　　　　　　　　　　　　　1,000,000,000

同時：

借：其他綜合收益　　　　　　　　　　　　　　　　100,000,000
　　貸：投資收益　　　　　　　　　　　　　　　　　100,000,000

3.「交易性金融資產」重分類
（1）債權投資：以當日公允價作為新的入帳價值，然後按攤餘成本進行後續計量。
（2）其他債權投資：以當日公允價作為新的入帳價值，然後繼續採用公允價值計量。

【例23】丁公司將列入「交易性金融資產」的上市交易的債券組合投資進行重分類，當日公允價2億元。根據以下情況分別處理：
（1）劃分為「債權投資」。
借：債權投資　　　　　　　　　　　　　　　　　　200,000,000
　　貸：交易性金融資產　　　　　　　　　　　　　200,000,000
（2）劃分為「其他債權投資」。
借：其他債權投資　　　　　　　　　　　　　　　　200,000,000
　　貸：債權投資　　　　　　　　　　　　　　　　200,000,000

第四節　金融工具減值

一、金融資產減值的範圍

（一）應提取的範圍
1. 以攤餘成本計量的金融資產：債權投資
2. 以公允價值計量且變動計入其他綜合收益的債務工具：其他債權投資
3. 租賃應收款：長期應收款
4. 合同資產：尚未完成某項義務的應收款
【注意】應收帳款是指無條件的應收款項。
5. 部分貸款承諾和財務擔保合同

（二）不能提取的範圍
1. 交易性金融資產
2. 以公允價值計量且變動計入其他綜合收益的權益工具：其他權益工具投資
減值的計量：以預期信用損失為基礎，確認損失準備
信用損失 = Σ（應收合同現金流量－預期收取的現金流量）×$(P/F, i, n)$
　　　　　= 全部現金短缺的現值
i＝原實際利率，如金融資產為源生的或購買的已發生減值的金融資產，i為經過信用調整之後的實際利率。
n為預計存續期，按照以下規則確定：
（1）一般方法適用於特定方法和簡化方法之外的範圍。
【歸納】如果信用風險自初始確認後顯著增加的，則n＝整個存續期；如果信用風險自初始確認後並未顯著增加，則n＝未來12個月內，是指資產負債表日後的12個月內。
【注意】一般逾期30日就是風險顯著增加。

（2）特定方法適用於購買或源生的已經發生信用減值的金融資產。
按照整個存續期預期信用損失的累計變動金額為作為損失準備：
當期損益＝本期損失準備的累計數－上期累計數

【例24】某企業購入一項3年期債券，作為「債權投資」核算，但是購入時已經發生減值10萬元，該企業按照3年整個存續期預計減值準備累計將達到25萬元，所以當期信用損失為（25－10）15萬元。

借：信用減值損失　　　　　　　　　　　　　　150,000
　　貸：債權投資減值準備　　　　　　　　　　　　　150,000

（3）簡化方法適用於應收款項、合同資產和租賃應收款。

【歸納】應當始終按照相當於整個存續期內的預期信用損失的金額計量其損失準備。
預期信用損失 = Σ各種信用損失×概率
會計處理：
①債權投資減值：
借：信用減值損失
　　貸：債權投資減值準備
②其他債權投資減值：
借：信用減值損失
　　貸：其他綜合收益——信用減值準備
③應收帳款壞帳準備：
借：信用減值損失
　　貸：壞帳準備

【例25】壞帳準備

M公司2019年應收帳款組合為3,000萬元（均不含重大融資成分）。M公司按整個存續期預期信用損失計量壞帳準備，應收帳款違約率情況如表9-6所示。

表9-6

項目	當期	逾期1－30天	逾期31－60天	逾期61－90天	逾期超過90天
違約率	0.3%	1.6%	3.6%	6.6%	11%

要求：按照違約率預計壞帳準備。

【解析】資產負債表日，M公司計提減值損失如表9-7所示。

表9-7　　　　　　　　　　　　　　　　　　　　　　　單位：萬元

項目	應收帳款帳面總額	整個存續期預期信用損失準備 （帳面總額×整個存續期預期信用損失率）
當期	1,500 ×0.3%	4.5
逾期1~30天	750×1.6%	12
逾期31~60天	400×3.6%	14.4
逾期61~90天	250×6.6%	16.5
逾期超過90天	100×11%	11
合計	3,000	58.4

會計分錄：
借：信用減值損失　　　　　　　　　　　　　　　　　　　　580,000
　　貸：壞帳準備　　　　　　　　　　　　　　　　　　　　　　580,000

（二）其他債權投資減值準備

【例26】甲公司於2018年12月15日購入一項公允價值為1,000萬元的債券，該債券期限8年，年利率為5%（與購入時的市場利率一致），被分類為以公允價值計量且其變動計入其他綜合收益的金融資產。該債券初始確認時，甲公司確定其不屬於購入或源生的已發生信用減值的金融資產。2018年12月31日，由於市場利率變動，該債券的公允價值跌至950萬元。甲公司經綜合分析後認為，該債券的信用風險自初始確認後並無顯著增加，應按12個月計量預期信用損失，經計算金額為30萬元。2019年1月1日，甲公司決定以當日的公允價值960萬元出售該債券投資。假定不考慮相關稅費和利息收入因素。

要求：進行有關會計處理。

【解析】
（1）購入時。
借：其他債權投資　　　　　　　　　　　　　　　　　　10,000,000
　　貸：銀行存款　　　　　　　　　　　　　　　　　　　　10,000,000
（2）公允價值下跌。
其他債權投資＝10,000,000－9,500,000＝500,000（元）
借：其他綜合收益　　　　　　　　　　　　　　　　　　　　500,000
　　貸：其他債權投資　　　　　　　　　　　　　　　　　　　500,000
（3）計提減值準備。
借：信用減值損失　　　　　　　　　　　　　　　　　　　　300,000
　　貸：其他綜合收益——減值準備　　　　　　　　　　　　　300,000

【注意】信用減值是根據未來現金流量的差額的折現值計算的，而不是根據公允價值（市場價格）的波動計算的。

（4）2019年1月1日，出售債券。
借：銀行存款　　　　　　　　　　　　　　　　　　　　　9,500,000
　　貸：其他債權投資　　　　　　　　　　　　　　　　　　9,500,000
同時，借：投資收益　　　　　　　　　　　　　　　　　　　200,000
　　　　　貸：其他綜合收益　　　　　　　　　　　　　　　　200,000

【注意】處置以公允價值計量且其變動計入其他綜合收益的資產（其他債權投資）時，應將其他綜合收益中的累計金額結轉至當期損益。但是，處置指定為以公允價值計量且其變動計入其他綜合收益的非交易性權益工具投資（其他權益工具投資）時，應將其他綜合收益中的累計金額結轉至留存收益。

第五節　金融負債和權益工具的區分

一、金融負債和權益工具區分的基本原則

【歸納】如果企業有不可避免的義務，就是金融負債，如果可以避免義務的發生，就是權益工具。

二、具體處理

（一）交付現金，或交付其他金融資產的合同義務

1. 無法避免義務發生，構成金融負債

（1）強制贖回，即是金融負債。

【例27】某企業發行優先股1億元，但合同約定10年後按面值無條件贖回。

【解析】由於優先股將被強制贖回，發行人無法避免義務發生，所以應該作為金融負債。

（2）強制付息，即是金融負債。

【例28】發行一項面值為人民幣1億元的優先股，要求每年按6%的股息率支付優先股股息。

【例29】某企業發行一項永續債，無固定還款期限，且不可贖回，每年按8%的利率強制付息。

（3）投資金融衍生工具發生的義務（實際上是虧損，然後以現金結算）。

【例30】甲某發行一項看漲期權，乙某購買，標的物為M公司的股票。乙某支付期權費10元，執行價100元，如果到期日M公司的股票市價為120元。乙方將行權，則甲應支付對方款項 = -Max（120-100，0）= -20元，這就是合同義務，為金融負債。實質上，乙某的目的不是獲取股票，只是以標的股票作為載體工具計算盈虧罷了。

2. 能夠無條件地避免義務發生，構成「權益工具」

【例31】企業能夠自主決定是否支付股息（即可以避免支付股息義務），同時所發行的金融工具沒有到期日，且持有方沒有回售權，或雖有固定期限，發行方有權無限期遞延（即可以避免支付本金的義務），則構成「權益工具」。

（二）是否通過交付固定數量的自身權益工具結算

1. 基礎工具：發行股票屬於權益工具

【例32】甲公司發行普通股。普通股的特點是：不能回售，無到期日。甲公司可以控制分紅等，屬於權益工具。

2. 衍生工具（見表9-8）：滿足「固定換固定」規則，屬於「權益工具」，否則屬於「金融負債或金融資產」

表9-8

序號	自身權益工具	現金或其他金融資產	交易分類
（1）	固定數量	固定數量	權益工具
（2）	可變數量	固定數量	金融負債或金融資產
（3）	固定數量	可變數量	金融負債或金融資產
（4）	可變數量	可變數量	金融負債或金融資產

【例33】甲公司出賣一項看漲期權給乙公司，標的股票是甲公司的股票，乙公司支付期權費10元，有權按照每股100元的執行價格從甲公司處購買1,000股股票（面值

1元)。假定到期日標的股票的市價為130元,請從甲公司的角度,分別以下三種情況判斷該項期權屬於金融負債、金融資產還是權益工具。

(1) 乙公司的目的並非要獲得股票,而是以該股票作為「賭輸贏」的工具,盈虧將按照現金淨額結算。

(2) 乙公司的目的是「賭輸贏」,盈虧將以股票實物結算,股票是現金的替代物。

(3) 乙公司的目的是獲得甲公司的股票,將按照「固定價格和固定數量」購買,實質上是股份支付中「股票期權」的激勵方式。

【解析】甲公司判斷如下:

(1) 甲公司作為空頭方看漲期權的到期日價值=－Max(到期日市價－執行價,0)×1,000=－Max(130－100,0)=－30×1,000=－30,000(元),乙公司將行權,甲公司將支付乙公司30,000元現金,義務不可避免,屬於金融負債。

(2) 甲公司作為空頭方的看漲期權的到期日價值=－Max(到期日市價－執行價,0)×1,000=－Max(130－100,0)=－30×1,000=－30,000(元),乙公司將行權,獲得的甲公司股票=30,000/130=230.77股,實際將支付給乙公司230股標的股票,另外找零=0.77×130=100.10元,這裡的股票市價是變化的,因而股票數量也是變化的,不滿足「固定換固定的原則」,屬於金融負債。

(3) 綜上可知,乙公司將行權,獲得的權利是「按照固定的價格購買固定數量的甲公司股票」,而並非「賭輸贏」。因此,相當於甲公司發行普通股,屬於權益工具。

會計分錄:

借:銀行存款　　　　　　　　　　　　　　　　10,000
　貸:股本　　　　　　　　　　　　　　　　　　1,000
　　　資本公積——資本溢價　　　　　　　　　　9,000

(三) 或有結算條款

【歸納】或有結算條款是指可能發生,也可能不發生的義務。如果發行方能夠避免義務發生的,屬於「權益工具」;不能避免義務發生的屬於「金融負債」;一部分能夠避免,另一部分不能夠避免的是「複合金融工具」。

1. 會計或稅務法規變化

【例34】甲企業發行了非累積優先股,可以自行決定是否派發6%的股利,但是當稅務或會計法規被國家修改,該股份將被贖回。

【解析】甲企業可以避免股利支付義務,但無法避免股份贖回義務,所以屬於複合金融工具。

2. 首次公開發行股票

【例35】乙公司定向發行5億元普通股,可以自行決定是否派發股利,如果乙公司進行首次公開發行股票,則必須按照面值全部贖回。

【解析】乙公司可以不進行首次公開發行股票以避免贖回義務,並且可以決定不發股利,所以應做權益工具。

【例36】丙公司定向發行10億股普通股,可以自行決定是否發放現金股利,但如果該股票發行日後5年內未能成功籌資10億元,則必須按面值贖回該股票。

【解析】丙公司可以自行避免股利發放,但無法避免籌資未成功贖回股票的義務,所以為複合金融工具。

3. 控制權的改變

【例37】丁公司定向發行15億元普通股，可自行決定是否派發股利；如果丁公司大股東控制權發生改變，則丁公司必須按照面值贖回該股票。

【解析】丁公司無法控制大股東控制權的改變，因此無法避免義務發生，所以作為「金融負債」。

4. 或有結算條款不具有可能性，則應當將其分類為「權益工具」

【例38】某公司發行普通股20億元，規定：當世界滅亡之日，才允許按面值贖回，或公司破產清算時才能贖回。

【解析】上述或有結算條款不具備可能性，該公司的義務幾乎不能發生，因此為「權益工具」。

(四) 可回售工具

1. 劃分為金融負債條件

劃分為金融負債條件為持有方有權回售，或在不確定事項發生時，或持有方死亡、退休時自動回售給發行方。

【例39】某企業發行100萬單位某類金融工具，規定持有方在持有10年後可以選擇無條件按面值回售給發行方。

【解析】應劃分為金融負債。

2. 滿足以下條件，應劃分為「權益工具」

(1) 清算時，可分得相應比例的淨資產。
(2) 屬於最次級權益（即排到清算順序末位）。
(3) 所有工具特徵相同，如都具有回售條款，計算方法相同。
(4) 存續期內預計現金流量的總額，實際上基於存續期內企業淨資產及損益變動。

【例40】甲企業為一合夥企業，相關入伙合同約定：新合夥人加入時按確定的金額和持股比例入股，合夥人退休或退出時以其持股的公允價值退還；合夥企業營運資金均來自合夥人的入股，合夥人持股期間可按持股比例分得合夥企業的利潤（但利潤分配由合夥企業自主決定）；當合夥企業清算時，合夥人可按持股比例獲得合夥企業的淨資產。

【解析】本例中，由於合夥企業在合夥人退休或退出時有向合夥人交付金融資產的義務，因而該可回售工具（合夥人入股合同）滿足金融負債的定義。同時，其作為可回售工具具備了以下特徵：

(1) 合夥企業清算時合夥人可按持股比例獲得合夥企業的淨資產。
(2) 該入股款屬於合夥企業中最次級類別的工具。
(3) 所有的入股款具有相同的特徵。
(4) 合夥企業僅有以金融資產回購該工具的合同義務。
(5) 合夥人持股期間可獲得的現金流量總額，實質上基於該工具存續期內企業的損益、已確認和未確認淨資產的公允價值變動。

因此，該入伙合同應當確認為權益工具。

(五) 發行方僅在清算時，才有義務向另一方按比例交付其淨資產的金融工具

只要滿足以下兩個條件就劃分為「權益工具」：

(1) 清算時退出。
(2) 最次級類別的金融工具。

【例41】甲企業為一中外合作經營企業，成立於2×14年1月1日，經營期限為20年。按照相關合同約定，甲企業的營運資金及主要固定資產均來自雙方股東投入，經營期間甲企業按照合作經營合同進行營運；經營到期時，該企業的淨資產根據合同約定按出資比例向合作雙方償還。

【解析】該金融工具同時具備下列特徵：①合作雙方在合作企業發生清算時可按合同規定比例份額獲得企業淨資產；②該入股款屬於合作企業中最次級類別的工具。因而該金融工具應當確認為權益工具。

（六）永續債

1. 到期日

（1）無固定到期日，且無權贖回，可以避免義務的，分類為權益工具。

（2）無固定到期日，但有權贖回的，分兩種情形：其一，贖回日為發行方的清算日，沒有贖回義務，分類為權益工具。其二，贖回日為非清算日，如果發行方能夠自主決定不贖回，屬於權益工具；發行方不能夠避免贖回的，屬於金融負債。

2. 清償順序

（1）清償順序在發行方發行的普通債券和其他債務之後的，沒有交付現金或其他金融資產的義務的，屬於權益工具。

（2）與普通債券、其他債務處於相同順序，發行方可以避免義務的屬於權益工具，不能避免義務的屬於金融負債。

3. 利率跳升

（1）跳升有限，未超過同行業、同類型金融工具平均利率水準，未構成間接義務的，屬於權益工具。

（2）跳升超過了同行業、同類型金融工具平均利率水準，構成間接義務的，構成金融負債。

三、複合金融工具

（一）可轉換的公司債券

1. 帳戶設置：應付債券——可轉換公司債券——面值
　　　　　　　　　　　　　　　　　　　——應計利息
　　　　　　　　　　　　　　　　　　　——利息調整

同理，如果分期付息，票面利息列入「應付利息」。

2. 發行方的帳務處理

（1）發行時，將負債成分和權益成分進行分拆。

借：銀行存款
借或貸：應付債券——可轉換公司債券（利息調整）
　　貸：應付債券——可轉換公司債券（面值）
　　　　其他權益工具

其中：

①負債成分的公允價值＝未來債券現金流出量的現值＝面值×複利現值係數+票面利息×年金現值係數

②權益成分的公允價值=可轉換債券整體發行價格－負債成分的公允價值
③利息調整=債券面值－債券成分的公允價值
④交易費用按負債成分和權益成分初始確認的金額的相對比例進行分攤。
　　負債成分分攤交易費用的列入「應付債券——可轉換公司債券（利息調整）」；權益成分分攤的交易費用列入「其他權益工具—其他資本公積」。
（2）負債成分在轉股前確認實際利息與票面利息。
借：財務費用（債券期初攤餘成本×實際利率）
借或貸：應付債券——利息調整
　貸：應付利息（面值×票面利率）或應付債券——應計利息
（3）行使轉換權時。
借：應付債券——可轉換公司債券（面值）
　　　　　　——可轉換公司債券（利息調整）
　其他權益工具（權益成分的金額）
　貸：股本
　　　資本公積——股本溢價
　　　庫存現金

【例42】甲公司2017年1月1日發行3年期可轉換公司債券（每年12月31日付息，到期一次還本），面值總額為10,000萬元，發行價款為10,100萬元，票面年利率為4%，實際年利率為6%；甲公司按實際利率法確認利息費用，2018年1月1日，某債券持有人將持有面值為5,000萬元本公司債券轉換為100萬普通股（每股面值1元）。
　要求：甲公司編製相關會計分錄。
【解析】
（1）確定負債成分的公允價值=利息現值+面值的現值=$10,000×4\%×(P/A,6\%,3)+10,000×(P/F,6\%,3)=1,069.21+8,396.19=9,465.40$（萬元）
確定權益成分的公允價值=$10,100-9,465.40=634.60$（萬元）
應付債券——利息調整　　　　$10,000-9,465.40=534.60$（萬元）
借：銀行存款　　　　　　　　　　　　　101,000,000
　　應付債券——利息調整　　　　　　　　5,346,000
　貸：應付債券——面值　　　　　　　　100,000,000
　　　其他權益工具　　　　　　　　　　　6,346,000
（2）2007年12月31日確認利息費用。
財務費用　　　　　　　　　　　　　$567.92=9,465.40×6\%$
借：財務費用　　　　　　　　　　　　　　5,679,200
　貸：應付利息　　　　　　　　　　　　　4,000,000
　　　應付債券——利息調整　　　　　　　1,679,200
同時，借：應付利息　　　　　　　　　　　4,000,000
　　　　　貸：銀行存款　　　　　　　　　4,000,000
（3）轉換為普通股份。
面值=$10,000×5\%=500$（萬元）
其他權益工具=$634.60×50\%=317.3$（萬元）
應付債券=$(534.6-167.92)×50\%=183.34$（萬元）

借：應付債券——面值	5,000,000
其他權益工具	3,173,000
貸：股本	1,000,000
資本公積——股本溢價	50,339,600
應付債券——利息調整	1,833,400

（二）帶息的永久性優先股

【例43】甲公司發行不可贖回優先股，每年發放每股 50 美元的強制股利；可以自行決定發放每股 5 美元的額外股利。如果市場利率為 10%，求其中負債成分、權益成分的公允價。

【解析】按照永續年金求現值方式計算：

負債成分公允價 = $\dfrac{50}{10\%}$ = 500（美元）；權益成分公允價 = $\dfrac{5}{10\%}$ = 50（美元）

四、金融負債和權益工具的重分類

1. 權益工具重分類為金融負債
借：權益工具（帳面價）
　貸：金融負債（當日公允價）
　　　資本公積
2. 金融負債轉為權益工具
借：金融負債（帳面價）
　貸：權益工具

五、注意的問題

（1）應遵循「實質重於形式的原則」，不看表面名稱和監管規定，應當根據「義務能否避免」這一原則判斷。凡能夠避免義務的就是權益工具，無法避免義務的就是「金融負債」。

凡歸類於「權益工具」，無論名稱如何，其利息支出、股利分配均作為發行企業的「利潤分配」，回購註銷均作為「權益」變動。

凡歸類為「金融負債」，無論名稱如何，其利息支出、股利分配原則上均按「借款費用」處理，有關利得和損失計入「當期損益」。

（2）合併報表層面判金融工具類型的，應當分析集團成員之間達成的協議，從集團層面考慮問題，如果集團層面無法避免義務流出，要確認為「金融負債」。

可回售工具、清算時才交付的淨資產的金融工具，如果集團合併報表確認為「權益工具」，則少數股東權益享有份額，應劃分為「金融負債」。

（3）手續費、佣金等交易費用，作為債務工具的，以攤餘成本計量的，計入所發行工具的初始計量金額；如果分類為「權益工具」的，應從「權益」中扣除。比如：應付債務的手續費計入「應付債務——利息調整」；股票發行手續費計入「資本公積」或「留存收益」借方。

第六節　金融資產轉移

一、金融資產轉移的三種類型

金融資產轉移包括終止確認、不終止確認、繼續涉入三種類型，其判斷標準見表9-9。

表9-9

情形		結果
（1）已經轉移金融資產上幾乎所有的風險或報酬		終止確認該金融資產（或確認新資產/負債）
（2）既沒有轉移也沒有保留金融資產所有權上幾乎所有的風險和報酬	放棄了對金融資產的控制	
	未放棄對金融資產的控制	按照繼續涉入被轉移金融資產的程度確認有關資產和負債
（3）保留金融資產所有權上幾乎所有的風險和報酬		繼續確認該金融資產，並將收到的對價確認為金融負債

二、金融資產轉移符合終止確認的情況

（一）條件

企業已將金融資產上幾乎所有風險和報酬轉給了轉入方，應當終止確認相關金融資產。

（二）具體表現

（1）轉讓應收取帳款不附帶追索權；對商業匯票貼現、背書轉讓不附帶追索權。

【例44】甲公司將面值為1,000萬元的商業匯票背書轉給乙公司，轉讓價格為980萬元，該項轉讓不附帶追索權，如何處理？

【解析】甲公司會計分錄：

借：銀行存款　　　　　　　　　　　　9,800,000
　　營業外支出　　　　　　　　　　　　200,000
　貸：應收票據　　　　　　　　　　　10,000,000

（2）附回購協議的金融資產出售，回購價為回購時該項金融資產的公允價。這表明出售與回購是兩項獨立的交易，沒有關聯性，所以出售時應終止確認金融資產。

【例45】甲公司將一項權益工具（如股票）出售給乙公司，並附帶回購協議，回購價為執行時的公允價。如何處理？

【解析】甲公司出售時，應終止確認該項金融資產（權益工具）。因為風險和報酬已經轉移，回購行為是一項獨立交易。

（3）附重大價外看跌期權（或重大價外看漲期權）的金融資產出售。

【例46】購買一項重大價外看漲期權

甲公司將一項權益工具出售給乙公司，同時甲公司從乙公司買入一項看漲期權合

約（即甲公司作為多頭，乙公司作為空頭，當價格上漲，甲公司將回購權益工具），後續情況表明該期權屬於重大價外看漲期權，請問甲公司是否終止確認該項權益工具？

【解析】由於出售行為與期權是「一攬子」交易，所以關鍵要看該項買入看漲期權是否行權。由於屬於重大價外看漲期權，甲公司很可能放棄回購，因此出售行為真正實現，所以應當終止確認這項權益工具。

【例47】購買一項重大價外看跌期權

甲公司出售一項權益工具給乙公司，同時從乙公司處購入一項看跌期權合約（甲公司作為多頭，乙公司作為空頭，當價格下跌，甲公司將行權，從乙公司處回購權益工具），實際情況表明這項期權屬於重大價外看跌期權，請問甲公司是否終止確認這項權益工具？

【解析】甲公司應當終止確認這項權益工具。由於該項看跌期權屬於重大價外期權，甲公司將不會行權，所以甲公司出售權益工具的行為已經完成，應當終止確認該項權益工具。

(三) 終止確認的計量

公式一：金融資產整體轉移損益＝因轉移收到的對價＋原直接計入所有者權益的公允價值累計變動利得（如為累計損失，應為減項）－所轉移金融資產的帳面價值

公式二：因轉移收到的對價＝因轉移交易收到的價款＋新獲得金融資產的公允價值＋因轉移獲得服務資產的價值－新承擔金融負債的公允價值－因轉移承擔的服務負債的公允價值

三、不符合終止確認條件的情況

(一) 條件

企業保留了金融資產所有權上幾乎所有的風險和報酬，則不應當終止確認金融資產。

(二) 具體情況

(1) 採用附追索權方式出售金融資產，如轉讓應收帳款附帶追索權，商業匯票貼現、背書轉讓附帶追索權。

【例48】附追索權的應收帳款轉讓：2017年4月15日，甲公司銷售一批商品給丙公司，發生應收帳款117萬元。雙方約定，丙公司應於2017年10月31日付款。2017年6月5日，經與中國銀行協商後，甲公司將該應收帳款出售給中國銀行，價款為115萬元。中國銀行如果到期無法收回應收帳款時，可以向甲公司追償。請問甲公司如何處理？

【解析】甲公司的會計處理：

(1) 2017年6月5日轉讓應收帳款，相當於質押借款。

借：銀行存款　　　　　　　　　　　　　　1,150,000
　貸：短期借款　　　　　　　　　　　　　　　　1,150,000

(2) 如果到期，丙公司能夠順利將貨款支付給中國銀行時，甲公司的帳務處理為：

借：短期借款　　　　　　　　　　　　　　1,150,000
　　財務費用　　　　　　　　　　　　　　　　20,000
　貸：應收帳款　　　　　　　　　　　　　　　　1,170,000

(3) 如果到期，丙公司無法將貨款支付給中國銀行時，甲公司將償還銀行借款。實質上應收帳款沒有終止確認。甲公司的帳務處理為：

借：短期借款　　　　　　　　　　　　　　1,150,000
　　財務費用　　　　　　　　　　　　　　　　20,000
　貸：銀行存款　　　　　　　　　　　　　　1,170,000

(2) 將信貸資產或應收帳款整體出售，同時保證對金融資產購買發生的信用損失進行金額補償。——相當於包盈不賠。

(3) 附回購協議的金融資產出售，回購價固定或是原價加合理回報。——實質上這是金融資產的售後回購行為，是一種保證對方利益的融資方式。

(4) 附總回報互換協議的金融資產出售，該互換協議使市場風險又轉回到金融資產出售方。

【例49】某客戶從甲銀行獲得5年期浮動利率房地產貸款，與乙金融仲介機構簽訂互換協議，由該客戶向乙支付5年期固定利率的房地產貸款，而該仲介機構負責償還甲銀行的浮動利率貸款。因市場利率一路下降，互換協議使得市場風險轉回到該客戶。該客戶不能終止確認從甲銀行獲得的浮動利率貸款。

(5) 附重大價內看跌期權或重大價內看漲期權的金融資產出售。

【例50】甲公司出售一項權益工具給乙方，同時從乙方買入一份看跌期權。如果該看跌權屬於重大價內期權，請問甲方是否放棄了權益工具的控制？是否應該終止確認這些權益工具？

【解析】由於該期權屬於重大價內看跌期權，因此當價格下跌，甲方很可能行權，並回購權益工具，所以權益工具並未真正出售，其風險及報酬仍在甲公司，甲不應該終止確認該權益工具。

(6) 融券業務。

【例51】大鵬證券公司融出1萬股茅臺酒股票給甲公司，當日每股市價為1,000元，總市值為1,000萬元，利息為月息1%，甲公司每月應付利息為10萬元。當月末如果甲公司在茅臺酒股價上漲時拋出，每股市價為1,200元，淨盈利為（1,200萬元-1,000萬元-10萬元）190萬元；下月初在價格下跌時至市價為每股950元，甲公司再回購1萬股股票歸還大鵬證券公司，又可賺（1,000萬元-950萬元）50萬元。

(三) 繼續涉入條件下的金融資產轉移

1. 繼續涉入的判斷

企業既沒有轉移也沒有保留金融資產所有權上幾乎所有的風險和報酬，但未放棄對該金融資產的控制，作為繼續涉入處理。比如，提供財務擔保。

2. 舉例：提供財務擔保的繼續涉入

【例52】甲銀行與乙銀行簽訂一筆貸款轉讓協議，由甲銀行將其本金為1,000萬元、年利率為10%、貸款期限為9年的組合貸款出售給乙銀行，售價為990萬元。雙方約定，由甲銀行擔保金額300萬元，實際貸款損失超過擔保金額的部分由乙銀行承擔，轉移日，該筆貸款（包括擔保）的公允價值為1,000萬元，其中擔保的公允價值為100萬元（手續費），甲銀行沒有保留對該筆貸款的管理服務費。假定乙銀行不具備再轉讓該項貸款的能力。

要求：說明甲公司是否應該繼續涉入確認該項金融資產及其理由。

【解析】應該繼續涉入。理由：甲銀行由於對於該筆貸款提供了部分違約擔保，因此既沒有轉移也沒有保留這筆組合貸款所有權上幾乎所有的風險和報酬，而且貸款沒有活躍市場，乙銀行不具備出售該筆貸款的實際能力，導致甲銀行也未放棄對該筆貸款的控制，所以按照繼續涉入該筆貸款的程度確認有關資產和負債。

會計分錄：
借：存放中央銀行款　　9,900,000（售價）
　　繼續涉入資產　　　3,000,000（按照轉移日金融資產的帳面價值 1,000 萬元和
　　　　　　　　　　　　　　　　財務擔保金額 300 萬元兩者中的較低者確認）
　　營業外支出　　　　1,100,000
貸：貸款　　　　　　　10,000,000
　　繼續涉入負債　　　4,000,000（財務擔保金額 300 萬元＋財務擔保合同
　　　　　　　　　　　　　　　　的公允價值 100 萬元）

【注意】
（1）財務擔保金額是指企業收到的對價中，將被要求償還的最高金額。
（2）財務擔保合同的公允價值是指因提供擔保所收取的手續費用。如果所收取的費用不能合理確定應當視為 0。在隨後的會計期間，財務擔保合同的初始確認金額應當在該財務擔保合同期間內按照時間比例攤銷，確認為各期收入。
（3）因擔保形成的資產帳面價值，應在資產負債表日進行減值測試。

第七節　套期保值

一、套期保值的含義

套期保值是指企業為了規避外匯風險、利率風險、商品價格風險、股票價格風險、信用風險等，指定一項或一項以上的套期工具，使套期工具的公允價值或現金流量的變動預期抵銷被套期項目全部或部分公允價值或現金流量的變動。

二、套期保值的原則

套期保值的原則有以下四項：
1. 種類相同或相關原則
這是指期貨和現貨品種相同或相關。
2. 數量相等或相當原則
這是指規模相等或相當。
3. 交易方向相反原則
這是指期貨初始交易方向和現貨未來交易方向相同；平倉時和現貨未來交易方向相反。
4. 月份相同或相近原則
這是指時間相同或相近。也就是說，期貨合約的交割月份和現貨市場實際買進貨賣出月份相同或相近。

【注意】上述四項原則建立在「完美假設基礎上」；實際上除了「交易方向相反以外」，其他三項原則均可以根據實際調整。

三、套期保值的方式

1. 買入套期保值

買入套期保值是為了規避購進貨物價格上漲的風險，也叫多頭套期保值或買期保值。

（1）操作方式：現貨市場現在不購買，將來再購買；期貨市場現在先買入期貨合約，然後在將來再賣出，操作時間相同或相近。

（2）舉例。

【例53】某食用油加工廠甲企業於2019年8月1日，發現菜籽現貨7,500元/噸，期貨市場價格與現貨市場價格相同。甲企業預計現貨價格將會上漲，但到9月30日才能進貨。為規避未來漲價風險，所以在期貨市場購入200手（1手=5噸）9月30日到期的菜籽期貨合約。果然，9月30日現貨市場上漲為7,800元/噸，期貨市場上漲為7,900元/噸。當日甲企業在現貨市場購入菜籽，同時在期貨市場賣出合約平倉。

【解析】
現貨市場虧損＝1,000噸×（9月份價格7,800元/噸－8月價格7,500元/噸）
＝300,000（元）
期貨市場盈利＝1,000噸×（9月賣價7,900元/噸－8月價格7,500元/噸）
＝400,000（元）
合計淨盈利＝400,000－300,000＝100,000（元）

2. 賣出套期保值

賣出套期保值是為了迴避出售貨物價格下跌的風險，也叫空頭套期保值或賣期保值。

（1）操作方式：現貨市場現在不賣，將來再賣；期貨市場現在先賣出期貨合約，然後在將來再買入，操作時間相同或相近。

（2）舉例。

【例54】某大豆生產商預計大豆市場將發生價格下跌，但是自己生產的大豆8月份成熟才能上市交易。為減少損失，採用賣出套期保值。已知：目前3月份現貨市場大豆價格為1手（10噸）30,000元，期貨市場每手29,000元；到8月份現貨市場為27,000元，期貨市場為26,500元。假定交易100手，請分析套期保值效果。

【解析】
現貨市場虧損＝100手×（3月價格30,000－8月份價格27,000）＝300,000（元）
期貨市場盈利＝100手×（3月份價格29,000－8月份價格26,500）＝250,000（元）
合計淨虧損＝300,000－250,000＝50,000（元）

四、套期保值的會計處理

（一）運用套期保值會計的條件

（1）套期關係僅由符合條件的套期工具和被套期項目組成。

（2）企業有對套期關係正式指定以及從事套期的風險管理目標、策略的書面文件。

(3) 套期關係符合套期有效性的要求。

(二) 套期保值從會計角度分類

(1) 公允價值套期：規避已經確認的資產、負債，尚未確認的確定承諾公允價值波動的損失。

(2) 現金流量套期：規避已經確認的資產、負債，極可能發生的預期交易中現金流入、現金流出發生的利率、匯率等風險損失。

(3) 境外經營淨投資套期：境外長期投資、長期應收款的外匯風險損失。

【注意】

(1) 已經確認是指已經列入了資產負債表。尚未確認是指尚未列入資產負債表。

(2) 確定承諾是指已經簽訂具有法律約束力的合同、協議。

【例55】已經確認的確定承諾：2019年5月1日，甲公司簽訂了一份法律上具有約束力的採購協議，約定當日向乙公司以每噸3,500元的價格購買200噸螺紋鋼，並列入了資產負債表的存貨。為了規避未來出售價格下跌的風險，甲公司賣出了一份螺紋鋼期貨合約。本例中採購協議和存貨為被套期項目，期貨合約為套期工具。

【例56】尚未確認的確定承諾：甲公司為中國境內機器生產企業，採用人民幣作為記帳本位幣，甲公司與境外乙公司簽訂了一項設備購買合同，約定6個月後按照固定的外幣價格購買設備，即甲公司與乙公司達成了一項確定承諾，但尚未列示於資產負債表。同時，甲公司簽訂了一份外幣遠期合同，以對該項確定承諾產生的外匯風險進行套期。設備採購合同作為尚未確認的確定承諾作為被套期項目，外幣遠期合同作為套期工具。

(3) 預期交易是指尚未簽訂合同的極可能發生的交易。

【例57】預期交易：2019年5月1日，甲公司預期2個月後將購買200噸銅，用於2019年7月的生產。為了規避預期交易的現金流量風險，甲公司購入一項銅期貨合約。本例中預期交易作為被套期項目，銅期貨合約作為套期工具。

(4) 對確定承諾的外匯風險進行的套期，既可以作為公允價值套期，也可以作為現金流量套期。

(三) 被套期項目適用的套期類型

【歸納】

被套期項目適用的套期類型如表9-10所示。

表9-10

被套期項目	舉例	可以適用的套期類型
(1) 已確認資產或負債	庫存商品的價格風險	公允價值套期、現金流量套期（境外經營除外）
(2) 尚未確認的確定承諾、尚未確認的確定承諾中可辨認部分的公允價值變動風險進行的套期	尚未列入資產負債表的、已簽訂的商品購買合同的價格風險	公允價值套期
(3) 很可能發生的預期交易	尚未簽訂合同的、有可能發生的交易	現金流量套期
(4) 確定承諾的外匯風險套期	已經簽訂的外匯利率合同	公允價值套期、現金流量套期
(5) 與境外經營有關的長期股權投資、長期應收款	對境外子公司的股權投資	境外經營淨投資套期

（四）套期保值會計處理規則

套期保值會計處理規則如表 9-11 所示。

表 9-11

類型	處理規則
公允價值套期	（1）套期工具的利得和損失列入當期損益 （2）被套期項目利得和損失列入當期損益 （3）無論套期工具還是被套期項目，凡選擇以公允價值計量且變動計入其他綜合收益的非交易性權益工具投資的，所發生的利得和損失均計入其他綜合收益 （4）被套期項目如果未以公允價值計量的要改為公允價值計量，已經採用公允價值計量的不再調整
現金流量套期	（1）套期工具的利得和損失屬於有效套期的部分列入其他綜合收益；屬於無效套期的部分列入當期損益 （2）判斷有效套期部分的累計金額為以下兩者絕對值孰低者 ①套期工具自套期開始的累計利得或損失 ②被套期項目自套期開始的預計未來現金流量現值的累計變動額 【例58】某套期工具自套期以來的累計利得為 80 萬元，被套期項目自套期開始以來的預計現金流量的現值累計變動額為-62 萬元，則有效套期為 62 萬元，列入其他綜合收益累計數；無效套期為 18 萬元，列入當期損益。 （3）每期列入其他綜合收益的金額為=有效套期的本期末累計數－上期末累計數 【例59】承上例，假定上期末有效套期的累計數為 50 萬元，則本期其他綜合收益的發生額=62-50=12 萬元。 （4）當被套期項目為預期交易，隨後確認一項非金融資產或非金融負債（也就是預期交易實現了），應當將其他綜合收益轉出，計入該非金融資產（如庫存商品）或非金融負債的初始確認金額。除此以外的現金流量套期，如果發生損失，或預期現金流量不再發生，其他綜合收益應當結轉當期損益
境外經營淨投資套期	（1）套期工具的利得和損失屬於有效套期的部分列入其他綜合收益；屬於無效套期的部分列入當期損益 （2）全部或部分處置境外經營時，上述其他綜合收益應當全部或部分轉出計入當期損益

【例60】（2013 年考試題）甲公司為一家境內國有控股大型油脂生產企業，原材料豆粕主要依賴進口，產品主要在國內市場銷售。為防範購入豆粕成本的匯率風險，甲公司決定開展如下套期保值業務：2012 年 12 月 1 日，甲公司與境外 A 公司簽訂合同，約定於 2013 年 2 月 28 日以每噸 500 美元的價格購入 1 萬噸豆粕。當日，甲公司與 B 金融機構簽訂了一項買入 3 個月到期的遠期外匯合同，合同金額 5,000,000 美元，約定匯率為 1 美元=6.28 元人民幣；該日即期匯率為 1 美元=6.25 元人民幣。2013 年 2 月 28 日，甲公司以淨額方式結算該遠期外匯合同，併購入豆粕。此外，2012 年 12 月 31 日，1 個月美元對人民幣遠期匯率為 1 美元=6.29 元人民幣，2 個月美元對人民幣遠期匯率為 1 美元=6.30 元人民幣，人民幣的市場利率為 5.4%；2013 年 2 月 28 日，美元對人民幣即期匯率為 1 美元=6.35 元人民幣。

假定該套期保值業務符合套期保值會計準則所規定的運用套期會計的條件。甲公司在討論對該套期保值業務具體如何運用套期會計處理時，有如下三種觀點：①將該套期保值業務劃分為公允價值套期，遠期外匯合同公允價值變動計入其他綜合收益。②將該套期保值業務劃分為現金流量套期，遠期外匯合同公允價值變動計入其他綜合

收益。③將該套期保值業務劃分為境外經營淨投資套期，遠期外匯合同公允價值變動計入當期損益。假定不考慮其他因素。

要求：根據資料，分別判斷甲公司對該套期保值業務會計處理的三種觀點是否正確；對不正確的，分別說明理由。

【解析】

(1) 觀點①的處理不正確。理由：本題主要考核的是外匯風險合同套期保值的分類及會計處理。對於確定承諾（即外匯合同）的外匯風險進行套期，企業既可以作為現金流量套期，也可以作為公允價值套期進行核算。作為公允價值套期核算時，外匯合同公允價值變動是計入當期損益的。

(2) 觀點②的處理正確。對於確定承諾的外匯風險進行套期，企業既可以作為現金流量套期，也可以作為公允價值套期進行核算。作為現金流量套期核算時，外匯合同公允價值變動計入所有者權益（「其他綜合收益」科目）。

(3) 觀點③的處理不正確。理由：對外匯確定承諾的套期不能劃分為境外經營淨投資套期。

【例61】2008年1月1日，XYZ公司（記帳本位幣為人民幣）在境外子公司FS有一項境外淨投資外幣5,000萬元（即FC 5,000萬元）。為規避境外經營淨投資外匯風險，XYZ公司與某境外金融機構簽訂了一項外匯遠期合同，約定於2009年1月1日賣出FC 5,000萬元。XYZ公司每半年對境外淨投資餘額進行檢查，且依據檢查結果調整對淨投資價值的套期。假定2018年6月30日，被套期項目（境外淨投資）的累計損失為310萬元，套期工具（遠期外匯合同）的累計利得為343萬元。如何處理？

【解析】

會計分錄：

借：套期工具——遠期外匯合同　　3,430,000
　　貸：其他綜合收益　　　　　　　3,100,000（有效套期部分）
　　　　當期損益　　　　　　　　　　330,000（無效套期部分）

【注意】其他綜合收益在境外經營淨投資套期處置時，計入當期損益。

五、套期工具和被套期項目的有關規定

（一）套期工具

1. 可以作為套期工具的情況

(1) 以公允價值計量且變動計入當期損益的衍生工具——交易性金融資產。

【例62】為規避庫存商品銅的價格下跌風險，可以賣出一定數量的銅期貨。

(2) 以公允價值計量且變動計入當期損益的非衍生金融資產或非衍生金融負債——交易性金融資產或交易性金融負債。

【例63】甲公司持有一項一年期票據（債權投資），其收益率與黃金價格指數掛勾，可以作為甲公司簽訂一項一年後以固定價格購買黃金的合同的套期工具。

(3) 對買入期權套期，簽出期權（賣出期權）或淨簽出期權可以作為套期工具。

(4) 對外匯風險套期時，非衍生金融資產或非衍生金融負債可以指定為套期工具。

【例64】某種外幣借款合同可以作為對同種外幣結算的銷售（確定）承諾的套期工具。

【例65】持有至到期的外幣債券投資可以作為規避外匯風險的套期工具。

2. 不能作為套期工具的情況

（1）簽出期權或淨簽出期權一般不能作為套期工具，因為收益有限（獲得期權費），損失無限（獲得到期日價值）。

【例66】企業發行的賣出期權就不能作為套期工具，因為該期權的潛在損失可能大大超過被套期項目的潛在利得，從而不能有效地對沖被套期項目的風險。

（2）指定為以公允價值計量且變動計入其他綜合收益的非交易性權益工具投資不能作為套期工具，因為其流動性差。

（3）一般情況下，非衍生金融資產或負債（如應付債券）通常不能作為套期工具，但是被套期項目為外匯風險時則可以。

（4）企業自身的權益工具既非企業的金融資產也非金融負債，也不能作為套期工具。

（5）在集團合併財務報表中，如果套期工具及相關套期指定僅限於集團內部，不涉及集團外的主體，則不能用套期會計處理方法。

3. 應注意的問題

企業在確立套期關係時，應將套期工具或其一定比例進行指定。但是下列除外：

（1）期權。企業可以將其內在價值和時間價值分開，只就內在價值變動將期權指定為套期工具。

（2）遠期合同。企業可以將遠期因素（如利息）和即期因素（即價格）分開，只就即期因素（價格變動）將遠期合同指定為套期工具。

（3）不能將套期工具剩餘期限的某一段作為套期工具。

【例67】某公司擁有一項支付固定利息、收取浮動利息的互換合同，打算將其用於對所發行的浮動利率債券進行套期。該互換合同的剩餘期限為10年，而債券的剩餘期限為5年。在這種情況下，甲公司不能將互換合同剩餘期限中的某5年指定為套期工具。

（4）企業可將兩項或兩項以上的金融工具的組合作為套期工具。但是，如果兩項及以上組合在指定日實質相當於一項淨簽出期權的，不能將其指定為套期工具；只有在對購入期權進行套期時，淨簽出期權才可以作為套期工具。

（5）外匯基差＝外匯現貨價格-外匯期貨價格，應將排除外匯基差後的金融工具指定為套期工具。

（二）被套期項目

1. 範圍

（1）已經確認的資產、負債，如資產負債表中的庫存商品、應付債券。

（2）尚未確認的確定承諾。

（3）極可能發生的預期交易。

（4）境外經營淨投資。

2. 應注意的問題

集團層面套期關係的指定，只有運用和集團之外的對手之間的交易形成的資產、負債、尚未確認的確定承諾或極可能發生的預期交易等，才能被指定為被套期項目。

【例68】某會計人員觀點：套期工具通常是衍生金融工具，但公司對外匯風險進行

套期時，可以將非衍生金融資產或非衍生金融負債的外匯風險成分指定為套期工具。請判斷該會計人員的說法是否存在不當之處；如存在不當之處，指出不當之處並說明理由。

【解析】存在不當之處。理由：非衍生金融資產中的「以公允價值計量且其變動計入其他綜合收益的非交易性權益工具投資」應除外。

第八節　股權激勵

一、概述

(一) 激勵對象

激勵對象有：董事、高級管理人員、核心技術人員、核心業務人員等。

不納入激勵範圍的包括：

(1) 監事、外部董事、獨立董事。

(2) 最近3年內被證券交易所公開譴責或宣布為不適當人選的。

(3) 最近3年因重大違法違規被中國證監會予以行政處罰的。

(4) 具有《公司法》規定不得擔任公司董事、高級管理人員的情形。

(5) 單獨或合計持有上市公司5%以上股份的股東或實際控制人及其配偶、父母、子女，不得成為激勵對象。

(二) 股權激勵方式

1. 股票期權

(1) 概念：股票期權是指公司授予激勵對象在未來的一定期限內以預定的價格和條件購買公司一定數量的股票的權利。激勵對象可以行使或放棄這種權利，但不得用於轉讓、擔保或者償還債務。股票期權適合成長初期或擴張期的企業。

(2) 舉例：

【例69】2011年2月1日海峰公司授予經理層股票期權，條件為：服務期限為10年，行權日期為2021年2月1日至2022年2月1日，行權價格每股20元，購買數量為50萬股。如果到期每股市價為25元，經理層選擇行權，可獲利=(25-20)×50萬=250萬元。如果股票市價跌至20元以下，無利可圖，經理層棄權。

2. 限制性股票

(1) 概念：限制性股票是指公司按照預先確定的條件授予激勵對象一定數量的本公司股票。當條件滿足時，激勵對象才能將限制性股票解鎖、出售獲利；當條件未滿足時，公司有權將授予的股票按原價回購並註銷。限制性股票適用於成熟企業或對資金投入要求不太高的企業。

(2) 舉例：

【例70】2010年光明乳業股份有限公司A股限制性股票激勵計劃摘要如下：本計劃的有效期為5年，包括禁售2年和解鎖期3年。解鎖期內，若達到本計劃規定的解鎖條件，激勵對象在三個解鎖日依次可申請解鎖，其上限為該期計劃獲授股票數量的40%、30%和30%，實際可解鎖數量應與激勵對象上一年度績效評價結果掛勾。若未達

到解鎖條件，激勵對象當年不得申請解鎖。未解鎖的限制性股票，公司將在每個解鎖日之後以激勵參與本計劃時購買限制性股票的價格統一回購並註銷。

授予本限制性股票激勵計劃的業績條件為：①2009年度營業總收入不低於79億元，歸屬於母公司的淨利潤不低於1.2億元；②2009年度加權平均淨資產收益率不低於4.3%；③2009年度扣除非經營性損益的淨利潤占淨利潤的比重不低於75%。

依本計劃獲得解鎖的業績條件為：

①第一個解鎖期：2010年、2011年營業總收入分別不低於94.80億元和113.76億元，淨利潤分別不低於1.90億元和2.28億元，淨資產收益率不低於8%，扣除非經營性損益的淨利潤占淨利潤的比重不低於85%。②第二個解鎖期：2012年營業總收入不低於136.51億元，淨利潤不低於2.73億元，淨資產收益率不低於8%，扣除非經營性損益的淨利潤占淨利潤的比重不低於85%。③第三個解鎖期：2013年營業總收入不低於158.42億元，淨利潤不低於3.17億元，淨資產收益率不低於8%，扣除非經營性損益的淨利潤占淨利潤的比重不低於85%。

3. 股票增值權

（1）概念：股票增值權是指激勵對象不獲得真實的股票，也不擁有股東權利，只是按照行權日與授權日二級市場股票差價乘以授予的股票數量，獲得現金激勵。該方式適用於現金流比較充足和發展穩定的公司。

（2）舉例：

【例71】某公司授予經理層股票增值權，規定：在服務期限屆滿15年，且公司淨利潤每年遞增2%的條件下，可以按照授予數量100萬股×本公司的股票在行權日與授予日股票市價的差額=授予的現金，進行激勵。

4. 虛擬股票

（1）概念：虛擬股票的激勵對象可以根據被授予的虛擬股票（俗稱「干股」）的數量參與公司的分紅並享受股價升值收益，但沒有所有權和表決權，也不能轉讓和出售，且在離開公司時自動失效。

虛擬股票不是實質性的股票認購權，本質上是將獎金延期支付，資金來源於公司的獎勵基金。

（2）舉例：

【例72】上海貝嶺股份有限公司提供有關虛擬股票的激勵計劃：從稅後利潤中提取一定數額的「獎勵基金」作為資金來源。公司與激勵者簽訂合約，約定虛擬股票的數量、兌現時間表、兌現條件，明確雙方的權利義務。激勵對象並不實際持有股票，無所有權和表決權，僅僅作為達到某種業績條件時獲得分紅等的計算工具。

5. 業績股票

（1）概念：業績股票是指年初確定一個合理的業績目標和科學的績效評價體系，如果激勵對象經過努力後實現了該目標，則公司授予其一定數量的股票或提取一定比例的獎勵基金購買股票後授予。

（2）舉例：

【例73】甲公司規定，公司在每年淨利潤達到1,000萬元後，可按照1%的比例提取相等面值的股票授予經營班子。

(三) 實施股權激勵的條件

《上市公司股權激勵管理辦法》規定具有以下情況不得授予股權激勵計劃：

(1) 最近一個會計年度財務報告或內部控制審計，被註冊會計師出具否定意見和無法表示意見的審計報告。

(2) 上市後36個月出現未按照法律、法規、公司章程公開承諾進行利潤分配的情形。

(3) 法律法規規定不得進行股權激勵的其他情形。

(4) 中國證監會認定的其他情形。

(四) 股權激勵計劃

1. 標的股票的來源

標的股票的來源包括定向發行新股、回購本公司股票。上市公司可以回購不超過公司已經發行股份總額的5%用於獎勵員工。

2. 標的股票的數量

(1) 一般上市公司：總量不超過股本總額的10%，其中個人獲授部分不超過股本總額的1%，超過1%的須經股東大會特別批准。

(2) 國有控股上市公司：除符合上述規定外，還必須滿足首次股權授予數量應控制在上市公司發行總股本的1%以內，實施股權的高管人員的中長期激勵收入應控制在薪酬總水準的30%以內。

(3) 國有境外上市公司：除符合上述規定外，在股權激勵計劃有效期內的任何12個月內授予任何一個人員的股權（包括行使和未行使的股權），超過上市公司發行總股本的1%的，不再授予其股權；實施股權的高管人員的中長期激勵收入應控制在薪酬總水準的40%以內。

3. 股票期權授予價格（行權價格）的確定

(1) 行權價格不得低於股票面值。

(2) 並且不得低於以下兩個指標中的較高者：

①股權激勵計劃草案公布前1個交易日的公司標的股票的交易均價。

②股權激勵計劃草案摘要公布前20、60、120個交易日內的公司標的股票交易均價。

4. 限制性股票的授予價格（行權價格）的確定

(1) 行權價格不得低於股票面值。

(2) 並且不得低於以下兩個指標中的較高者：

①股權激勵計劃草案公布前1個交易日的公司標的股票的交易均價的50%。

②股權激勵計劃草案摘要公布前20、60、120個交易日內的公司標的股票交易均價的50%。

5. 股權激勵計劃的批准

股權激勵計劃需經股東大會審議表決，並經過出席會議的股東所持表決權的2/3以上通過。

二、股份支付會計

（一）概念

（1）授予日：授予日指股份支付協議獲得股東大會批准的日期。

（2）可行權日：可行權日指可行權條件得到滿足，職工或其他方具有從企業取得權益工具或現金權利的日期。

（3）等待期：等待期也叫行權限制期，從授予日至可行權日的時段，是可行權條件得到滿足的期間。

（4）行權日：行權日指職工和其他方行使權利，獲取現金或權益工具的日期。也就是說行權日是按照期權的約定價格實際購買股票的日期。

（5）出售日：出售日指股票持有人將行使期權所得的期權股票出售的日期。

（二）會計準則對股份支付工具的分類

（1）以權益結算的股份支付，包括限制性股票和股票期權。

（2）以現金結算的股份支付，包括現金股票增值權、虛擬股票及業績股票。

（三）以權益結算的股份支付帳務處理

（1）授予日：除了立即可行權的股份支付外，授予日不做會計處理。

（2）等待期：每個資產負債表日按照授予日權益工具的公允價值計入成本費用和資本公積，不再確認後續公允價值的變動。

公式：當期費用=（授予人數-實際離開人數-預計離開人數-行權人數）×每人授予份數×授予日每份權益工具公允價值×累計已過期數/等待期-上期累計費用

會計分錄：
借：管理費用
　　貸：資本公積——其他資本公積

（3）可行權日後不再對已經確認的成本費用和所有者權益總額（資本公積）進行調整。

（4）行權日：
借：銀行存款（行權人數×每人份數×行權價格）
　　資本公積——其他資本公積（等待期內的累計數）
　　貸：股本　　　　　　　　（行權股數×每股面值）
　　　　資本公積——資本溢價　（差額）

【例74】2009年1月1日，某上市公司向100名高級管理人員每人授予10,000份股票期權，條件是自授予日起在該公司連續服務3年，允許以4元每股的價格行權。授予日公司股票價格為8元每股，預計3年後價格為12元每股，公司估計該期權在授予日的公允價值為9元每股。上述高級管理人員在第一年有10人離職，公司在2009年12月31日預計3年中離職人員的比例將達到20%；第二年有4人離職，公司將比例修正為15%；第三年有6人離職。上述股份支付交易，公司在2011年利潤表中應確認的相關費用多少萬元？

【解析】應確認的相關費用為210萬元。計算過程如表9-12所示。

表9-12　　　　　　　　　　　　　　　　　　　　　單位：萬元

年份	計算	當期費用	累計費用
2009	100×1×（1-20%）×9×1/3	240	240
2010	100×1×（1-15%）×9×2/3-240	270	510
2011	80×1×9×3/3-510	210	720

註：該表計算中的1代表的是1萬份股票期權。

【例75】回購股份進行職工期權激勵（屬於權益結算的股份支付）

【資料】2016年1月1日，甲上市公司股東大會批准與50名高層管理人員簽訂股份支付協議，規定：①授予每人10萬股股票期權，行權條件為從授予日起連續服務滿3年，公司3年平均淨利潤增長率達到12%。②符合行權條件後每持有一股股票期權可以自2019年1月1日起1年內，以每股5元的價格購買甲公司1股普通股股票，到期未行權將失效。授予日每股股票期權的公允價值為15元。2006—2009年甲公司與股票期權有關的資料如下：

（1）2016年5月，甲公司自資本市場回購本公司股票500萬股，共支付價款4,025萬元。

（2）2016年甲公司有1名高管離開公司，本年淨利潤增長率為10%，該年年末，預計未來兩年內將有1名高管離開本公司，預計3年平均淨利潤增長率將達12%，每股股票期權公允價值為16元。

（3）2017年甲公司沒有高管離開公司，本年淨利潤增長率為14%，該年年末，預計未來1內將有2高管離開本公司，預計3年平均淨利潤增長率將達12.5%，每股股票期權公允價值為18元。

（4）2018年，甲公司有1名高管離開公司，本年淨利潤增長率為15%。該年年末，每股股票期權公允價值為20元。

（5）2019年3月，48名高管全部行權，甲公司共收到款項2,400萬元，相關股票手續已經辦理完畢。

要求：編製相關會計分錄。

【解析】

（1）從資本市場回購股份。

借：庫存股　　　　　　　　　　　　　　　　　40,250,000
　貸：銀行存款　　　　　　　　　　　　　　　　40,250,000

（2）等待期的每個資產負債表日，確認當期成本費用：

①2016年：(50-1-1)×10萬×15×1/3 = 2,400（萬元）

借：管理費用　　　　　　　　　　　　　　　　24,000,000
　貸：資本公積——其他資本公積　　　　　　　　24,000,000

②2017年：(50-1-2)×10萬×15×2/3-2,400萬元 = 2,300（萬元）

借：管理費用　　　　　　　　　　　　　　　　23,000,000
　貸：資本公積——其他資本公積　　　　　　　　23,000,000

③2018年：(50-1-1)×10萬×15×3/3-2,400萬元-2,300萬元 = 2,500（萬元）

借：管理費用　　　　　　　　　　　　　　　　25,000,000
　貸：資本公積——其他資本公積　　　　　　　　25,000,000

(3) 職工行權。

銀行存款＝48×5×10＝2,400（萬元）

庫存股＝4,025×480/500＝3,864（萬元）

借：銀行存款　　　　　　　　　　　　　　　　24,000,000
　　資本公積——其他資本公積　　　　　　　　72,000,000
　　貸：庫存股　　　　　　　　　　　　　　　38,640,000
　　　　資本公積——資本溢價　　　　　　　　57,360,000

（四）以現金結算的股份支付的帳務處理

(1) 授予日：除了立即可行權的股份支付外，授予日不做會計處理。

(2) 等待期：等待期應按照每個資產負債表日權益工具的公允價值，重新計量計入成本費用和應付職工薪酬的金額。

會計分錄：

借：管理費用/生產成本/製造費用
　　貸：應付職工薪酬——股份支付

公式：

①應付職工薪酬的貸方期末餘額＝（授予人數－實際離開人數－預計離開人數－行權人數）×每人授予份數×每份當年資產負債表日的公允價值×累計已過期數/等待期數

②應付職工薪酬的借方發生額＝支付現金＝行權人數×行權價格×每人份數

③當期費用＝應付職工薪酬貸方發生額＝（應付職工薪酬期末餘額－期初餘額）＋借方發生額

(3) 在可行權日後，企業不再對已確認的相關成本費用進行調整，公允價值的變動金額計入「公允價值變動損益」。

漲價時，借：公允價值變動損益
　　　　　　貸：應付職工薪酬——股份支付

降價時，借：應付職工薪酬——股份支付
　　　　　　貸：公允價值變動損益

(4) 行權日支付現金。

借：應付職工薪酬——股份支付
　　貸：銀行存款

【例76】 2015年年初，長城公司為其200名中層以上職員每人授予100份現金股票增值權，這些職員從2015年1月1日起在該公司連續服務3年，即可按照當時股價的增長幅度獲得現金，該增值權應在2019年12月31日之前行使。A公司估計，該增值權在負債結算之前的每一資產負債表日以及結算日的公允價值和可行權後的每份增值權現金支出額如表9-13所示。

表9-13　　　　　　　　　　　　　　　　　　　　　　單位：元

年份	公允價值	支付現金
2015	14	
2016	15	
2017	18	16
2018	21	20
2019		25

第一年有20名職員離開A公司，A公司估計三年中還將有15名職員離開；第二年又有10名職員離開公司，公司估計還將有10名職員離開；第三年又有15名職員離開。第三年年末，有70人行使股份增值權取得了現金。第四年年末，有50人行使了股份增值權。第五年年末，剩餘35人也行使了股份增值權。

【解析】

1. 計算過程如表9-14所示。

表9-14　　　　　　　　　　　　　　　　　　　　　　　　　　單位：元

年份	累計負債計算（1）	支付現金計算（2）	當期費用(3)=[本期(1)−上期(1)]+(2)
2015	（200−35）×100×14×1/3＝77,000		77,000
2016	（200−40）×100×15×2/3＝160,000		83,000
2017	（200−45−70）×100×18＝153,000	70×100×16＝112,000	105,000
2018	（200−45−70−50）×100×18＝73,500	50×100×20＝100,000	20,500
2019	0	35×100×25＝87,500	14,000
總額		299,500	299,500

2. 帳務處理

（1）2015年12月31日。

借：管理費用　　　　　　　　　　　　　　　　　　　　　　77,000
　　貸：應付職工薪酬——股份支付　　　　　　　　　　　　77,000

（2）2016年12月31日。

借：管理費用　　　　　　　　　　　　　　　　　　　　　　83,000
　　貸：應付職工薪酬——股份支付　　　　　　　　　　　　83,000

（3）2017年12月31日。

借：管理費用　　　　　　　　　　　　　　　　　　　　　　105,000
　　貸：應付職工薪酬——股份支付　　　　　　　　　　　　105,000
借：應付職工薪酬——股份支付　　　　　　　　　　　　　　112,000
　　貸：銀行存款　　　　　　　　　　　　　　　　　　　　112,000

（4）2018年12月31日。

借：公允價值變動損益　　　　　　　　　　　　　　　　　　20,500
　　貸：應付職工薪酬——股份支付　　　　　　　　　　　　20,500
借：應付職工薪酬——股份支付　　　　　　　　　　　　　　100,000
　　貸：銀行存款　　　　　　　　　　　　　　　　　　　　100,000

（5）2019年12月31日。

借：公允價值變動損益　　　　　　　　　　　　　　　　　　14,000
　　貸：應付職工薪酬——股份支付　　　　　　　　　　　　14,000
借：應付職工薪酬——股份支付　　　　　　　　　　　　　　87,500
　　貸：銀行存款　　　　　　　　　　　　　　　　　　　　87,500

三、股份支付的條款和條件修改

（一）有利修改

有利修改應該及時列帳。

（1）如果修改增加了所授予的權益工具的公允價值，企業應當按照權益工具價值的增加相應確認取得服務的增加。

（2）如果修改增加了所授予的權益工具的數量，企業應當將增加的權益工具的公允價值相應確認為取得服務的增加。

（3）如果企業按照有利於職工的方式修改可行權條件，企業應當考慮修改後的情況。

（二）不利修改

除非企業取消了部分或全部已授予的權益工具，否則不修改原帳務處理。

（1）如果修改減少了公允價值，不予考慮，繼續以授予日的公允價值為基礎確認取得服務的金額。

（2）如果修改減少了授予權益工具的數量，將減少部分作為取消處理。

（3）如果修改不利於職工，則企業在處理可行權條件時不予考慮。

（三）取消或結算

（1）將取消或結算作為加速可行權處理（儘管沒有到期但是按照已經到期處理），立即確認原本在剩餘等待期內應確認的金額。

【例77】（2017年考試題）2015年1月1日，甲公司對50名高級管理人員和核心技術人員授予股票期權，授予對象自2015年1月1日起在公司連續服務滿3年，即可按約定價格購買公司股票。2015年年末，甲公司以對可行權股票期權數量的最佳估計為基礎，按該股票期權在授予日的公允價值，將當期取得的服務計入相關資產成本或當期費用。2016年12月20日，甲公司公告：綜合考慮市場環境因素變化和公司激勵政策調整等因素，遵循法定程序，決定取消原股權激勵計劃。據此，甲公司在2016年年末，不再將當期取得的與該股權激勵計劃有關的服務計入相關資產成本或當期費用，並將2015已計入相關資產成本或當期費用的有關服務予以調整。假定不考慮其他因素。要求：判斷甲公司2016年所做的會計處理是否正確；如不正確，指出正確的會計處理。

【解析】甲公司2016年所做的會計處理不正確。正確的會計處理：甲公司應將股權激勵的取消作為加速可行權處理，於2016年12月決定取消原股權激勵計劃時，立即確認原本應當在本期和剩餘等待期內（2016—2017年）確認的金額，同時不得調整2015年已經確認的金額。

（2）在取消或結算時支付給職工的所有款項均應作為權益的回購。回購支付的金額高於其公允價值的列入當期費用。

【例78】甲公司取消授予的職工期權10萬股，公允價值為100萬元，支付職工購買款105萬元，如何處理？

【解析】借：資本公積——其他資本公積　　　　　1,000,000
　　　　　　管理費用　　　　　　　　　　　　　　50,000
　　　　　　貸：銀行存款　　　　　　　　　　　　1,050,000

（3）以新工具代替舊工具的兩種處理方法：
①按照兩者的差額處理。
②取消舊的工具，重新確認新的工具。

四、集團內股份支付的特別考慮

（一）結算企業和接受服務的企業為同一企業

【例79】A公司授予本企業高管層股票期權，以本公司的股票結算支付和以其他企業的股票結算支付處理有何不同？

【解析】

（1）以A公司自身的股票結算支付，應作為權益結算的股份支付。
借：管理費用
　　貸：資本公積——其他資本公積
（2）以其他企業的股票結算支付，應作為現金結算的股份支付。
借：管理費用
　　貸：應付職工薪酬

（二）結算企業和接受服務的企業屬於不同企業

【例80】A公司為子公司B企業的高管層授予股票期權，接受服務的是B公司，履行結算義務的是A公司，請問：以A公司的股票結算支付和以其他企業的股票結算支付處理有何不同？

【解析】

（1）以A公司自身的股票結算支付，應作為權益結算的股份支付。
①個別報表的反應。
A公司的會計分錄：
借：長期股權投資
　　貸：資本公積——其他資本公積
B企業的會計分錄：
借：管理費用
　　貸：資本公積——其他資本公積
②合併報表應編製抵銷分錄。
借：資本公積
　　貸：長期股權投資
（2）以其他企業的股票結算支付，應作為現金結算的股份支付。
①個別報表的反應。
A公司的會計分錄：
借：長期股權投資
　　貸：應付職工薪酬
B企業的會計分錄：
借：管理費用
　　貸：資本公積——其他資本公積

②合併報表應編製抵銷分錄。
借：資本公積
　　貸：長期股權投資

【復習重點】

1. 金融資產分類、重分類及計量：包括債權投資、其他債權投資、交易性金融資產、其他權益工具投資。
2. 金融負債分類及計量。
(1) 攤餘成本計量的金融負債：如應付債券。特別注意計息和攤銷的處理。
(2) 交易性金融負債。注意非同一控制下的或有應付金額。
3. 金融負債和權益工具的區分。
【歸納】如果企業有不可避免的義務，就是一項金融負債；如果可以避免義務發生，就是一項權益工具。一部分能夠避免，另外一部分不能避免的屬於複合金融工具。
4. 金融資產轉移的會計處理：包括終止確認、不終止確認和繼續涉入的判斷和處理。
【注意】是否附帶追索權、附帶重大價內（或價外）看漲期權（或看跌期權）、附帶回購協議的情況
5. 套期保值。
(1) 買入套期保值和賣出套期保值的適用範圍。
(2) 公允價值套期、現金流量套期、境外經營淨套期區分和會計處理規則。
6. 股權激勵
(1) 權益結算的股份支付會計處理。
(2) 現金結算的股份支付的會計處理。
(3) 條款的有利修改（馬上掛帳）和不利修改（除數量外都不變化）；取消或結算（加速可行權）。
(4) 集團內部股份支付的特別處理如表 9-15 所示。

表 9-15

項目	用自身股票結算 （權益結算）	用他人股票或支付現金結算 （現金結算）
(1) 結算和接受服務為同一企業	借：管理費用 　　貸：資本公積	借：管理費用 　　貸：應付職工薪酬
(2) 結算企業為母公司，接受服務的企業為子公司	母公司： 借：長期股權投資 　　貸：資本公積 子公司： 借：管理費用 　　貸：資本公積	母公司： 借：長期股權投資 　　貸：應付職工薪酬 子公司： 借：管理費用 　　貸：資本公積

【同步案例題】

一、金融工具分類、計量、轉移

【資料】甲公司為上市公司，近幾年發生了下列有關事項：

（1）甲公司2017年10月10日自證券市場以50,000元購入一項債券投資組合，初始確認為以攤餘成本計量的金融資產。2017年12月31日，考慮到該債券組合公允價值持續下跌至49,000元，甲公司將該債券投資重分類為以公允價值計量且其變動計入其他綜合收益的金融資產。

（2）2017年1月1日，甲公司自證券市場購入面值總額為1,000萬元的債券。購入時實際支付價款1,039.49萬元，另外支付交易費用5萬元。該債券發行日為2017年1月1日，系分期付息、到期還本債券，期限為5年，票面年利率為5%，年實際利率為4%，每年12月31日支付當年利息。甲公司將該債券作為其他債權投資核算。甲公司購入債券時確認的其他債權投資的入帳價值為1,044.49萬元，年末發生信用減值損失100萬元，確認的利息收入為41.78萬元。

（3）甲公司2017年8月委託某證券公司代理發行普通股10,000萬股，每股面值1元，每股按1.2元的價格出售。按協議，證券公司從發行收入中扣取2%的手續費。甲公司將發行股票取得的收入10,000萬元計入了股本，將溢價收入2,000萬元計入了資本公積，將發行費用240萬元計入了財務費用。

（4）甲公司於2018年9月1日從證券市場上購入A上市公司股票1,000萬股，每股市價10元，購買價格10,000萬元，另外支付佣金、稅金共計50萬元，擁有A公司5%的表決權股份，不能參與對A公司生產經營決策，對A公司無控制、共同控制和重大影響。甲公司擬長期持有該股票，且近期無售出意向，因此將其作為長期股權投資核算，確認的長期股權投資的初始投資成本為10,000萬元，將交易費用50萬元計入了當期損益。

（5）2019年10月31日甲公司將一項金融資產出售丙公司，同時與丙公司簽訂一項看跌期權，2019年12月31日從合同條約判斷：該項期權屬於重大價內期權。甲公司遂終止確認了該項項金融資產。

要求：分析判斷甲公司對上述（1）至（5）事項的會計處理是否正確，並說明理由。

【解析】

（1）事項（1）會計處理不正確。理由：根據金融工具準則的規定，企業在只有在改變其管理金融資產的業務模式時，才對受影響的金融資產進行重分類。正確的處理：在符合條件的情況下，應對該金融資產計提信用減值損失。

（2）事項（2）中，債權投資的入帳價值正確。理由：債權投資入帳價值＝購買價款1,039.49萬元＋相關交易費用5萬元＝1,044.49（萬元）。2017年年末確認的利息收入正確。理由：未發生減值的利息收入應根據金融資產的帳面餘額和實際利率計算；

發生了信用減值損失的，利息收入應根據攤餘成本和實際利率計算。但是本題的「其他債權投資」發生的減值不影響其帳面價值，會計分錄為：

借：信用資產損失
　　貸：其他綜合收益——損失準備

所以，本題利息收入=攤餘成本×實際利率×期限=1,044.49×4%×1=41.78（萬元）。

(3) 事項 (3) 中，確認的股本 10,000 萬元正確；確認資本公積 2,000 萬元、確認財務費用 240 萬元不正確。理由：發行股票的交易費用應衝減資本公積和留存收益。正確的處理：確認股本 10,000 萬元，確認資本公積 1,760 萬元 (2,000-240)。

(4) 事項 (4) 中，將該股票投資作為長期股權投資核算不正確。理由：在投資企業持有的對被投資單位無控制、共同控制和重大影響之下，並且在活躍市場中有報價、公允價值能可靠計量的權益性投資，不應作為長期股權投資核算，近期無售出意向，說明該金融資產是非交易性的。正確的會計處理：該股票投資應指定為以公允價值計量且其變動計入其他綜合收益的金融資產核算（其他權益工具投資），該金融資產的初始確認金額為 10,050 萬元。

(5) 事項 (5) 中，甲公司終止確認的會計處理不正確。理由：由於該看跌期權屬於重大價內期權，購買方丙公司到期很可能行權，將會把該金融資產返售給甲公司，所以不能終止確認。

二、金融負債和權益工具的區分

【資料】(1) 甲公司發行的優先股要求每年按 6% 的股息率支付優先股股息，且甲公司承擔了支付未來每年 6% 股息的合同義務，因此甲公司就該強制付息的合同義務確認金融負債。

(2) 甲公司發行的一項永續債，期限永續，無固定還款期限且不可贖回，每年按 8% 的利率強制付息，甲公司將該永續債務工具確認為金融負債。

(3) 2019 年 1 月 1 日，甲公司向丁公司發行以自身普通股為標的的看漲期權。根據期權合同，如果丁公司行權，丁公司有權以每股 10 元的固定價格從甲公司購入固定數量的普通股 100 萬股；該期權以現金換普通股的方式結算。甲公司將該看漲期權確認為金融負債。

(4) 2 月 3 日，甲公司向 A 公司轉讓其所持有的丙公司 5% 的股份，轉讓價款 1,200 萬元；同時雙方簽訂了一項看漲期權合同，合同中約定如果 6 個月後丙公司股價上漲未達到 4.5%，A 公司有權要求甲公司回購上述股份，回購價款為 1,350 萬元，且需以甲公司的自身股份作為支付對價，股份數量按回購時甲公司的股票市價來計算。甲公司將該期權合同作為權益工具核算。假定不考慮其他因素。

要求：逐項判斷上述事項中對相關金融工具的分類是否正確，如不正確，分別說明理由並指出正確的分類。

【解析】

(1) 分類正確。

(2) 分類正確。

(3) 分類不正確。理由：甲公司以現金換普通股方式結算，若是丁公司行權，則

甲公司將交付固定數量的普通股,同時從丁公司收取固定金額的現金。由於看漲期權屬於衍生工具,且將來要以固定數量的股票進行結算,因此丙公司發行的看漲期權應作為權益工具核算。

【注意】如果結算方式改為:以現金淨額結算或以普通淨額計算,屬於固定換變動或變動換變動,則應當劃分為「金融負債」。

(4) 甲公司的分類不正確。

理由:由於丙公司的股價不受甲公司控制,且將來回購時甲公司需以可變數量的自身權益工具進行結算,該期權合同符合金融負債的特徵,甲公司應當將其作為金融負債核算。

三、套期保值

【資料】甲公司主要從事塑料製品K的生產。2018年4月16日,甲公司與某外商乙公司簽訂了不可撤銷的銷售合同,合同約定甲公司將於2018年10月16日將生產的塑料製品K銷售給乙公司。經計算,生產該批塑料製品需要A材料1,000噸,簽訂合同時A材料的現貨價格為4,500元/噸。

甲公司擔心A材料價格上漲,經董事會批准,在期貨市場買入了9月份交割的1,000噸A材料期貨,並將其指定為塑料製品K因生產所需的A材料的套期。當天A材料期貨合約的價格為4,500元/噸,A材料期貨合約與甲公司生產塑料製品所需要的A材料在數量、品質和產地方面均相同。2018年9月6日,A材料的現貨價格上漲到6,000元/噸,期貨合約的交割價格為5,950元/噸。當日,甲公司購入了1,000噸A材料,同時將期貨合約賣出平倉。

甲公司對上述期貨合約進行了如下處理:

(1) 將該套期劃分為現金流量套期;
(2) 將該套期工具利得中屬於有效套期的部分150萬元,直接計入當期損益。
(3) 將該套期工具利得中屬於無效套期的部分145萬元,直接計入所有者權益。

要求:分析判斷甲公司以上的相關處理是否正確,並分別說明理由。

【解析】

(1) 甲公司將該套期劃分為現金流量套期正確。理由:由於甲公司簽訂了不可撤銷的銷售合同,且必須要A材料,所以購進A材料屬於極可能發生的預期交易。

(2) 甲公司將該套期利得中屬於有效套期的部分150萬元,直接計入當期損益不正確。理由:按照套期保值準則的規定,在現金流量套期下,套期工具利得或損失中屬於有效套期的部分,應當直接確認為所有者權益,計入其他綜合收益,並單列項目反應。此外,在塑料製品K出售時,甲公司應當將套期期間計入其他綜合收益的利得金額轉入當期損益。

(3) 甲公司將該套期工具利得中屬於無效套期的部分,直接計入所有者權益不正確。理由:按照套期保值準則的規定,在現金流量套期下,套期工具利得或損失中屬於無效套期的部分應當計入當期損益。

(4) 數據有錯誤。理由:現貨虧損=1,000×(6,000-4,500)=1,500,000(元),期貨盈利=1,000×(5,950-4,500)=1,450,000(元),因此有效套期為兩者孰低者為

1,450,000 元，無效套期＝1,500,000－1,450,000＝50,000（元）。

四、股權激勵

【資料】經股東大會批准，甲公司 2017 年 1 月 1 日實施股權激勵計劃，其主要內容為：甲公司向其子公司乙公司 50 名管理人員每人授予 1,000 份現金股票增值權，行權條件為乙公司 2017 年度實現的淨利潤較前 1 年增長 6%，截至 2018 年 12 月 31 日兩個會計年度平均淨利潤增長率為 7%；從達到上述業績條件的當年年末起，每持有 1 份現金股票增值權可以從甲公司獲得相當於行權當日甲公司股票每股市場價格的現金，行權期為 2 年。乙公司 2017 年度實現的淨利潤較前 1 年增長 5%，本年度沒有管理人員離職。該年年末，甲公司預計乙公司截至 2018 年 12 月 31 日兩個會計年度平均淨利潤增長率將達到 7%，未來 1 年將有 2 名管理人員離職。每份現金股票增值權公允價值如下：2017 年 1 月 1 日為 9 元；2017 年 12 月 31 日為 10 元；2018 年 12 月 31 日為 12 元。

要求：分析 2017 年甲公司和乙公司對股權激勵計劃應如何進行會計處理。

【解析】

(1) 母公司甲公司作為結算企業最終是以現金進行結算，應作為現金結算的股份支付進行處理。增加長期股權投資 240,000 元，增加應付職工薪酬 240,000 元 [（授予人數 50－離開人數 2）×每人授予份數 1,000×資產負債表日的公允價 10×累計期數 1/等待期 2]。

(2) 子公司乙公司作為接受服務的企業，其本身沒有結算義務，應作為權益結算的股份支付進行處理。增加管理費用 216,000 元，增加資本公積 216,000 元 [（授予人數 50－離開人數 2）×每人授予份數 1,000×資產負債表日的公允價 9×累計期數 1/2 等待期]。

【備註】合併抵銷分錄為：

借：資本公積   216,000
  管理費用   24,000
 貸：長期股權投資   240,000

第十章 行政事業單位預算管理、會計處理與內部控制

【知識精講】

第一節　部門預算

一、部門預算概述

(一) 部門預算的含義

部門預算是指政府部門綜合財務收支計劃。因為政府預算會計採用收付實現制，所以政府部門預算目前實際上是現金流量的預算。

(二) 部門預算體制

中國實行「一級政府一級財政，一級財政一級預算」。《中華人民共和國預算法》（以下簡稱《預算法》）規定：「中國實行五級預算體制，全國預算由中央預算和地方預算組成。地方預算由各省級總預算構成。地方各級總預算由本級預算和匯總下一級預算組成。下一級只有本級預算的，下一級總預算也就是下一級本級預算；沒有下一級預算的，總預算即指本級預算。」

(三) 預算組成的分類

1. 按照預算編製匯總層次劃分：財政總預算、本級預算、部門預算、單位預算

【例1】省以下的財政總預算、本級預算、部門預算、單位預算。
①四川省政府財政總預算＝省政府本級預算＋各市州財政總預算
②各市州財政總預算＝市州政府本級預算＋各縣級財政總預算
③各縣級財政總預算＝縣政府本級預算＋各鄉鎮財政總預算
④鄉鎮財政總預算＝鄉鎮政府本級預算
⑤政府本級預算＝本級部門預算＋本級直屬事業單位部門預算
⑥部門預算＝部門機關的預算＋部門所屬事業單位的單位預算，比如：四川省交通運輸廳部門預算＝廳機關的預算＋所屬事業單位的單位預算。

【例2】中央和地方政府總預算、中央本級預算、中央部門預算

中央和地方政府總預算=中央政府本級預算+地方財政總預算

中央政府本級預算等於中央各部、委、局部門預算之和。

中央部門預算=各部、委、局機關預算+所轄行政事業單位的單位預算

2. 根據財政部門管理的層級劃分：一級預算、二級預算、三級預算、基層預算

在某一級政府財政部門列有一級預算管理單位的就叫一級預算單位，以下分別為二級、三級、基層預算單位。

【例3】四川省財政廳將省交通運輸廳作為一級預算單位，則廳下屬單位廳公路局自然為二級預算單位，廳公路局下屬的公路醫院就叫三級預算單位，如果沒有再下一級，那麼三級預算單位叫作基層預算單位，以此類推。

3. 按照財政收入來源和支出用途劃分：一般公共預算、政府性基金預算、國有資本經營預算和社會保險基金預算

（1）一般公共預算：一般公共預算是指財政收入以「稅收」為主體進行安排的收支預算（見表10-1）。

表 10-1

收入科目	支出科目
①稅收收入：如增值稅	①一般公共服務支出：如人大事務
②非稅收入：如行政事業性收費	②外交支出：如駐外機構支出
③債務收入：如國內債務收入	③國防支出：如現役部隊支出
④轉移性收入：如一般轉移性收入	④公共安全支出：如公安支出
	⑤教育支出：如職業教育
	⑥科學技術支出：如基礎研究
	⑦交通運輸支出：如車輛購置稅支出
	……

（2）政府性基金預算：政府性基金預算是指以「政府性基金」為財政收入，專項用於特定公共事業發展的收支預算（見表10-2）。

表 10-2

收入科目	支出科目
①政府基金收入：如殘疾人就業基金收入，住房公積金收入，南水北調工程基金收入	①教育支出：如地方教育附加安排支出
②政府基金轉移收入	②文化體育與傳媒支出：國家電影事業發展專項資金支出
……	③社會保障和就業支出：殘疾人就業保障金支出
	④節能環保支出：如廢棄電器電子產品處理基金支出
	……

（3）國有資本經營預算：國有資本經營預算是指對國有資本收益作出支出安排的收支預算（見表10-3）。

表 10-3

收入科目	支出科目
國有資本經營收入：如電信企業利潤收入	①教育支出
	②文化體育與傳媒支出
	③社會保障和就業支出：補充全國社會保障基金
	④節能環保支出：國有資本經營預算支出
	⑤交通運輸支出
	⑥資源勘探電力信息等支出
……	……

（4）社會保險基金預算：社會保險基金預算是對社會保險款、一般公共預算安排和其他方式籌集的資金，專項用於保險收支的預算（見表10-4）。

表 10-4

收入科目	支出科目
①基本養老保險基金收入	①基本養老保險基金支出
②業保險基金收入	②業保險基金支出
③基本醫療保險金收入	③基本醫療保險金支出
④工傷保險基金收入	④工傷保險基金支出
⑤生育保險基金收入	⑤育保險基金支出
⑥新型農村合作醫療基金收入	⑥新型農村合作醫療基金支出
……	……

二、中央部門預算的編製規程

（一）編製方式

編製方式自下而上的匯總方式，從基層預算單位編製起，層層匯總。

（二）編製流程（五個階段）

1. 準備階段
（1）上一年度預算批復項目的清理。如果有基礎信息變化，應當變更基礎信息庫。
（2）制定新一年度的預算編製口徑、標準、政策。
2.「一上」階段
（1）中央部門提出下一年度的預算建議數字。
（2）該階段的具體程序：基層預算單位—二級預算單位——級預算單位—財政部門。
3.「一下」階段
（1）該階段的主要任務：落實財政部門下達的各部門預算指標控制數。

(2) 該階段的具體程序：財政部門匯總平衡後提出中央本級預算初步方案—報國務院審批—再向各中央部門下達預算控制限額。

4.「二上」階段

(1) 該階段的主要任務：形成下一年度的中央預算和各部門預算草案。

(2) 該階段的具體程序：基層預算單位—二級預算單位——級預算單位—財政部門—報國務院審批後—再報全國人民代表大會預算工作委員會和財政經濟委員會審核—最後交全國人大會審議。

5.「二下」階段

(1) 該階段的主要目的：以法律文件形式逐級批復下達下一年度預算通知。

(2) 該階段的具體程序：全國人大通過—財政部在 1 個月內批復各部門預算—各部門在收到財政批復意見 15 日內再批復所屬單位預算。

三、中央部門預算的編製原則

中央部門預算的編製原則如表 10-5 所示。

表 10-5　中央部門預算的編製原則

合法性	要符合《中華人民共和國預算法》和國家其他法律、法規的要求，充分體現黨和國家的方針政策，並在法律賦予部門的職能範圍內進行
真實性	部門預算收支的預測必須以國家社會經濟發展規劃和履行部門職能的需要為依據，力求各項收支數據真實準確
完整性	各部門應將所有收入和支出全部納入部門預算，全面、準確地進行反應，體現綜合預算的要求
科學性	預算編製的程序設置、編製方法、預算核定、支出結構均要科學
穩妥性	要做到穩妥可靠，量入為出，收支平衡，不得編製赤字預算。先保證基本支出，項目支出量力而行（也就是先保吃飯，再保建設）
重點性	堅持「統籌兼顧、留有餘地」的方針，在兼顧一般的同時，優先保證重點支出。要先保證基本支出，後安排項目支出；先重點、急需項目，後一般項目
透明性	建立完善科學的預算支出標準體系，實現預算分配的標準化、科學化、規範化、透明化。主動接受監督，建立健全部門預算信息披露制度和公開反饋機制，推進部門預算公開
績效性	樹立績效管理理念，健全績效管理機制和追蹤問效機制，不斷提高預算資金的使用效益

四、政府收支分類

（一）改革的背景

2006 年改革以前，政府收支分類比較雜亂：其中預算收支科目將部門分類、功能分類和經濟分類混合在一起，並且同一功能的支出在多處分散反應，與國民經濟核算體系、金融統計指標體系、國際通行分類標準不一致，造成「外行看不懂，內行說不清」的局面，所以必須改革。

(二) 改革的內容

1. 收入改革

(1) 收入的一級分類。收入的一級分類的四類。

國際貨幣基金組織的收入分類包括四項：稅收、社會繳款、贈與和其他收入，不包括貸款轉貸回收本金收入、債務收入、轉移性收入這些本質上屬於往來帳的東西。

但是，中國的政府預算會計實質上屬於現金流量會計，所以凡是現金流入均作為收入來反應。以財政部《2019年政府收支分類科目》為例，公共財政預算收入分類包括稅收收入、非稅收入、債務收入和轉移性收入等類別。

(2) 收入的明細分類。收入包括類、款、項、目四級科目。

【例4】稅收收入（類）——增值稅（款）——國內增值稅（項）——國有企業增值稅（目）。

2. 支出改革

從2014年起，中國預算體系分為四套預算：公共財政預算、政府基金預算、社會保險基金預算、國有資本經營預算，所以其支出科目在四套預算中均有。

(1) 支出的功能分類。支出的功能根據政府的職能分類，反應支出的內容和方向，也就是反應「誰花了錢」，分為類、款、項三級科目。

【例5】2019年公共財政預算支出功能分類科目包括26類，具體有：

①一般公共服務支出，如人大事務、政協事務、政府各部門事務、民主黨派及工商聯事務、群眾社團事務、共產黨及組成部門事務等。

②外交、國防、公共安全、教育、科學技術、文化體育與傳媒、社會保障和就業支出、醫療衛生和計劃生育、節能環保、城鄉社區、農林水、交通運輸、資源勘探電力信息、商業服務業、金融、援助其他地區、國土資源氣象、住房保障、糧油儲備物資、預備費、債務還本、債務發行費用、債務付息、其他支出、轉移性支出等。

(2) 支出的經濟分類。支出的經濟分類反應支出經濟性質和具體用途，也就是「錢用在何處？」分為類、款兩級科目。

【例6】財政部制定的《2019年政府收支分類科目》，規定的支出經濟分類的類級科目包括10類，具體有：工資福利支出、商品和服務支出、對個人和家庭的補助、債務利息及費用支出、資本性支出（發展改革部門安排的基本基本建設）、資本性支出（各單位安排的）；對企業的補助（發展改革部門安排的基本建設支出中對企業補助）、對企業的補助（除發展改革部門安排的基本建設支出中對企業補助以外，政府安排的對企業補助）、對社會保障基金補助和其他支出等。

3. 政府收支分類科目和會計科目的關係：政府收支分類科目是會計科目之後的明細科目

【例7】某企業交納增值稅10萬元，根據《財政總預算會計制度》的規定和國家金庫收入日報入帳。

會計分錄：

借：國庫存款　　　　　　　　　　　　　　　　　　100,000

　　貸：一般預算收入（會計科目）——稅收收入（類）——增值稅（款）——國內增值稅（項）——國有企業增值稅（目）　　　　　　100,000

【例8】財政部門從財政專戶核撥某高等學校教學樓建設支出1,000萬元。根據《財政總預算會計制度》的規定和財政專戶支出日報入帳。

借：一般預算外支出（會計科目）——教育支出（支出功能分類：類）——普通教育（支出功能分類：款）——高等教育（支出功能分類：項）——某高校基本建設支出（支出經濟分類：類）——材料費（支出經濟分類：款）
　　　　　　　　　　　　　　　　　　　　　　　　　10,000,000
　　貸：財政專戶存款——某銀行　　　　　　　　　　10,000,000

【例9】某交通局的一家研究所本期購買職工上下班用的交通車一輛，價款為30萬元，採用財政授權支付。
（1）研究所會計分錄：
借：事業支出（一級會計科目）——項目支出（二級會計科目）——其他資本性支出（經濟性質分類：類）——交通車（經濟性質分類：款）
　　　　　　　　　　　　　　　　　　　　　　　　　300,000
　　貸：零餘額帳戶額度　　　　　　　　　　　　　　300,000
（2）財政部門在合併該項支出時，按照支出功能分類列入交通運輸支出類。

五、中央部門收入預算編製

（一）收入預算的內容

收入預算包括：上年結轉、財政撥款收入、上級補助收入、事業單位收入、事業單位經營收入、下級單位上繳收入、其他收入、用事業基金彌補收支差異（實際上是用歷年滾存結餘補充當年資金缺口，相當於企業用未分配利潤彌補當年虧損）。

（二）收入預算編製的要求

1. 項目合法合規
2. 內容全面完整
3. 數字真實準確

（三）收入預算的測算依據

1. 明確預算目標

先列出部門工作重點、任務和重要事項，再建立預算目標。也就是先做哪些事情，再列哪些預算。

2. 收集相關資料

要在佔有大量信息的基礎上，由管理收入的部門會同財務部門編製。

3. 分析、歸集部門預算需求

各部門根據工作計劃上報需求。

4. 測算部門預算需求

（1）基本支出。基本支出採用定員定額的方式進行；
（2）項目支出。項目支出根據履行職能的需求情況測算。

5. 測算財政撥款資金需求

部門預算先用非財政撥款資金滿足後，其缺口部分即為財政撥款資金需求。

【例10】四川省關於2015年收入預算的編製政策如下：
（1）非財政撥款收入預算按照國家有關政策規定，結合歷年實際收入情況和當前經濟社會發展實際合理測算，確保不漏報、不瞞報、不虛報。
（2）財政撥款收入按照非財政撥款收入及動用事業基金和專用基金總規模抵頂省

財政廳核定支出需求的差額編製。比如：預算支出 300 萬元-非財政撥款收入 70 萬元-動用專用基金 2 萬元-動用事業基金 3 萬元＝財政撥款收入 225 萬元。一句話，先把自有資金用完，不夠的財政再安排。

（3）非稅收入徵收計劃參考歷年收入徵收情況和預算年度收入增減變動因素，分類分項測算編製。

六、中央部門支出預算的編製

（一）支出預算的內容

支出預算包括基本支出、項目支出、上繳上級支出、事業單位經營支出和對附屬單位的補助支出。其中基本支出和項目支出是部門預算的主要部分。

（二）基本支出預算

1. 基本支出預算編製原則

（1）綜合預算原則。全面編製，統籌安排。

（2）優先保障原則。優先保障日常運轉，在此基礎上本著「有多少錢辦多少事」的原則，再安排各項事業發展支出。

（3）定額管理原則。定員定額管理，包括人員經費定額標準和實物費用定額標準。

2. 基本支出預算主要內容（根據 2019 年政府收支分類科目）（見表 10-6）

表 10-6

基本支出項目	經濟分類(類級項目)	經濟分類（款級項目）	其中，定額管理項目
人員經費	工資福利支出	基本工資、津貼補貼、獎金、伙食補助費、績效工資、機關事業單位基本養老保險繳費、職業年金繳費、職工基本醫療保險繳費、公務員醫療補助繳費、其他社會保障繳費、住房公積金、醫療費、其他工資福利支出	基本工資、津貼及獎金、社會保障繳費、醫療費
	對個人和家庭的補助	離休費、退休費、退職（役）費、撫恤金、生活補助、救濟費、醫療費補助、助學金、獎勵金、其他對個人和家庭的補助	離退休費、助學金、住房補貼和其他人員經費
日常公用經費	商品和服務支出	辦公費、印刷費、諮詢費、手續費、水費、電費、郵電費、取暖費、物業管理費、差旅費、因公出國（境）費用、維修（護）費、租賃費、會議費、培訓費、公務接待費、專用材料費、專用燃料費、勞務費、委託業務費、工會經費、福利費、公務用車運行維護費、其他交通費用、稅金及附加費用、其他商品和服務支出	辦公及印刷費、辦公用房水電費、郵電費、辦公用房取暖費、公務用車運行維護費、差旅費、會議費、福利費、辦公用房物業管理費、日常維修費、專用材料費及一般設備購置費、公務交通補貼和其他費用

3. 基本支出定員定額標準

基本支出定員定額實行雙定額。包括綜合定額和財政補助定額。

(1) 綜合定額。綜合定額指按照人或物核定的部門、單位總體或某個定額項目的大口徑支出標準。

(2) 財政補助定額。財政補助定額是財政部門對與其有預算領撥關係的部門或單位按照人、物核定的財政補助標準。

【例11】2013年財政部安排的「三公經費」定額20億元，這就是綜合定額；其中安排給交通運輸部的「三公經費」為0.9億元，這就是財政補助定額。

4. 基本支出預算的編製程序

(1) 制定定額標準。財政部門制定行政和事業單位的基本支出定額標準。

【例12】四川省財政廳印發的《關於規範省級行政單位日常公用經費管理的通知》規定：「對公用經費實行分類分項、差別核定、動態調整的模式。」其中對日常公用經費的定額分為以下三類：

①一般公用經費定額項目，主要包括印刷費、水電費等。一般公用經費實行無差別核定。

②業務公用經費定額項目，主要包括辦公費、郵電費、公務用車運行與管理費等。業務公用經費實行差別核定。

③按照規定比例（標準）核定的公用經費項目，主要包括日常培訓費、工會經費、福利費、離退休公用經費、公務接待費等。其他公用經費項目按規定比例（標準）核定。

(2) 審核基礎數據。核實人員等基本數據。

(3) 測算和下達控制數。公式如下：

①人員經費控制數＝編製內實有人數×各項定額標準

②日常公用經費中與人員有關的控制數＝編製數或編製內實有人數×各項定額標準

③日常公用經費中與物耗有關的控制數＝單位實物量×實物費用定額標準

(4) 編製部門基本支出預算。在規定的時間和控制數範圍內編製基本支出預算。

【注意】基本支出和項目支出之間、人員經費和日常公用經費之間、大類科目之間不能調劑。在同一大類內部科目之間可以在「款」級之間做必要的調劑使用。

【例13】甲單位為一家高校，屬於教育部直屬事業單位，在2017年預算編報「二上」階段，根據財政部下達的基本支出預算控制數是12,000萬元（其中人員經費7,000萬元，日常公用經費5,000萬元），擬安排在職人員經費6,000萬元，離退休人員經費600萬元，學生助學金400萬元，辦公費600萬元，水費300萬元，電費400萬元，供暖費700萬元，物業及保安費900萬元，一般設備購置費2,100萬元。

要求：

(1) 按照2019年公共財政預算支出科目的功能分類，甲單位的預算經費應當如何分類（請列至項級科目）。

(2) 按照2019年政府收支分類科目經濟分類的規定填列表10-7。

表 10-7

預算支出項目	費用	支出經濟分類
在職人員經費	6,000 萬元	
離退休人員經費	600 萬元	
學生助學金	400 萬元	
辦公費	600 萬元	
水費	300 萬元	
電費	400 萬元	
供暖費	700 萬元	
物業及保安費	900 萬元	
一般設備購置費	2,100 萬元	
合　計	12,000 萬元	—

（3）如果該單位的一般設備購置費缺口為 100 萬元，能否從學生助學金、供暖費中的結餘經費中調劑安排，請說明理由。

【解析】
（1）甲單位的預算經費應當分類為：「教育支出——普通教育——高等教育」。
（2）按照 2019 年政府收支分類科目經濟分類的規定填列表 10-8。

表 10-8

預算支出項目	費用	支出經濟分類
在職人員經費	6,000 萬元	工資福利支出
離退休人員經費	600 萬元	對個人和家庭的補助
學生助學金	400 萬元	對個人和家庭的補助
辦公費	600 萬元	商品和服務支出
水費	300 萬元	商品和服務支出
電費	400 萬元	商品和服務支出
供暖費	700 萬元	商品和服務支出
物業及保安費	900 萬元	商品和服務支出
一般設備購置費	2,100 萬元	商品和服務支出
合　計	12,000 萬元	—

（3）不能從學生助學金中安排，可以從供暖費結餘中調劑安排。理由：預算單位自主調劑的範圍僅限於人員經費經濟分類款級科目之間，或日常公用經費支出經濟分類的款級科目之間，人員經費和日常公用經費類級科目之間不允許自主調劑。

（5）審批正式下達預算。財政部依法將審核匯總後的中央部門預算上報國務院審定。經全國人民代表大會批准後，在規定的時間內向中央部門批復。

(三) 項目支出預算編製

1. 特徵

(1) 專項性。項目必須圍繞特定業務編製。

(2) 獨立性。項目之間不能交叉，項目支出和基本支出之間也不能交叉、重疊。

(3) 完整性。項目支出必須將完成特定業務目標所涉及的全部經費支出包含在內，不能化整為零，進行拆分。

2. 項目的分級管理

(1) 一級項目。通用項目由財政部制定，並統一下發給部門；部門專用項目，由各部門提出設置建議，經財政部審核後下發給部門，作為部門編製二級項目的基礎。一級項目應包括實施內容、支出範圍、總體績效目標等。

(2) 二級項目。二級項目由具體預算單位根據規定自主設立，但是必須要與對應的一級項目相匹配，有充分的立項依據、詳細的實施方案、明確的支出內容、具體的支出計劃、合理的績效目標等。

【例14】財政部規定一級項目通用項目和經過審核同意的專用項目如下：

(1) 通用項目。通用項目包括物業管理費、大型培訓費、公務接待費、公務用車運行維護費、辦公設備購置、信息化建設及運行維護費等。

(2) 專用項目。專用項目包括民生保障類、基礎設施（設備購置）、產業發展、行政運行等；如果交通運輸部要在基礎設施下設立二級項目「國家旅遊風景道項目」，則必須有充分的立項依據。

3. 項目的審核和申報

(1) 部門審核和評審程序。

部門審核和評審程序由部門自行確定。可以採用逐級審核、分級審核和部門集中審核方式。部門審核和評審的內容主要包括完整性、必要性、可行性和合理性等方面。對應納入評審範圍的項目，評審的結果是項目審核信息的必要組成部分。部門內部審核和評審過程中，如需調整項目的，可以由下級單位調整後重新上報，也可以由上級單位直接進行調整。

(2) 項目支出預算及項目庫的申報。

①部門根據項目的優先順序和財政部要求的分年度項目支出規模申報預算支出。比如，交通運輸部申報的「京廣國家高速公路建設項目」項目預算5,000億元，分10年支出，其中第一年的投資規模為1,000億元，則按照1,000億元申報預算。

②項目庫。所有已列預算支出項目必須全部入庫，所有未列預算支出的項目擇優申報入庫。

【注意】項目庫的申報與項目支出預算的申報需同步進行。

4. 項目預算評審

通過開展項目預算評審工作，逐步建立健全預算評審機制，將預算評審實質性嵌入預算管理流程。規範項目入庫管理，經過研究、論證、評審等程序後方可入庫。所有項目須先納入項目庫管理，然後從項目庫中擇優選取項目安排年度預算。

5. 項目的調整及控制

(1) 財政部對項目的調整及控制。

財政部對項目有三種處理方式：一是審核通過，納入財政部項目庫；二是審核未

通過，且項目立項屬於不符合國家有關政策的，財政部對相關項目明確標示「不予安排」；三是審核未通過，但不違反國家有關政策的項目，財政部通知部門進行調整後重新申報。對明確標示「不予安排」的項目，將隨「一下」控制數一併反饋進入部門項目庫，相關項目「二上」時不得再納入預算或規劃中安排。

（2）部門對項目的調整。

財政部控制數下達後，三年及分年支出總額不得調整。在一級項目的支出控制數規模內，部門可增減或替換二級項目，增加的二級項目必須是已申報納入財政部項目庫，且屬於財政部未明確不予安排的項目。部門如需在一級項目之間進行調整，或對控制數中已明確的二級項目進行調整的，應報財政批准。

6. 項目的批復和調整

（1）項目的批復。

①當年預算。全國人民代表大會批准中央預算後，財政部以「一級項目+二級項目」的形式批復各中央部門的年度項目支出預算。

②三年支出規劃。中央部門中期財政規劃匯總並按程序報批後，財政部以「一級項目+二級項目」的形式下達各中央部門的三年項目支出規劃。

（2）項目的調整。

①當年調整。當年安排預算的項目一經批准，對當年的年初預算數不得再做調整。

②當年調劑。涉及調劑當年預算數的，在執行中，按照規定程序辦理。財政部審核同意的調劑，通過項目庫將相關調整信息反饋進入部門項目庫。

③後兩年調整。對僅涉及項目後兩個年度支出計劃調整的，原則上預算執行中不做調整，在編製下一年度預算時統一調整。

七、部門預算執行及調整

（一）基本支出預算執行及調整

（1）嚴格執行批准的基本支出預算，一般不予調整，如果遇國家政策性調整等原因，需經財政部門批准後調整。

（2）非財政補助收入超收部分，原則上不安排當年的基本支出，可以報經財政部門批准後用於項目支出和結轉下年使用。

（3）非財政補助收入發生短收的，應報財政部門批准調減當年預算，當年的財政補助數不予調整。

（二）項目支出的執行及調整

（1）中央部門和項目單位不得自行調整項目預算。

（2）預算執行過程中，如果發生項目變更、終止的，必須按照規定程序報經財政部門批准並進行預算調整。

【例15】甲單位系某中央級事業單位，2018年一信息化機電建設項目原計劃於2018年4—9月實施，經批復的項目支出預算為2,000萬元，全部由財政以授權支付方式安排。甲單位已於3月收到財政授權支付額度，並於3月同工程施工方簽訂合同。合同約定在合同簽訂的首月支付500萬元，然後根據工程施工進度在7月再支付800萬元，9月工程完工驗收合格後支付700萬元。由於施工設計存在問題，致使該工程一直

處於停滯狀態，合同無法如期實施。2019年6月30日，甲單位為加快預算執行進度，將該項目資金用於正在實施的電梯改造項目。要求：分析該單位上述做法中不當之處，並說明理由。

【解析】甲單位未經批准將項目資金用於其他基建項目不正確。理由：根據國家預算管理規定，甲單位應當按照批復的房屋修繕項目支出預算組織項目的實施，項目資金應按照規定用途使用，不得自行調整。如果確需調整的，甲單位必須按照規定的程序報經財政部門批准。

（三）行政事業單位預算執行及分析

1. 行政單位

(1) 原則：收支平衡預算原則。

【注意】這個原則曾經在實踐中出現一些問題，某些行政事業單位當年本來可以有一定結餘的，但是為了當年平衡預算千方百計把錢用完，造成很大的浪費。所以新的預算法進行了修改完善，其第十二條規定：各級政府應當建立跨年度預算平衡機制。

(2) 公式：

①當年預算支出完成率＝年終執行數／（年初預算數＋或－年中預算調整數）

備註：上述年中執行數不含上年結轉和結餘支出數。

②支出增長率＝（本期支出數÷上期支出總額）－1

③人均開支＝本期支出數÷本期平均在職人員數

④項目支出比率＝本期項目支出數÷本期支出總數

⑤人員支出比率＝本期人員支出數÷本期支出總數

⑥公用支出比率＝本期公用支出數÷本期支出總數

2. 事業單位

(1) 事業單位應當嚴格執行批准的預算。

(2) 財政撥款資金部分（審批制）。預算執行中，國家對財政補助收入和財政專戶管理資金預算一般不予調整。上級下達事業計劃有較大變化，國家有關政策增加或減少支出，對預算執行影響較大時，事業單位應當報主管部門審核後，再報財政部門調整預算。

(3) 非財政撥款資金部分（備案制）。財政補助收入和財政專戶管理以外部分的預算需要調整的，由單位自行調整，並報主管部門備案和財政部門備案。

【歸納】財政撥款資金調整必須批准。自有資金調整必須備案。

(4) 公式：

①當年預算收入完成率＝年終執行數／（年初預算數＋或－年中預算調整數）

②當年預算支出完成率＝年終執行數／（年初預算數＋或－年中預算調整數）

備註：上述年中執行數不含上年結轉和結餘支出數。

【例16】某事業單位2019年年初批復預算數為8,000萬元，10月因國家出抬相關政策，同級財政追加項目支出預算500萬元。2019年度決算支出8,900萬元，其中包含上年結轉支出600萬元。

要求：計算該單位2019年的預算收入完成率和預算支出完成率。

【解析】

預算收入完成率＝（8,000＋500）／8,500＝100%

預算支出完成率＝（8,900-600）／（8,000+500）＝97.65%
③人員支出比率＝人員支出÷事業支出
④公用支出比率＝公用支出÷事業支出
⑤人均基本支出＝（基本支出－離退休人員支出）÷實際在編人數
⑥資產負債率＝負債總額÷資產總額

八、中央部門財政撥款結轉和結餘資金管理

（一）含義

1. 結轉資金

結轉資金是預算未執行或未全部執行，下年需按照原用途繼續使用的預算資金。

2. 結餘資金

結餘資金包括：①實施週期已經結束、項目目標完成或項目提前終止，尚未列支的項目支出預算資金；②因項目實施計劃調整，不需要繼續支出的預算資金；③預算批復後連續兩年未用完的預算資金。

【注意】按照《中央部門結轉和結餘資金管理辦法》管理的結轉結餘資金應扣除以下兩項內容：一是已經支付的預付帳款；二是已經用於購買存貨，因存貨未領用等原因尚未列支的帳面資金。

（二）結轉資金的管理

1. 基本支出結轉資金

（1）基本支出結轉資金包括人員經費結轉資金和公用經費結轉資金。

（2）年度預算執行結束時，尚未列支的基本支出全部作為結轉資金管理，結轉下年繼續用於基本支出。

（3）編製年度預算時，中央部門應結合結轉資金情況統籌安排以後年度基本支出預算。財政部批復年初預算時一併批復部門上年底基本支出結轉資金情況。部門決算批復後，應以決算數據作為結轉資金執行依據。

（4）中央部門在預算執行中因增人增編需增加基本支出的，應首先通過基本支出結轉資金安排。

2. 項目支出結轉資金

（1）項目實施週期內，年度預算執行結束時，除連續兩年未用完的預算資金外，已批復的預算資金尚未列支的部分，作為結轉資金管理，結轉下年按原用途繼續使用。

（2）基本建設項目竣工之前，已批復的當年預算資金尚未列支的部分，作為結轉資金管理，結轉下年按原用途繼續使用。

（3）編製年度預算時，中央部門應結合結轉資金情況統籌安排以後年度項目支出預算。財政部批復年初預算時一併批復部門上年底項目支出結轉資金情況。

（4）部門決算批復後，應以決算數據作為結轉資金執行依據。

3. 控制結轉資金規模

（1）中央部門應合理安排分年支出計劃，根據實際支出需求編製年度預算，控制結轉資金規模。

（2）預算執行中，中央部門應及時跟蹤預算資金使用情況，採取措施合理加快執

行進度。

(3) 對預計當年年底將形成結轉資金的部分，除基本建設項目外，中央部門按照規定程序報經批准後，可調減當年預算或調劑用於其他急需資金的支出。

(4) 對結轉資金中預計當年難以支出的部分，除基本建設項目外，中央部門按照規定程序報經批准後，可調劑用於其他急需資金的支出。對連續兩年未用完的結轉資金，由財政部收回。

(5) 中央部門調減預算或對結轉資金用途進行調劑後，相關支出如在以後年度出現經費缺口，應在部門三年支出規劃確定的支出總規模內通過調整結構解決。

(6) 中央部門結轉資金規模較大、占年度支出比重較高的，財政部可收回部分結轉資金。

(三) 結餘資金的管理

1. 項目結餘資金的內容

(1) 項目目標完成或項目提前終止，尚未列支的預算資金。

(2) 實施週期內，因實施計劃調整，不需要繼續支出的預算資金。

(3) 實施週期內，連續兩年未用完的預算資金。

(4) 實施週期結束，尚未列支的預算資金。

(5) 部門機動經費在預算批復當年未動用的部分。

2. 項目結餘資金的管理要求

(1) 項目支出結餘資金原則上由財政部收回。

(2) 基本建設項目的結餘資金，由財政部收回。

(3) 年度預算執行結束後，中央部門應在 45 日內完成對結餘資金的清理並報財政部。財政部收文後，應在 30 日內收回結餘資金。

(4) 部門決算批復後，財政部對少收回的結餘資金要繼續補收，對多收的不退。

(5) 因項目目標完成、項目提前終止或實施計劃調整，不需要繼續支出的預算資金，中央部門應及時清理為結餘資金，由財政部收回。

【例 17】甲單位為一家中央級科研事業單位，已實行國庫集中支付。2018 年 6 月，該單位財務處按照上級主管部門的要求，籌備編製本單位 2019 年度「一上」預算草案。6 月 25 日，甲單位總會計師李某召集財務處相關人員召開了會議，集中以下事項聽取匯報及處理建議：

(1) 甲單位一實驗項目 A 已在 2018 年 6 月 20 日前完成，項目支出已全部支付，形成財政撥款項目支出剩餘資金 120 萬元。財務處建議將項目 A 剩餘的財政撥款資金自 2018 年 7 月 1 日起直接追加用於存在資金缺口的監測項目 B。

(2) 甲單位一實驗項目 C 原計劃於 2018 年 4—6 月進行，經批復的項目支出預算為 180 萬元，全部由財政以授權支付方式撥付，甲單位已收到 110 萬元授權支付額度。由於項目 C 設計存在問題，無法如期實施。財務處建議加快預算執行進度，從項目 C 經費中列支 70 萬元，用於正在進行的課題研究項目 D 的部分開支。

(3) 甲單位擬申請財政專項資金，於 2019 年購置一臺大型設備，購置費預算 1,100 萬元（超出資產配置的規定限額）。財務處建議將該項預算支出列入 2019 年度預算草案，並在向上級主管部門報送預算草案及項目申報文本時一併遞交資產購置申請。

(4) 2019 年，甲單位擬計提在職職工住房公積金預算 550 萬元。財務處建議按支

出功能分類科目,列入「科學技術」類;按支出經濟分類科目,列入「對個人和家庭的補助」類。

要求:根據國家部門預算管理、政府收支分類等相關規定,逐項判斷事項(1)至事項(4)的處理建議是否正確。對於事項(1)、事項(2)、事項(3),如不正確,分別說明理由;對於事項(4),如不正確,請指出正確的分類。

【解析】

1. 事項(1)處理建議不正確。理由:年度預算執行中,因項目目標完成、項目提前終止或實施計劃調整,不需要繼續支出的預算資金,中央部門應及時清理為結餘資金並報財政部,由財政部收回。

2. 事項(2)的處理建議不正確。

理由:根據部門預算管理相關規定,項目資金應按規定用途使用,原則上不得調整用途;在年度預算執行中確需調整用途的,需報財政部審批。

3. 事項(3)的處理建議不正確。

理由:根據部門預算管理相關規定,購置有規定配備標準或限額以上資產的,應先報經財政部審批同意後,才能將資產購置項目列入年度部門預算,並在進行項目申報時一併報送資產購置批復文件。

4. 事項(4)中,有關支出功能分類的建議正確;有關支出經濟分類的建議不正確。正確分類:按支出經濟分類科目,應列入「工資福利支出」類。

第二節　國庫集中收付制度

一、概述

(一) 改革前的流程

國庫集中收付制度改革前的流程為通過徵收機關和預算單位多重帳戶分散進行繳庫和撥付資金。

1. 收入

收入的流程為:預算收入徵收機關(包括稅務、海關、具有行政事業收費權的單位)匯繳戶集中收入後繳入國庫、財政專戶。

2. 支出

支出的流程為:財政國庫或財政專戶安排支出──一級預算單位──二級預算單位──基層預算單位。

(二) 改革後的流程

國庫集中收付制度改革後的流程為通過國庫單一帳戶體系進行繳庫和撥付資金。

1. 收入

收入的流程為:預算收入徵收機關不設置帳戶,只是開具徵收憑證,當事人通過銀行直接辦理轉帳──繳入國庫、財政專戶。

2. 支出

(1) 採用財政直接支付方式,流程如下:

①根據預算和申請，財政部門向中國人民銀行和代理商業銀行簽發支付指令。
②代理商業銀行根據指令將資金直接支付收款人（相當於先墊款或透支）。
③財政部門再通過人民銀行將國庫資金支付代理商業銀行進行清算。
（2）採用財政授權支付方式，流程如下：
①根據預算和申請，財政部門授權（批准用款額度）。
②預算單位在用款額度內向代理商業銀行簽發支付指令（實際上就是開出轉帳支票）。
③代理商業銀行支付資金給收款人（也是先墊款或透支）。
④財政部門再通過中國人民銀行國庫系統給代理商業銀行進行清算。

二、國庫單一帳戶體系

國庫單一帳戶體系的構成如下：
（1）財政部門在中國人民銀行開設的國庫單一帳戶（簡稱國庫單一帳戶）。
（2）財政部門按照資金使用性質在商業銀行開設的零餘額帳戶（簡稱財政部門零餘額帳戶）。
（3）財政部門在商業銀行開設的財政專戶，比如教育收費專戶。
（4）經國務院和省級中國人民銀行批准或授權財政部門批准開設的特設專戶（簡稱特設專戶）。
【例18】集中開展領導幹部收受紅包禮金問題專項整治中設立過「領導幹部上繳禮金紅包的專戶」。
（5）財政部門在商業銀行為預算單位開設的零餘額帳戶（預算單位零餘額帳戶）。
【歸納】
（1）財政部門設立4個帳戶，預算單位設立1個帳戶。
（2）財政部門是持有和管理國庫單一帳戶體系的職能部門，任何單位不得擅自設立、變更或撤銷國庫單一帳戶體系中的各類銀行帳戶。
（3）預算單位零餘額帳戶用於財政授權支付和清算。預算單位零餘額帳戶可以辦理轉帳、提取現金等結算業務，可以向本單位按帳戶管理規定保留的相應帳戶劃撥工會經費、住房公積金及提租補貼，以及經財政部門批准的特殊款項，不得違反規定向本單位其他帳戶和上級主管單位、所屬下級單位帳戶劃撥資金。預算單位零餘額帳戶在行政單位和事業單位會計中使用。
（4）一個基層預算單位開設一個預算單位零餘額帳戶。
（5）某些預算單位還可以按照規定設置特設專戶，如扶貧資金專戶。
【例19】《四川省省級預算單位銀行帳戶管理辦法》規定：省級預算單位銀行帳戶按照用途分為四類。
（1）基本存款戶。基本存款戶為預算單位零餘額帳戶。
（2）專用存款戶。專用存款戶可以分為非稅收入匯繳專戶、工會經費專用存款戶、黨費經費專用存款戶、食堂專用存款戶、異地業務支出專用存款戶、外匯專用存款戶、系統財務核算專用存款戶（如：食品藥品監督管理系統財務核算專用存款戶）和其他專用存款戶（如：高速公路聯網收費專用結算帳戶）8類。

（3）一般存款戶。一般存款戶是指因從銀行貸款需要開立的一般存款戶。
（4）臨時存款戶。臨時存款戶是指成立臨時機構需要設立的帳戶。

三、財政收入收繳方式和程序

（一）收繳方式
（1）直接繳庫。繳款人直接繳入國庫單一帳戶或財政專戶。
（2）集中繳庫。徵收機關（比如某些執法執收單位）將所收取的收入匯總繳入國庫單一帳戶或財政專戶。

（二）收繳程序
（1）直接繳庫。納稅人或代理人申報稅、費—徵收機關審核、開具徵稅憑證—納稅人通過銀行轉帳交入國庫或財政專戶。
（2）集中匯繳程序。納稅人或代理人申報稅、費—徵收機關徵收—當日集中匯繳入國庫或財政專戶。

四、財政支出的類型、支付方式和程序

（一）支出類型
（1）總體分類。財政支出分為購買性支出和轉移性支出。
（2）具體如下：
①工資支出。工資支出包括基本工資、福利、津補貼等。
②購買支出。購買支出包括購買服務、貨物、工程項目等支出。
③零星支出。零星支出包括政府集中採購目錄以外的支出，或在目錄之內但是未能到規定標準的支出。
④轉移支出。轉移支出撥付給下級單位或補貼企業的支出以及專項轉移支付和一般性轉移支出。
【備註】一般性轉移支出不指明用途，由下級或接受單位自由安排；而專項轉移支付則規定了用途，往往依據批准的項目專門下達。

（二）支付方式和程序
財政直接支付、財政授權支付的方式和程序，前已述及。

五、嚴格控制向實有資金帳戶劃轉資金

財政部《關於中央預算單位2019年預算執行管理有關問題的通知》（財庫〔2018〕95號）規定，除下列支出外，中央預算單位不得從本單位零餘額帳戶向本單位或本部門其他單位實有資金帳戶劃轉資金：
（1）根據《政府購買服務管理辦法（暫行）》（財綜〔2014〕96號）等制度規定，按合同約定需向本部門所述事業單位支付的政府購買服務支出。
（2）確需劃轉的工會經費、住房改革支出、應繳或代扣代繳的稅金，以及符合相關制度規定的工資中的代扣事項。

（3）尚不能通過零餘額帳戶委託收款的社會保險費、職業年金繳費、水費、電費、取暖費。

（4）經財政部審核批准歸墊資金和其他資金。

六、公務卡管理

（一）概念

預算單位公務人員持有的信用卡，用刷卡消費（日常公務支出和財務報銷業務），然後再向單位報銷費用，由單位負責歸還的管理方式。

（二）目的

現金交易存在「灰色地帶」難以監管的問題，而採用公務卡就是盡量減少現金支付，提高政府支出透明度，便於監管，防止腐敗行為。

（三）公務卡管理制度的主要內容和操作流程

1. 銀行授信額度

原則上每張公務卡的信用額度不超過5萬元，不少於2萬元。

2. 個人持卡支付

（1）公務卡主要用於公務支出的結算支付。

（2）公務卡也可以用於個人支付，但是單位不得辦理財務報銷手續，也不承擔由此引起的一切責任。

（3）公務卡在執行公務中原則上不允許提取現金，確有特殊需要，應當經過單位財務部門批准，未經批准的，提現手續費自理。

3. 單位報銷還款

（1）免息還款期。免息還款期一般為20～52天。

（2）先報再還程序。一般是個人履行財務報銷手續後，單位財務部門統一還款。如果個人報銷不及時，產生罰息、滯納金等相關費用的，由持卡人承擔；如果單位報銷不及時，影響持卡人個人資信的，由單位負責。

（3）先還再報程序。在緊急情況下，可以個人先墊資還款，或單位安排其他人向財務部門借款後歸還公務卡，再由持卡人補辦報銷手續。

4. 供應商退貨的處理

供貨商退回資金至公務卡，個人及時將卡上的資金退回財務部門，並由單位財務部門及時退回零餘額帳戶。

強制結算目錄中的支出，必須採用公務卡支付，如公務接待費。

（四）可暫不使用公務卡結算的情況

（1）在縣級以下（不包括縣級）地區發生的公務支出。

（2）在縣級及縣級以上地區不具備刷卡條件的場所發生的單筆消費在200元以下的公務支出。

（3）按照規定支付給個人的支出。

（4）簽證費、快遞費、過橋過路費、出租車費等目前只能使用現金結算的支出。

（5）其他特殊情況確實不能使用公務卡結算的，應報經單位財務部門批准。

【例20】 甲事業單位實行公務卡管理制度，本月發生以下事項：

（1）採購員王某出差，採用公務卡支付住宿費 1,500 元，交通費 2,000 元，提取現金 5,000 元，發生提現手續費 50 元，經過財務部門審核，其中，提取現金未經批准，系王某提現用於私人消費業務，住宿費和交通費屬於公務消費，財務部門給予王某報銷了 3,500 元。

（2）採購員張某本月購買單位用辦公耗材，已經通過公務卡結算並辦理報銷還款手續，但在使用過程中發現該批耗材存在質量問題，經與供貨商協商，對方同意退回 60% 的貨款 5,000 元到李某的公務卡上，李某及時配合單位財務部門將該款退回至零餘額帳戶。財務部門做帳務處理：增加零餘額帳戶額度 5,000 元，同時增加事業收入 5,000 元。

要求：分析判斷上述處理是否正確，如果不正確，請說明正確的處理。

【解析】

（1）處理正確。

（2）公務卡退款程序正確，但是帳務處理不正確。正確的處理為：增加零餘額帳戶額度 5,000 元，減少事業支出 5,000 元。

第三節　政府採購制度

一、政府採購的概念

政府採購是指各級國家機關、事業單位、團體組織，使用財政資金採購依法制定的集中採購目錄以內的，或在集中採購目錄之外但達到採購限額標準以上的貨物、工程、服務的行為。

二、政府採購當事人

（一）採購人

採購人包括國家機關、事業單位、團體組織。

（二）供應商

供應商包括提供貨物、工程或者服務的法人、其他組織或者自然人。

（三）政府採購代理機構

設區的市、自治州以上人民政府設立集中採購機構，一般名稱為「某某政府採購中心或採購辦公室」，屬於非營利事業法人。

【例21】2014 年四川省將公共資源交易中心和政府服務中心合併成立了四川省政府服務和公共資源交易服務中心，下設信息中心和採購中心兩個正處級事業單位，職責為：政府的行政審批服務集中辦理，政府採購集中代理，政府的公共資源交易集中進場管理。

三、政府採購的資金範圍與政府採購的對象

（一）政府採購的資金範圍
政府採購的資金範圍財政性資金和與其配套的單位自籌資金。

【例22】某單位獲得財政預算資金100萬元，計劃購買政府採購目錄中的產品；產品價格為120萬元，財政要求自行籌集20萬元。

（二）政府採購的對象
1. 貨物

貨物包括通用項目和專用項目。其中，通用項目：如服務器、複印機；專用項目：如專用車輛。

2. 工程

工程只有專用項目，如裝修工程、修繕工程。

3. 服務

服務也同樣包括通用項目和專用項目，其中，通用項目：如車輛維修和保養服務；專用項目：如軟件開發服務、信息系統集成實施服務。

四、政府採購的執行模式：兩種

（一）集中（組織）採購
納入政府集中採購目錄的，必須委託集中採購機構代理採購。

（二）分散（組織）採購
集中採購目錄之外，達到限額標準的，也屬於政府採購範圍，實行分散採購。可以依法自行採購，也可以委託集中採購機構代理採購。

【注意】在集中採購目錄以外，且在分散採購限額標準之下的，不屬於政府採購範圍，由採購人自行採購。

【例23】四川省2018—2019年政府集中採購目錄及採購限額標準規定如下：

（1）集中採購目錄內的項目，必須委託集中採購機構代理採購。比如：購買電視機、複印機、法律服務、審計服務。

（2）分散採購限額標準以上的項目，可以自行採購也可以委託集中採購機構代理採購。

①貨物和服務項目，指集中採購目錄以外，單項或批量採購預算省級和成都市本級在50萬元、其他市本級和成都所轄縣（市、區）級在30萬元、其他縣（市、區）級在10萬元以上的貨物和服務項目。

②工程項目，指單項或批量採購預算省級和成都市本級在60萬元、其他市本級和成都所轄縣（市、區）級在40萬元、其他縣（市、區）級在20萬元以上的工程項目。

【例24】成都市某行政單位一次性購進某鮮活商品10萬元，既不在政府集中採購目錄以內，也未達到分散採購算規定限額標準，則不屬於政府採購範圍，由本單位自行採購。

五、政府採購的方式

（一）公開招標

1. 概念

以招標方式邀請不特定的供應商參加投標競爭的方式，實際上就是充分、公開競爭，也即公開招標。公開招標應該作為政府採購的主要方式。

2. 標準

具體數額標準，中央的由國務院規定，地方的由省級人民政府規定。

【例25】四川省規定2018—2019年政府採購公開招標的標準是：政府採購貨物和服務項目，單項或批量採購預算省級和成都市本級在200萬元，其他市本級和成都所轄縣（市、區）級在120萬元，其他縣（市、區）級在80萬元以上；政府採購工程項目的公開招標數額標準按照國務院有關規定執行。

（二）邀請招標

1. 概念

招標單位通過投標邀請書邀請三家及以上的特定供應商參與投標的方式叫作邀請招標。

2. 適用範圍

（1）具有特殊性，只能從有限範圍的供應商處採購的。

（2）採用公開招標方式的費用占政府採購項目總價值的比例過大的。

（三）競爭性談判

1. 概念

談判小組和至少三家以上的供應商進行談判，供應商按照談判文件的要求提交回應文件和最後報價，採購人從談判小組提出的成交候選人中確定成交者的採購方式叫作競爭性談判。

2. 適用範圍

（1）招標後沒有供應商投標或者沒有合格標的，或者重新招標未能成立的（沒人來）。

（2）技術複雜或者性質特殊，不能確定詳細規格或者具體要求的（弄不懂）。

（3）非採購人所能夠預見的原因，或者非採購人拖延造成採用招標所需時間不能滿足用戶緊急需要的（時間緊）。

（4）因藝術品採購、專利、專有技術或者服務的時間、數量實現不能確定等原因不能事先計算出價格總額的（價不明）。

（四）詢價

1. 概念

詢價小組向至少三家合格供應商發出詢價通知，要求其一次報出不得更改的價格，採購人從詢價小組提交的成交候選人中確定成交者的採購方式叫作詢價。

2. 適用範圍

詢價的適用範圍為採購貨物規格、標準統一、現貨貨源充足且價格變化幅度小的政府採購項目。

(五) 單一來源採購

1. 概念

採購人從某一特定供應商處採購貨物、工程或勞務的方式叫作單一來源採購。

2. 適用範圍

(1) 只能從唯一供應商處採購的。

(2) 發生了不可預見的緊急情況，不能從其他供應商處採購的。

(3) 必須保證與原有採購項目一致性或者服務配套的要求，需要從原供應商處添購，且不超過原採購合同金額 10% 的。

六、政府採購的程序

(一) 編製和批准政府採購預算

在部門預算中要將「政府採購預算」單獨列示。

(二) 選擇採購方式及適用程序

1. 邀請招標和公開招標

【注意】

(1) 自招標文件開始發出之日起至投標人提交投標文件截止之日止，不少於 20 日。

(2) 貨物或者服務項目採取邀請招標方式採購的，招標採購單位應當在省級以上人民政府財政部門指定的政府採購信息媒體發布資格預審公告，公布投標人資格條件，資格預審公告的期限不得少於 7 個工作日。採購人應當從符合相應資格條件的供應商中，通過隨機方式選擇 3 家以上的供應商，並向其發出投標邀請書。

【例 26】甲單位為中央級環保事業單位，甲單位為進行環境治理，採用公開招標方式採購一套大型設備（未納入集中採購目錄範圍，但達到政府採購限額標準）。甲單位自 2013 年 6 月 20 日發出招標文件後，供應商投標非常踴躍，截至 7 月 2 日已經收到 10 家供應商的投標文件。物資採購處張某建議，鑒於投標供應商已經較多，為滿足環境治理工作迫切需要，會後第二天（7 月 3 日）立即開始評標。

【解析】張某的建議不正確。理由：實行公開招標方式採購的，自招標文件開始發出之日起至投標人提交投標文件截止之日止，不得少於 20 日。

【例 27】甲單位為一家省級環保事業單位，按其所在省財政廳要求，執行中央級事業單位部門預算管理、國有資產管理等相關規定，2017 年 4 月，甲單位擬採購一批大氣質量分析儀器（屬於集中採購目錄範圍），由於該設備性質特殊，國內只有三家供應商。經相關部門批准，甲單位採用邀請招標方式採購該設備。甲單位於 4 月 20 日在省級人民政府部門指定的政府採購信息媒體上發布資格預審公告，公布了投標人資格條件，公告截止日期為 4 月 25 日。

【解析】甲單位的處理不正確。理由：採用邀請招標方式採購的，招標採購單位應當在省級以上人民政府財政部門指定的政府採購信息媒體發布資格預審公告，公布投標人資格條件，資格預審公告的期限不得少於 7 個工作日。

(3) 廢標的情形。

①符合專業條件的供應商、對招標文件作實質回應的供應商不足三家的。

②出現影響採購公正的違法、違規行為的。
③投標人的報價均超過了採購預算,採購人不能支付的。
④因重大變故,採購任務取消的。

【注意】廢標後,採購人應將廢標理由通知所有投標人。除任務取消的,應當重新組織招標;需要採取其他方式採購的,應在採購活動開始前獲得設區的市、自治州以上人民政府採購監督管理部門或政府有關部門批准。

【例28】甲單位為一家中央級事業單位,6月,甲單位經批准採用公開招標方式採購一批儀器設備(未納入集中採購目錄,但達到公開招標數額標準)。招標後只有兩家符合條件的供應商投標,因而出現廢標,甲單位預計,如果繼續採用公開招標方式採購,仍然可能出現廢標。資產管理處認為,該採購項目達到公開招標數額標準,廢標後也只能採用公開招標方式採購,不得採用其他替代採購方式。

【解析】資產管理處的觀點不正確。理由:廢標後,採購人應當將廢標理由通知所有投標人,除採購任務取消情形外,應當重新組織招標;需要採取其他方式採購的,應當在採購活動開始前獲得政府採購監督管理部門或者政府有關部門批准。

(4) 評標委員會的職責和組成。

評標委員會的職責:
①審查、評價投標文件是否符合招標文件的商務、技術等實質性要求。
②要求投標人對投標文件有關事項做出澄清或說明,對投標文件進行比較和評價。
③確定中標候選人名單,以及根據採購人委託直接確定中標人。
④向採購人、採購代理機構或有關部門報告評標中發現的違法行為。

評標委員會的組成:
①由採購人代表和評審專家組成,成員人數應當為5人以上單數,其中評審專家不得少於成員總數的2/3。
②符合以下情形的,評標委員會成員應當為7人以上的單數:採購預算金額在1,000萬元以上的;技術複雜;社會影響較大的。

2. 競爭性談判和詢價

【注意】

(1) 成立競爭性談判小組或詢價小組(以下簡稱「小組」)。
①小組由採購人代表和評審專家共3人以上的單數組成,其中評審專家的人數不得少於2/3。②達到公開招標標準的貨物或者服務採購項目,或者達到招標規模標準的政府採購工程,小組應當由5人以上單數組成。③技術複雜、專業性強的競爭性談判採購項目,評審專家應當包含1名法律專家。

【例29】2016年4月,甲單位採用公開招標方式採購一套大型設備(未納入集中採購目錄,但達到政府採購限額和公開招標數額標準),但招標後沒有供應商投標。7月初,甲單位報財政部門批准後將設備採購方式變更為競爭性談判,並要求資產管理處按照新的採購方式盡快進行採購。會議決定成立由1名本單位資產採購代表和5名評審專家共6人組成的競爭性談判小組實施採購。請分析會議決定是否正確,並說明理由。

【解析】會議決定不正確。理由:達到公開招標數額標準的貨物採購項目,競爭性談判小組應由採購人代表和評審專家共5人以上的單數組成。

（2）小組確認或制定談判文件、詢價通知書。

從談判文件、詢價通知書發出之日起至供應商提交首次回應文件截止之日止，不得少於 3 個工作日。

（3）確定參加談判或者詢價的供應商名單：不少於 3 家。

（4）評審及確定成交候選人。

從合格供應商中，小組按照最後報價（競爭性談判方式）/報價（詢價方式）由低到高的順序提出 3 名以上成交候選人，並編寫評審報告。

（5）確定成交供應商。

採購人應當在收到評審報告後 5 個工作日內，可以自行按程序確定成交供應商，也可以書面授權小組直接確定成交供應商。

（6）公告成交結果、簽訂政府採購合同。

採購人或者採購代理機構應當在成交供應商確定後 2 個工作日內，在省級以上財政部門指定的媒體上公告成交結果；並在成交通知書發出之日起 30 日內簽訂政府採購合同。

【例 30】甲單位為中央級科研事業單位，執行《事業單位會計制度》並計提固定資產折舊。2016 年 8 月 10 日，甲單位擬購買一臺專用設備（不屬於集中採購目錄範圍，且未達到政府採購公開招標數額標準），經批准可以採用詢價方式採購。為盡快推進設備採購，會議決定成立詢價小組，並明確詢價小組由 4 名本單位採購人代表和 2 名評審專家共 6 人組成。

【解析】甲單位的處理決定不正確。理由：詢價小組由採購人代表和評審專家共 3 人以上的單數組成，其中評審專家的人數不得少於詢價小組成員的 2/3。

3. 單一來源採購

採購人或代理機構應該組織專業人員與供應商商定合理價格並保證項目質量。

4. 保證金

投標保證金不得超過採購項目預算金額的 2%；履約保證金不得超過政府採購合同金額的 10%。

七、政府購買服務

（一）政府購買服務與政府採購的聯繫和區別

1. 聯繫

政府購買服務屬於政府採購的範疇，適用於政府採購法律法規和有關制度。

2. 區別

政府採購的主體範圍要大於政府購買服務。政府採購的主體是指各級國家機關、事業單位和社會團體組織；而政府購買服務的主體是各級行政機關和具有行政管理職能的事業單位。不具備行政管理職能的事業單位服務項目採購，屬於政府採購範圍，但不屬於政府購買服務範圍。

（二）政府購買服務的分類及標準的制定（見表 10-9）

表 10-9

類　別	作用	舉例	採購需求標準制定
第一類	保證政府自身運轉	公文印製、物業管理、公車租賃、系統維護	屬於集中採購項目的由集中採購機構制定標準；其他項目由採購人提出標準，並徵求供應商、專家的意見
第二類	宏觀調控、市場監管	法規政策、發展規劃、標準制定的前期研究、後期宣傳、法律諮詢	
第三類	增加國民福利、受益對象特定、公共服務	教育、醫療衛生、和社會服務；公共基礎設施管理服務、環境服務、專業技術服務	採購人提出標準，除徵求供應商、專家的意見外，還要徵求社會公眾的意見

八、政策要求

政府採購的政策要求包括：
（1）採購人有權自行選擇有資格的代理機構，其他任何個人和單位不得指定。
（2）政府採購的信息應在監管部門指定媒體上及時向社會公開發布，涉及商業秘密的除外。
（3）堅持迴避制度。
（4）鼓勵購買自主創新產品，超過採購預算的，可以申請調整。
（5）優先採購本國貨物、工程、服務。除非法律、法規另有規定，採購進口產品必須報批。採購進口產品，堅持有利於我方消化吸收核心技術的原則，在原合同 10% 的範圍內，可以簽訂補充合同。
（6）優先採購節能清單中的產品。
（7）優先採購有環境標誌產品。

【例 31】某行政單位執行政府採購預算時，發生下列事項：
（1）該單位購置一套設備，同中標公司簽訂了總價為 500 萬元的政府採購合同。由於該套設備需要與其他配套的設備組裝後才能正常投入使用，為此該單位研究決定從財政返還的資金 60 萬元購置配套設備。為了保證服務配套的需要，該單位要求採購代理機構採用單一來源採購方式與原供應商簽訂補充採購合同。
（2）該單位委託集中採購機構採購電梯時，認為同等價格條件下進口電梯比國產電梯在性能上有明顯優勢，要求代理採購機構購買進口電梯。
（3）該單位採購計算機軟件開發服務已經達到公開招標的條件，因為採用公開招標的費用占採購項目的總價值的比例過大，該單位要求採購代理機構改為詢價方式採購。

要求：判斷分析上述事項中的不當之處，並說明理由，同時指出正確的處理方式。

【解析】
（1）不當之處：採用單一來源採購。理由：採購配套設備的金額 60 萬元，已經超過原採購合同 500 萬元的 10%，不能採用單一來源採購方式。正確的處理方式：可以採用單一來源採購方式以外的其他政府採購方式購買配套設備。

(2) 不當之處：要求購買進口電梯。理由：除法律、法規另有規定外，應當優先購買國產貨物。正確的處理方式：優先購買國產電梯。

(3) 不當之處：採用詢價方式。理由：達到公開招標的條件，採用公開招標的費用占採購項目的總價值的比例過大，符合邀請招標採購。正確的處理方式：邀請招標。

第四節　國有資產管理

一、概述

(一) 管理體制

行政事業單位實行國家統一所有、政府分級監管、單位佔有使用的管理體制。

(二) 職責分工

(1) 各級財政部門。各級財政部門為各級政府負責行政事業單位國有資產管理的職能部門，實施綜合管理。

(2) 主管部門。主管部門負責本部門所屬行政事業單位的國有資產的監督管理。

(3) 行政事業單位。行政事業單位負責本單位的國有資產具體管理。

(三) 管理原則

(1) 資產管理和預算管理相結合。

(2) 資產管理和財務管理相結合。

(3) 實物管理和價值管理相結合。

(4) 所有權和使用權相分離的原則。

【例32】 某事業單位資產管理職責分工如下：

(1) 資產管理部門，牽頭管理單位的全部實物資產，包括配置標準審核、組織驗收、盤點、報廢等。

(2) 財會部門，負責預算經費審核、負責會計核算。

(3) 商務部門，決定採購方式、合同制定和監督執行。

(4) 使用部門，設置資產管理員組織本部門的資產管理工作，每個使用人負責本人的資產管理。

二、行政事業單位國有資產配置、使用、處置

(一) 行政單位

1. 資產配置

(1) 配置標準。對有配置標準的，按照標準配備；對沒有標準的，從實際出發，從嚴控制，合理配備。能夠調劑的，不得購置。

【例33】《黨政機關辦公用房建設標準》規定了各級工作人員辦公室使用面積的標準，其中，中央機關正部級：每人使用面積54平方米；副部級：每人使用面積42平方米；正司（局）級：每人使用面積24平方米；副司（局）級：每人使用面積18平方米；處級：每人使用面積9平方米；處級以下：每人使用面積6平方米。

【例34】《四川省省級行政單位通用辦公設備家具購置費預算標準（試行）》（川財政預〔2011〕112號）規定：（處級及以下）辦公桌椅：每人1套，價格上限為3,000元；沙發、茶幾：每間辦公室一組，價格上限為2,500元；折疊椅：每人一張，價格上限為120元；文件櫃：每人一組，價格上限為1,000元。

（2）報批程序。
①經本單位資產管理部門、財務部門審核，單位負責人同意。
②報財政部門審批。
③經同級財政部門審批同意，各單位可以將資產購置項目列入單位年度部門預算，並在編製年度部門預算時將批復意見和相關材料同時報送，作為審批部門預算的依據。未經批准，不得列入部門預算，也不得列入單位經費支出。
④屬於政府採購範圍的，依法實施政府採購。

2. 資產使用
（1）落實資產管理責任制。
（2）定期盤點，做到帳、卡、物相符。
（3）不得對外擔保，法律另有規定的除外。
（4）不得以任何形式用佔有、使用國有資產舉辦經濟實體。
（5）將佔有、使用的國有資產對外出租、出借的，必須事先報同級財政部門審核批准；出租、出借的國有資產的所有權性質不變，歸國家所有；所形成的收入按照政府非稅收入管理，在扣除相關稅費後，及時、足額上繳國庫，嚴禁隱瞞、截留、坐支和挪用。

3. 資產處置
（1）含義。資產處置包括無償轉讓、出售、置換、報損、報廢、捐贈、對外投資合作、出租、出借、擔保、資產損失核銷、非經營性資產轉為經營性資產等。
（2）處置程序。處置程序應該嚴格履行審批程序，未經批准不得處置。
（3）處置原則。處置原則為公開、公平、公正。
（4）處置方式。處置方式有拍賣、招投標、協議轉讓以及國家法律、行政法規規定的其他方式。
（5）處置收入。處置收入包括處置變價收入和殘值收入。應按照政府非稅收入管理的規定，在扣除相關稅費後時、足額上繳國庫，嚴禁隱瞞、截留、坐支和挪用。

【例35】2016年9月3日四川省省級機關公務用車取消車輛實行公開拍賣結束，共成交1,473輛，拍賣價款7,512萬元，全部繳入省級國庫。

（二）事業單位
1. 資產配置
（1）配置標準
配置標準應當按照規定的標準配置；對沒有標準的，從嚴控制，合理配備。
（2）配置審批程序。
第一，用財政性資金購置限額以上的資產（包括舉辦大型會議、活動需要的購置），應當履行以下審批程序：
①本單位資產管理部門和財務部門審核，申報資產購置計劃。
②主管部門審核資產購置計劃。

③同級財政部門審批資產購置計劃。
④事業單位列入年度部門預算，並在上報年度部門預算時附送批復資產購置計劃文件等相關材料，作為財政部門批復部門預算的依據。
第二，用其他資金購置規定限額以上的資產，應當履行以下審批程序：
①本單位資產管理部門和財務部門審核，申報資產購置計劃。
②主管部門審批資產購置計劃。
③主管部門定期將審批結果報財政部門備案。
第三，符合政府採購範圍的，執行政府採購相關規定。

2. 資產調劑
①主管部門可以對事業單位長期閒置、低效運轉或者超標準配置的資產進行調劑。
②跨部門、跨地區的資產調劑，應當報同級或共同的上一級財政部門批准。

3. 資產使用
（1）除了法律法規另有規定的外，事業單位利用國有資產對外投資、出租、出借和擔保的，應當進行必要的可行性論證，並提出申請，經主管部門審核同意後，報同級財政部門審批。
（2）除國家另有規定外，事業單位對外投資收益以及利用國有資產出租、出借和擔保等取得的收入應當納入單位預算，統一核算，統一管理。

4. 資產處置
（1）處置方式。資產處置方式包括出售、出讓、轉讓、對外捐贈、報廢、報損以及貨幣性資產損失。
（2）處置程序。事業單位處置國有資產，必須履行審批手續。
①事業單位佔有、使用房屋建築物、土地和車輛的處置，貨幣性資產的損失核銷，以及單位或者批量價值在規定限額以上的資產處置，經主管部門審核後報同級財政部門審批。
②限額以下的資產處置，報主管部門審批，並定期將審批結果報同級財政部門備案。
【歸納】凡限額以上的財政審批，限額以下的主管部門審批，並向財政部門備案。
（3）處置收入。處置收入屬於國家所有，應按照政府非稅收入管理的規定，在扣除相關稅費後時，足額上繳國庫，嚴禁隱瞞、截留、坐支和挪用。

三、行政事業單位國有資產評估、清查及報告

（一）資產評估
1. 行政單位需要評估的情形
（1）取得沒有原始價格憑證的資產。
（2）拍賣、有償轉讓、置換國有資產。
（3）其他情形。
2. 事業單位需要評估的情形
（1）整體或部分改制為企業。
（2）以非貨幣性資產對外投資。

（3）合併、分立、清算。
（4）資產拍賣、轉讓、置換。
（5）整體或部分資產租賃給非國有單位。
（6）確定涉及訴訟資產的價值。
（7）其他需要評估的情形。
3. 事業單位可以不評估的情形
（1）經過批准，事業單位整體或者部分資產無償劃撥的。
（2）行政事業單位下屬的事業單位之間的合併、資產劃轉、置換和轉讓。
（3）發生其他不影響國有資產權益特殊產權變動的行為，報經同級財政部門確認可以不進行資產評估的。
4. 行政事業單位的資產評估實行核准制和備案制，評估機構必須有資質

【例36】四川省國資委和省直機關事業管理局專門制定了仲介機構備選庫，可以在其中選擇符合條件的評估機構。

（二）資產清查

1. 需進行資產清查的情形
（1）根據各級政府和財政部門專項工作要求，納入統一的資產清查範圍的。
（2）進行重大改革或改制的。
（3）遭受重大自然災害等不可抗力的。
（4）會計信息嚴重失真或者出現國有資產重大流失的。
（5）會計政策發生重大變更、涉及資產核算方法發生重要變化的。
（6）其他情形。
2. 清查程序
（1）單位提出申請。
（2）主管部門審核。
（3）同級財政部門批准立項後組織實施。
3. 資產損益的帳務處理原則
（1）財政部門批復、備案前的資產盤盈（含帳外資產）可以按照財務、會計制度的規定暫行入帳，待財政部門批復、備案後，進行帳務調整和處理。
（2）財政部門批復、備案前的資產損失和資金掛帳，單位不得自行進行帳務處理，待財政部門批復、備案後，進行帳務調整。
（3）資產盤盈、資產損失和資金掛帳按照規定權限審批後，按照國家統一的會計制度進行帳務處理。

（三）資產登記報告

（1）產權登記權限在財政部門或其授權的主管部門。
（2）產權登記包括佔有產權登記、變更產權登記、註銷產權登記。
（3）建立資產登記檔案，定期報告和分析說明。

四、行政事業單位國有資產報告

行政事業單位國有資產報告內容包括行政事業單位資產報表、填報說明、分析報告。

行政事業單位國有資產報告由各級財政部門、主管部門進行審核。

五、中央級行政事業單位國有資產管理的特殊規定

(一) 中央行政單位

(1) 國有資產收入屬於中央政府非稅收入，財政部負責收繳和監管。其中：

①處置收入納入預算，繳入中央國庫。

②出租、出借收入上繳中央財政專戶，支出從中央財政撥付。

③上繳收入必須扣除稅收和有關費用後（包括資產評估費、技術鑒定費、交易手續費等），將餘額按照政府非稅收入管理的規定上交中央財政。

(2) 國有資產收入（包括處置收入和出租出借收入）的有關收支，納入部門預算統籌安排，不得隱瞞、截留、坐支、擠占、挪用和違規使用。

(二) 中央事業單位

1. 審批權限

(1) 一次性處置單位價值或批量價值在限額 800 萬元（含）以上的，經主管部門審核後報財政部門審批。

(2) 一次性處置單位價值或批量價值在限額以下的，財政部門授權主管部門審批，並向財政部門備案。

2. 交易方式

中央事業單位國有資產的交易通過產權交易機構、證券交易系統、協議方式進行以及國家法律法規規定的其他方式進行。

3. 收入管理方式

國有資產處置收入，扣除相關稅金、評估費、拍賣佣金等費用後，按照政府非稅收入管理和財政國庫管理的規定上繳中央國庫，實行「收支兩條線」管理。

4. 股權處置收入的規定

(1) 利用現金對外投資形成的股權（權益）的出售、出讓、轉讓，屬於中央級事業單位收回的對外投資、股權（權益）出售、出讓、轉讓收入，納入單位預算、統一核算、統一管理。

(2) 利用實物資產、無形資產對外投資形成的股權（權益）的出售、出讓、轉讓收入分別以下情況處理：

①收入形式為現金收入的，扣除投資收益、有關稅金、評估費用後，上繳中央國庫，實行「收支兩條線管理」；投資收益納入單位預算、統一核算、統一管理。

②收入形式為資產和現金的，現金部分扣除投資收益、有關稅金、評估費用後，上繳中央國庫，實行「收支兩條線」管理。

【例37】甲事業單位以存貨對外進行股權投資，帳面成本為40萬元，本年度對外轉讓股權收入現金70萬元，發生稅金、費用8萬元，投資收益20萬元，請問繳入中央國庫的金額為多少？

【解析】繳入中央國庫的金額＝70-8-20＝42（萬元）。

5. 出租、出借資產

（1）單項或批量價值在800萬元以上的（含）經過主管部門審核後報財政部門審批。

（2）在800萬元以下，由主管部門審批，並財政部門備案。

（3）出租、出借期限一般不超過5年。

（4）租賃價格原則上採用公開招租方式確定，必要時採用評估、評審方式確定。

（5）出租出借收入，應納入一般預算管理，全部上繳中央國庫。支出通過一般預算安排，用於收入上繳部門的相關支出，專款專用。

【例38】某行政單位分管領導在2014年10月25日組織召開專題會議，研究本單位國有資產管理有關業務，具體情況如下：

①該單位9月份接受某企業捐贈的2臺大型精密檢測設備，價值1,000萬元。會議決定經單位負責審批後，直接對外出租，每年可收租金20萬元，用於單位職工福利。

②下屬事業單位申請銀行貸款請求該行政單位擔保，會議認為，報經單位負責人審批同意後，以本單位的一宗劃撥用地進行擔保。

③近年來房地產市場火爆，會議研究決定以本單位的辦公樓作為資本和某自然人出資的貨幣資金2,000萬元，興辦一家房地產開發公司。

要求：逐項判斷上述會議決定是否正確，如果不正確，請說明理由。

【解析】

（1）決議①不正確，理由：行政單位將佔有、使用的國有資產對外出租、出借的，必須事先報同級財政部門審核批准；出租、出借的國有資產其所有權性質不變，歸國家所有；所形成的收入按照政府非稅收入管理，實行「收支兩條線」管理。且國有資產收入不得用於人員經費。

（2）決議②不正確。理由：行政單位不得利用國有資產對外擔保，法律另有規定的除外。

（3）決議③不正確。理由：行政單位不得以任何形式用佔有、使用的國有資產興辦經濟實體。

第五節 預算績效管理

一、預算績效管理

預算績效是指預算資金所要達到的產出和結果。

預算績效管理重視投入和產出的績效理念，將績效目標設定、績效跟蹤、績效評價及結果應用納入預算編製、執行、考核全過程，以提高政府資金配置的經濟性、效率性和效益性。

二、預算績效管理的原則

(1) 目標管理原則。

【例39】四川省財政廳2010年要求，凡是項目預算達到100萬元的，必須進行績效考核。績效包括社會效益、經濟效益。

(2) 績效導向原則貫穿於全過程。
(3) 責任追究原則。責任追究原則要求對無績效和低績效部門實行責任追究。
(4) 信息公開原則。

【例40】新《預算法》規定：經過人大批准的預算，財政部門在20日內公開；經財政部門批復的部門預算，在批復後20日向社會公開。

三、預算管理的組織實施

(1) 基本原則是統一領導、分級管理。
(2) 各級財政部門負責預算管理的統一領導。
(3) 預算單位負責具體實施本單位的預算績效管理工作。

四、預算績效管理的內容

(一) 績效目標及其分類

1. 按照預算支出的範圍和內容分類

按照預算支出的範圍和內容分類，績效目標分為基本支出績效目標、項目支出績效目標、部門（單位）整體支出績效目標。

2. 按照時效性劃分

按照時效性劃分，績效目標可分為中長期績效目標和年度績效目標。

(二) 績效目標與績效指標的設定

1. 績效目標設定

誰申請資金，誰設定目標。

2. 績效指標設定

績效指標包括產出指標、效益指標、滿意度指標。

3. 績效標準

績效標準包括歷史標準、行業標準、計劃標準、財政部門認可的其他標準。

(三) 績效目標的審核

1. 原則

績效目標批復和高速的原則為：誰分配資金，誰審核目標。

2. 審核的主要內容

審核的主要內容包括完整性、相關性、適當性、可行性。

(四) 績效目標的批復和調整

(1) 原則。績效目標的批復和調整的原則為：誰批復預算，誰批復目標。
(2) 財政部批復。財政部批復中央部門整體支出績效目標、納入績效評價範圍的

項目支出目標及一級項目績效目標。

（3）中央部門或所屬單位批復。中央部門或所屬單位批復所屬單位整體支出績效目標和二級項目績效目標。

（4）預算績效目標確定後，一般不予調整。因特殊原因調整的，應按照績效目標管理要求和預算調整流程報批。

（五）績效監控、績效自評和績效評價

1. 績效監控

績效監控在預算執行中監控。

2. 績效自評

績效自評在項目結束後開展。

3. 績效評價

在自評基礎上，財政部會同中央部門有針對性地選擇部分重點項目、重點部門開展績效評價，並對部分重大專項資金或財政政策開展中長期績效評價試點，形成相應的評價結果。

【例41】某交通廳運管局負責全省汽車站場的規劃、計劃管理和安排補助資金，2010年按照省財政廳的部署組織對《2009年度省級財政補助資金計劃》所涉及的站場進行評價。制定的績效評價指標體系如下：

（1）一級指標包括項目決策、項目管理、項目完成、項目效果。

（2）一級指標下再分解為二級指標。

（3）二級指標下再細化為三級指標。

部分績效評價指標如表10-10所示。

表10-10

一級指標	分值	二級指標	分值	三級指標	分值	評價標準
項目效果	40	經濟效益	10分	每萬元財政資金帶動投入	10	每萬元財政資金帶動投入100萬元以上，得8~10分 帶動投入20萬~100萬元以上，得4~7分 帶動投入0~20萬元，得0~3分
		功能實現	20分	達到規劃設計能力	10	全部達到的得10分 未達到的得0~9分
				運行狀況	10	運行良好得8~10分 運行一般得4~7分 運行較差得0~3分
		社會效益	10分	受益群體滿意度	4	滿意度高得2~4分 滿意度低得0~1分
				是否滿足當地需求	4	滿足的得4分 基本滿足的得1~3分 不滿意的得0分
				新增就業	2	新增加20個（含）就業崗位以上得2分；新增加20個就業崗位以下的得0~1分

六、全面實施預算績效管理的思路

（1）構建全方位預算績效管理體系，形成政府預算、部門預算、項目預算等全方位績效管理格局。

（2）績效管理深度融入預算管理全過程，將績效理念和方法深度融入預算編製、執行、決算、監督全過程，構建事前、事中、事後全過程的績效管理閉環系統。

（3）績效管理覆蓋各級政府和所有財政資金。

（4）加強預算績效管理制度建設，完善管理制度，建立專家諮詢機制，健全績效指標和標準體系，創新績效評估方法，提高績效評價效果。

（5）硬化預算績效責任約束，建立「花錢必問效，無效必問責」的機制。

第六節　政府會計

第一部分　概述

一、政府會計標準體系

（一）政府會計基本準則

財政部2015年發布，自2017年1月1日實施。重大制度理論創新如下：

（1）構建了政府預算會計和財務會計適度分離並相互銜接的政府會計核算體系。

（2）確立了「3+5要素」的會計核算模式。預算會計3要素：預算收入、預算支出和預算結餘；財務會計5要素：資產、負債、淨資產、收入和費用。

（3）科學界定了會計要素的定義和確認標準。

（4）明確了資產和負債的計量屬性及應用原則。

（5）構建了政府財務報告體系：包括政府部門財務報告和政府綜合財務報告。

（二）政府會計具體準則及應用指南

目前已印發的政府會計具體準則及應用指南有《存貨》《固定資產》《無形資產》《投資》《公共基礎設施》《政府儲備物資》《會計調整》《負債》《財務報表編製和列報》九項具體準則以及《固定資產準則應用指南》《政府財務報告編製辦法（試行）》。

（三）政府會計制度

財政部2017年印發《政府會計制度——行政事業單位會計科目和報表》，自2019年1月1日起施行，適用範圍：軍隊、企業、民間非營利組織會計制度核算的社會團體。該制度建立了新的政府會計核算模式。

二、政府會計核算模式

(一) 適度分離
1. 雙功能
同一會計核算系統中實現預算會計和財務會計雙重功能。
(1) 預算會計，實際上是「收支會計」，採用收付實現制，核算「現金流」。
(2) 財務會計，實際上是「資產負債會計」，採用權責發生制，核算資產、負債、盈餘和淨資產。
2. 雙基礎
雙基礎是指收付實現制和權責發生制。
3. 雙報告
雙報告是指政府決算報告和政府財務報告。

(二) 相互銜接
同一會計核算系統，政府預算會計要素和財務會計要素互相協調，決算報告和財務報告互相補充，共同反應政府會計主體的預算信息和財務信息。
(1) 現金收支業務，進行預算會計和財務會計雙重核算。
(2) 非現金業務，只進行財務會計核算。
(3) 通過編製「本期預算結餘和本期盈餘差異調節表」，揭示預算會計報表和財務會計報表之間的鉤稽關係。

(三) 會計等式
1. 政府預算會計等式：預算結餘 = 預算收入－預算支出
2. 政府財務會計等式：
(1) 資產－負債＝淨資產。
(2) 收入－費用＝本期盈餘。

(四) 計量屬性
1. 資產計量屬性
資產計量屬性有歷史成本、重置成本、現值、公允價值、名義金額。
2. 負債計量屬性
負債計量屬性有歷史成本、現值、公允價值。

(五) 政府財務報告和政府決算報告
1. 政府財務報告
(1) 內容。政府財務報告包括財務報表和相關資料、信息。其中，財務報表包括會計報表和附註。會計報表至少應該有：資產負債表、收入費用表、現金流量表，並按照規定編製合併財務報表。
(2) 組成。政府財務報告＝政府部門報告＋政府綜合報告。
2. 政府決算報告
政府決算報告是預算收支報告，包含決算報表和相關信息、資料。

第二部分　行政事業單位特定業務的核算

一、預算會計

（一）科目表

科目表如表 10-11 所示。

表 10-11　科目表

序號	預算收入類	預算支出類	結餘類
1	財政撥款預算收入	行政支出	資金結存 ——零餘額帳戶用款額度 ——財政應返還額度 ——貨幣資金
2	事業預算收入	事業支出	財政撥款結轉
3	其他預算收入	其他支出	財政撥款結餘
4	債務預算收入	債務還本支出	非財政撥款結轉
5	投資預算收益	投資支出	非財政撥款結餘
6	經營預算收入	上繳上級支出	非財政撥款結餘分配
7	上級補助預算收入	對附屬單位補助支出	經營結餘
8	附屬單位上繳預算收入	經營支出	專用結餘
9	非同級財政撥款預算收入		其他結餘

（二）預算收入主要業務核算

1. 財政撥款預算收入——國庫集中支付業務

（1）收到財政直接入帳通知書。

借：行政支出、事業支出等
　　貸：財政撥款預算收入

【例42】2019年10月9日，某行政單位根據經批准的部門預算和用款計劃，向同級財政部門申請支付第三季度電費11,000元。10月18日，財政部門審核後，以財政直接支付方式向供電公司支付了該單位的電費11,000元。10月25日，該行政單位收到了財政直接支付入帳通知書。該單位預算會計帳務處理如下：

借：行政支出　　　　　　　　　　　　　　　　　　　　　11,000
　　貸：財政撥款預算收入　　　　　　　　　　　　　　　　11,000

（2）當年預算指標與直接支付數之間有差額，即預算指標沒有用完。財政部門暫時收回餘額，下年年初再恢復，實際再支付時再編製會計分錄。

【例43】2018年12月31日，某行政單位財政直接支付預算指標大於當年財政直接支付實際支出數100,000元。2019年年初，財政部門恢復了該單位的財政直接支付額度。2019年1月15日，該單位以財政直接支付方式購買一批辦公耗材（屬於上年預

算指標數），支付給供應商 70,000 元貨款。該行政單位預算會計帳務處理如下：

（1）2018 年 12 月 31 日補記預算收入指標。

借：資金結存——財政應返還額度　　　　　　　　　　　100,000
　　貸：財政撥款預算收入　　　　　　　　　　　　　　　　　100,000

（2）2019 年 1 月 15 日使用上年預算指標購買辦公用品，同時恢復預算指標並反應支出。

借：行政支出　　　　　　　　　　　　　　　　　　　　70,000
　　貸：資金結存——財政應返還額度　　　　　　　　　　　　70,000

（3）財政授權支付業務。

①財政部門下達用款額度，預算單位收到代理銀行蓋章的授權支付到帳通知書時。

借：資金結存——零餘額帳戶用款額度
　　貸：財政撥款預算收入

②預算單位按規定使用下達的額度時。

借：行政支出、事業支出等
　　貸：資金結存——零餘額帳戶用款額度

③預算單位對財政部門下達額度尚未用完的部分，年末被財政部門註銷額度時。

借：資金結存——財政應返還額度
　　貸：資金結存——零餘額帳戶用款額度

④年末，預算指標>零餘額帳戶下達數的（指財政部門未能下達的額度），補充下達，收入作在當年，資金暫時存放在財政部門。

借：資金結存——財政應返還額度
　　貸：財政撥款預算收入

⑤下年年初，預算單位對已下達額度未用完的部分和財政部門上年度未能下達的額度，進行恢復時。

借：資金結存——零餘額帳戶用款額度
　　貸：資金結存——財政應返還額度

【例44】2018 年 12 月 31 日，某事業單位與代理銀行核對無誤後，將 50,000 元零餘額帳戶用款額度予以註銷。另外，本年度財政授權支付預算指標數大於零餘額帳戶用款額度下達數，未下達的用款額度為 250,000 元。2019 年度，該單位收到代理銀行提供的額度恢復到帳通知書，以及財政部門批復的上年年末未下達的零餘額帳戶用款額度。該事業單位預算會計帳務處理如下：

（1）註銷已下達但未用完的額度。

借：資金結存——財政應返還額度　　　　　　　　　　　50,000
　　貸：資金結存——零餘額帳戶用款額度　　　　　　　　　50,000

（2）補記財政部門未下達的額度。

借：資金結存——財政應返還額度　　　　　　　　　　　250,000
　　貸：財政撥款預算收入　　　　　　　　　　　　　　　　250,000

（3）恢復額度，包括上年年末未用完的額度和未下達的額度。

借：資金結存——零餘額帳戶用款額度　　　　　　　　　300,000
　　貸：資金結存——財政應返還額度　　　　　　　　　　　300,000

2. 事業預算收入

事業預算收入為事業單位開展專業業務活動及輔助活動取得的現金流入，不包括同級財政部門取得的各類財政撥款收入。

會計分錄：

借：資金結存——貨幣資金

　　貸：事業預算收入

【例45】甲科研單位完成某企業委託研究的新能源項目，獲得含稅收入212萬元，甲單位開具增值稅專用發票，價格200萬元，增值稅12萬元，該企業一次性支付完畢。

會計分錄為：

借：資金結存——貨幣資金　　　　　　　　　　2,120,000

　　貸：事業預算收入　　　　　　　　　　　　　　2,120,000

3. 非同級財政撥款收入

非同級財政撥款收入包含從同級政府其他部門，或從上級或下級政府財政部門取得的經費撥款。但事業單位開展科研及輔助活動從非同級財政部門取得的經費撥款，不列入本科目，在事業預算收入中核算。

會計分錄：

借：資金結存——貨幣資金

　　貸：非同級財政撥款收入

【例46】某縣行政單位從省環保廳獲得300萬元經費撥款。

借：資金結存——貨幣資金　　　　　　　　　　3,000,000

　　貸：非同級財政撥款收入　　　　　　　　　　　3,000,000

(三) 預算支出主要業務的核算

1. 行政支出

行政支出指行政單位履行職責實際發生的各項現金流出，一般在實際支付時確認，並按照實際支付金額計量。

會計分錄：

借：行政支出

　　貸：財政撥款預算收入（財政直接支付方式）

　　　　資金結存——零餘額帳戶用款額度（財政授權支付方式）

　　　　資金結存——貨幣資金（實撥資金方式）

【例47】某省級行政單位通過財政直接付款方式支付印刷費1.2萬元。

借：行政支出　　　　　　　　　　　　　　　　　12,000

　　貸：財政撥款預算收入　　　　　　　　　　　　12,000

2. 事業支出

事業支出指事業單位開展專業業務活動及輔助活動實際發生的各項現金流出，一般在實際支付時確認，按照實際支付金額計量。

會計分錄：

借：事業支出

　　貸：財政撥款預算收入（財政直接支付方式）

　　　　資金結存——零餘額帳戶用款額度（財政授權支付方式）

　　　　資金結存——貨幣資金（實撥資金方式）

【例48】某事業單位通過財政授權付款方式支付職工工資30萬元。
借：事業支出　　　　　　　　　　　　　　　　　　300,000
　　貸：資金結存——零餘額帳戶用款額度　　　　　　　300,000

(四) 預算結餘業務
【歸納】
1. 財政撥款結轉、結餘核算
　　財政撥款結轉是指行政事業單位下一年度需要按照原定用途繼續使用的財政撥款滾存資金。財政撥款結餘是指預算工作目標已經完成或因故終止，剩餘的財政撥款滾存資金。
　　年末，行政事業單位應將當年「財政撥款預算收入」，「行政支出、事業支出、其他支出」中的財政撥款支出轉入「財政撥款結轉」，再將結轉資金中符合結餘性質的部分結轉「財政撥款結餘」。如表10-12所示。

表10-12

會計科目	行政單位設置	事業單位設置
財政撥款結轉	√	√
財政撥款結餘	√	√
非財政撥款結轉	√	√
非財政撥款結餘	√	√
其他結餘	√	√
經營結餘	×	√
專用結餘	×	√
非財政撥款結餘分配	×	√

【例49】甲事業單位本年度財政撥款預算收入1,400萬元，發生財政撥款支出1,300萬元，年末結轉「財政撥款結轉」，後來經過進一步分析，對符合結餘性質的項目資金100萬元轉入「財政撥款結餘」帳戶。假定，財政審核後要求按上繳結餘資金，該事業單位從零餘額帳戶劃回資金。
　　會計分錄：
①借：財政撥款預算收入等　　　　　　　　　　　14,000,000
　　貸：財政撥款結轉　　　　　　　　　　　　　　14,000,000
②借：財政撥款結轉　　　　　　　　　　　　　　13,000,000
　　貸：事業支出　　　　　　　　　　　　　　　　13,000,000
③借：財政撥款結轉　　　　　　　　　　　　　　　1,000,000
　　貸：財政撥款結餘　　　　　　　　　　　　　　　1,000,000
④借：財政撥款結餘　　　　　　　　　　　　　　　1,000,000
　　貸：資金結存——零餘額帳戶用款額度　　　　　　1,000,000
2. 非財政撥款結轉、結餘核算
　　非財政撥款結轉資金是指行政事業單位需要按照原定用途，在下一年度繼續使用的非經營的、非同級財政撥款的專項滾存資金。比如，某事業單位收到上級主管部門

撥付的非財政專項資金 500 萬元，當年發生項目支出 450 萬元，剩餘 50 萬元需要結轉下年使用，就屬於此類。

非財政撥款結餘是指行政事業單位預算工作目標已經完成或因故終止，剩餘的未限定用途的非同級財政撥款的滾存資金。

行政事業單位應將「事業預算收入、上級補助預算收入」「行政支出、事業支出、其他支出」等科目中的非財政專項資金收支轉入「非財政撥款結轉」，再將符合結餘性質的部分轉入「非財政撥款結餘」。

【例50】甲事業單位本年度事業預算收入和上級補助預算收入中的非財政專項資金收入 10 億元，事業支出、其他支出中的非財政撥款專項支出 6 億元，年末結轉「非財政撥款結轉」，假定項目已經完成，再將結餘額結轉「非財政撥款結餘」。

會計分錄：
① 借：事業預算收入、上級補助預算收入　　　　　1,000,000,000
　　　貸：非財政撥款結轉　　　　　　　　　　　　1,000,000,000
② 同時，借：非財政撥款結轉　　　　　　　　　　　600,000,000
　　　　　貸：事業支出、其他支出　　　　　　　　　600,000,000
③ 年末：借：非財政撥款結轉　　　　　　　　　　　400,000,000
　　　　　貸：非財政撥款結餘　　　　　　　　　　　400,000,000

3. 經營結餘的核算

事業單位在年末應將「經營預算收入」和「經營支出」結轉「經營結餘」帳戶，如果「經營結餘」為貸方餘額，應再轉入「非財政撥款結餘分配」；如果經營結餘為借方餘額，屬於經營虧損，不予結轉。

【例51】甲事業單位發生經營預算收入 2 億元，經營支出 1 億元，期末轉入「經營結餘」，再轉入「非財政撥款結餘分配」。

會計分錄：
① 借：經營預算收入　　　　　　　　　　　　　　　200,000,000
　　　貸：經營結餘　　　　　　　　　　　　　　　　200,000,000
② 借：經營結餘　　　　　　　　　　　　　　　　　100,000,000
　　　貸：經營支出　　　　　　　　　　　　　　　　100,000,000
③ 年末：
　　借：經營結餘　　　　　　　　　　　　　　　　　100,000,000
　　　貸：非財政撥款結餘分配　　　　　　　　　　　100,000,000

4. 其他結餘

行政事業單位核算除財政撥款收支、非同級財政專項資金收支和經營收支以外的各項收支相抵後的餘額。年末，將「事業預算收入、上級補助預算收入、其他預算收入」等科目中的非財政、非專項資金收入以及「投資預算收益」科目結轉「其他結餘」，而將「行政支出、事業支出、其他支出」等科目下的非同級財政、非專項資金支出結轉「其他結餘」。

「其他結餘」的餘額，行政單位轉入「非財政撥款結餘」，而事業單位轉入「非財政撥款結餘分配」。事業單位只有在對「非財政撥款結餘分配」科目進一步處理後，最後才將餘額轉入「非財政撥款結餘」。

【例52】甲事業單位發生其他收入 5 億元，其他支出 3 億元，轉入「其他結餘」，再轉入「非財政撥款結餘分配」。

會計分錄：
①借：其他收入　　　　　　　　　　　　　　500,000,000
　　貸：其他結餘　　　　　　　　　　　　　　500,000,000
②借：其他結餘　　　　　　　　　　　　　　300,000,000
　　貸：其他支出　　　　　　　　　　　　　　300,000,000
③年末：
借：其他結餘　　　　　　　　　　　　　　200,000,000
　　貸：非財政撥款結餘分配　　　　　　　　　200,000,000

5. 非財政撥款結餘分配

該科目為事業單位專門設置，核算「其他結餘」和「經營結餘」的轉入數，並提取專用基金後（科目為「專用結餘」），再將餘額轉入「非財政撥款結餘」。

【例53】承前述例題，甲事業單位將上述經營結餘 1 億元，其他結餘 2 億元轉入「非財政撥款結餘分配」，按照規定提取專用基金 2.3 億元，餘額 0.7 億元轉入「非財政撥款結餘」。

會計分錄：
①提取專用基金。
借：非財政撥款結餘分配　　　　　　　　　　230,000,000
　　貸：專用結餘　　　　　　　　　　　　　　230,000,000
②將「非財政撥款結餘分配」的餘額進行結轉。
借：非財政撥款結餘分配　　　　　　　　　　　70,000,000
　　貸：非財政撥款結餘　　　　　　　　　　　　70,000,000

（五）非財政撥款結餘

非財政撥款結餘是行政事業單位核算結餘資金的最後科目。

綜上所述，甲事業單位「非財政撥款結轉」轉入 4 億元；「非財政撥款結餘分配」轉入 0.7 億元，最後餘額為 4.7 億元。

二、財務會計

（一）行政事業單位科目表

行政事業單位科目表見表 10-13。

表 10-13　行政事業單位科目表

序號	資產類科目	序號	負債類科目
1	庫存現金	36	短期借款
2	銀行存款	37	應交增值稅
3	零餘額帳戶用款額度	38	其他應交稅費
4	其他貨幣資金	39	應繳財政款
5	短期投資	40	應付職工薪酬
6	財政應返還額度	41	應付票據

表10-13(續)

序號	資產類科目	序號	負債類科目
7	應收票據	42	應付帳款
8	應收帳款	43	應付政府補貼款
9	預付帳款	44	應付利息
10	應收股利	45	預收帳款
11	應收利息	46	其他應付款
12	其他應收款	47	預提費用
13	壞帳準備	48	長期借款
14	在途物品	49	長期應付款
15	庫存物品	50	預計負債
16	加工物品	51	受託代理負債
17	待攤費用		
18	長期股權投資	序號	淨資產類
19	長期債券投資	52	累計盈餘
20	固定資產	53	專用基金
21	固定資產累計折舊	54	權益法調整
22	工程物資	55	本期盈餘
23	在建工程	56	本年盈餘分配
24	無形資產	57	無償調撥淨資產
25	無形資產累計攤銷	58	以前年度盈餘調整
26	研發支出		
27	公共基礎設施		
28	公共基礎設施累計折舊（攤銷）		
29	政府儲備物資		
30	文物文化資產		
31	保障性住房		
32	保障性住房累計折舊		
33	受託代理資產		
34	長期待攤費用	序號	收入類科目
35	待處理財產損溢	67	財政撥款收入
		68	事業收入
	費用類科目	69	上級補助收入
59	業務活動費用	70	附屬單位上繳收入
60	單位管理費用	71	經營收入
61	經營費用	72	非同級財政撥款收入
62	資產處置費用	73	投資收益
63	上繳上級費用	74	捐贈收入
64	對附屬單位補助費用	75	利息收入
65	所得稅費用	76	租金收入
66	其他費用	77	其他收入

(二) 資產核算

1. 國庫集中支付業務

(1) 財政直接支付。

①收到「財政直接支付入帳通知書」時。

借：庫存物品、固定資產、應付職工薪酬、業務活動費用、單位管理費用等
　　貸：財政撥款收入

②預算數>實際支付數（未撥完的額度）。

借：財政應返還額度
　　貸：財政撥款收入

③下一年初恢復額度，並使用時。

借：庫存物品、固定資產、應付職工薪酬、業務活動費用、單位管理費用等
　　貸：財政應返還額度

【例54】2019年10月9日，某行政單位根據經批准的部門預算和用款計劃，向同級財政部門申請支付第三季度電費11,000元。10月18日，財政部門審核後，以財政直接支付方式向供電公司支付了該單位的電費11,000元。10月25日，該行政單位收到了「財政直接支付入帳通知書」。該單位預算會計帳務處理如下：

借：單位管理費用　　　　　　　　　　　　　　　　　　　11,000
　　貸：財政撥款收入　　　　　　　　　　　　　　　　　　11,000

【例55】2018年12月31日，某行政單位財政直接支付預算指標大於當年財政直接支付實際支出數100,000元。2019年年初，財政部門恢復了該單位的財政直接支付額度。2019年1月15日，該單位以財政直接支付方式購買一批辦公耗材（屬於上年預算指標數），支付給供應商70,000元貨款。該行政單位預算會計帳務處理如下：

(1) 2018年12月31日補記預算收入指標。

借：財政應返還額度——財政直接支付　　　　　　　　　　100,000
　　貸：財政撥款收入　　　　　　　　　　　　　　　　　　100,000

(2) 2019年1月15日使用上年預算指標購買辦公用品，同時恢復預算指標並反應支出。

借：庫存物品　　　　　　　　　　　　　　　　　　　　　70,000
　　貸：財政應返還額度——財政直接支付　　　　　　　　　70,000

(2) 財政授權支付業務。

①收到代理銀行轉來「授權支付到帳通知書」。

借：零餘額帳戶用款額度
　　貸：財政撥款收入

②按規定使用額度時。

借：庫存物品、固定資產、應付職工薪酬、業務活動費用、單位管理費用等
　　貸：零餘額帳戶用款額度

③已下達但未用完的，當年年末註銷額度。

借：財政應返還額度——財政授權支付
　　貸：零餘額帳戶用款額度

④下一年年初恢復上述額度做相反分錄。
　借：零餘額帳戶用款額度
　　貸：財政應返還額度——財政授權支付
⑤預算數>實際數，對於未下達額度數，補記收入指標。
　借：財政應返還額度——財政授權支付
　　貸：財政撥款收入
⑥財政批復上年年末下達數時。
　借：零餘額帳戶用款額度
　　貸：財政應返還額度——財政授權支付

【例56】2018年12月31日，某事業單位經與代理銀行核對無誤後，將50,000元零餘額帳戶用款額度予以註銷。另外，本年度財政授權支付預算指標數大於零餘額帳戶用款額度下達數，未下達的用款額度為250,000元。2019年度，該單位收到代理銀行提供的額度恢復到帳通知書，以及財政部門批復的上年末未下達零餘額帳戶用款額度。該事業單位財務會計應做如下帳務處理：

（1）註銷額度。
　借：財政應返還額度——財政授權支付　　　　50,000
　　貸：零餘額帳戶用款額度　　　　　　　　　　　50,000
（2）補記指標數。
　借：財政應返還額度——財政授權支付　　　　250,000
　　貸：財政撥款收入　　　　　　　　　　　　　　250,000
（3）恢復額度。
　借：零餘額帳戶用款額度　　　　　　　　　　150,000
　　貸：財政應返還額度——財政授權支付　　　　　150,000
（4）收到財政部門批復的上年年末未下達的額度。
　借：零餘額帳戶用款額度　　　　　　　　　　200,000
　　貸：財政應返還額度——財政授權支付　　　　　200,000

2. 應收帳款業務
（1）不上繳財政的應收款。
①發生應收帳款。
　借：應收帳款
　　貸：事業收入、經營收入、租金收入、其他收入等
②收回應收帳款。
　借：銀行存款
　　貸：應收帳款
（2）要上繳財政的應收款。
①發生時。
　借：應收帳款
　　貸：應繳財政款
②收回時。
　借：銀行存款
　　貸：應收帳款

③上繳款項時。
借：應繳財政款
　　貸：銀行存款
④核銷無法收回的應收帳款。
借：應繳財政款
　　貸：應收帳款
⑤以後又收回的，按照實際收回的金額上繳。
借：銀行存款
　　貸：應繳財政款
（3）壞帳準備。
①提取時。
借：其他費用
　　貸：壞帳準備
②衝減壞帳準備。
借：壞帳準備
　　貸：其他費用
③無法收回的。
借：壞帳準備
　　貸：應收帳款、其他應收款
④已經核銷，以後又收回的。
借：應收帳款、其他應收款
　　貸：壞帳準備
同時，借：銀行存款
　　貸：應收帳款、其他應收款
3. 存貨業務
（1）購入物品。
借：庫存物品
　　應交稅費——應交增值稅（進項稅額）
　　貸：財政撥款收入（財政直接支付方式）
　　　　零餘額帳戶用款額度（財政授權支付方式）
　　　　銀行存款（貨幣支付）
（2）發出。
借：業務活動費用、單位管理費用、經營費用
　　貸：庫存物品
4. 長期債券投資業務
（1）取得長期債券投資時。
借：長期債券投資——成本
借：應收利息
　　貸：銀行存款

（2）收回投資時已經宣告的利息。

借：銀行存款

　　貸：應收利息

（3）持有期間確認利息收入＝票面利息＝票面金額×票面利率。

①到期一次還本付息的會計分錄。

借：長期債券投資——應計利息

　　貸：投資收益

②分期付息的會計分錄。

借：應收利息

　　貸：投資收益

（4）收到利息時。

借：銀行存款

　　貸：應收利息

（5）到期收回或對外出售長期債券投資。

借：銀行存款

借或貸：投資收益

　　貸：長期債券投資

　　貸：應收利息

5. 長期股權投資業務

（1）以現金取得長期股權投資。

借：長期股權投資

借：應收股利

　　貸：銀行存款

（2）收到投資時宣告發放的現金股利。

借：銀行存款

　　貸：應收股利

（3）長期股權投資持有期間的處理。

第一，成本法。成本法適用於無權決定或無權參與被投資單位的財務和經營決策的情況。

①被投資單位宣告發放現金股利或利潤時。

借：應收股利

　　貸：投資收益

②收到現金股利時。

借：銀行存款

　　貸：應收股利

第二，權益法。權益法適用於有權決定或參與被投資單位的財務決策和經營決策的情況。

① 被投資單位實現利潤，投資方按照享有的份額反應。

借：長期股權投資——損益調整

　　貸：投資收益

出現虧損做相反分錄，將長期股權投資減少至 0 為限。
② 被投資單位宣告分派現金股利或利潤，投資方按照享有的份額反應。
借：應收股利
　　貸：長期股權投資——損益調整
③ 收到現金股利時。
借：銀行存款
　　貸：應收股利
④ 被投資單位發生除淨損益和利潤分配以外的所有者權益變動，投資方按照享有的份額反應。
借：長期股權投資——其他權益變動
　　貸：權益法調整
⑤ 在處置投資時。
借：權益法調整
　　貸：投資收益
【注意】處置投資後，如果投資方再無權決定或無權參與被投資單位的財務和經營決策的，應當對剩餘股權改按成本法核算，並將在權益法下的帳面餘額作為成本法的初始投資成本。

6. 固定資產業務
（1）購入。
借：固定資產
　　　應交稅費——應交增值稅（進項稅額）
　　貸：財政撥款收入（財政直接支付方式）
　　　　零餘額帳戶用款額度（財政授權支付方式）
　　　　銀行存款（貨幣支付方式）
（2）折舊。
借：業務活動費用、單位管理費用、經營費用等
　　貸：固定資產累計折舊
（3）改造。
借：在建工程
借：固定資產累計折舊
　　貸：固定資產
　　貸：銀行存款
（4）處置。
①轉入待處理時。
借：待處理財產損溢
借：固定資產累計折舊
　　貸：固定資產
②收到責任人賠償時。
借：庫存現金等
　　貸：待處理財產損溢

③發生處置費用時。
借：資產處置費用
　　貸：待處理財產損溢
④淨收入上繳財政部門。
借：待處理財產損溢
　　貸：應繳財政款
7. 無形資產業務
(1) 外購無形資產。
借：無形資產
　　貸：財政撥款收入（財政直接支付方式）
　　　　零餘額帳戶用款額度（財政授權支付方式）
　　　　銀行存款等（貨幣支付方式）
(2) 自行研發的無形資產。
①研究階段。
借：業務活動費用
　　貸：研發支出——開發支出
②開發階段。
借：無形資產
　　貸：研發支出——開發支出
③無法區分兩個階段，但是已經取得無形資產的。
借：無形資產
　　貸：銀行存款等
(3) 無形資產攤銷。
借：業務活動費用、單位管理費用、加工物品、在建工程等
　　貸：無形資產累計攤銷
(4) 無形資產的後續支出。
①資本化的。
借：無形資產
　　貸：財政撥款收入、零餘額帳戶用款額度、銀行存款
②費用化的。
借：業務活動費用、單位管理費用
　　貸：財政撥款收入、零餘額帳戶用款額度、銀行存款
8. 公共基礎設施業務
(1) 取得時。
借：公共基礎設施
　　貸：財政撥款收入（財政直接支付方式）
　　　　零餘額帳戶用款額度（財政授權支付方式）
　　　　銀行存款（貨幣支付方式）
(2) 折舊。
借：業務活動費用、單位管理費用等
　　貸：公共基礎設施累計折舊（攤銷）

（3）處置。
①轉入待處理時。
借：待處理財產損溢
　　公共基礎設施累計折舊
　貸：公共基礎設施
②發生處置費用時。
借：資產處置費用
　貸：待處理財產損溢
③淨收入上繳財政部門。
借：待處理財產損溢
　貸：應繳財政款
9. 政府儲備物資業務
（1）購入。
借：政府儲備物資
　貸：財政撥款收入、零餘額帳戶用款額度、銀行存款
（2）發出並無須收回的。
借：業務活動費用
　貸：政府儲備物資
10. 受託代理資產
（1）收到時。
借：受託代理資產
　貸：受託代理負債
（2）移交時，做相反分錄。
借：受託代理負債
　貸：受託代理資產

（三）負債核算

1. 借入款項業務
（1）借入時。
借：銀行存款
　貸：短期借款、長期借款
（2）計提利息。
借：其他費用、在建工程
　貸：應付利息
　貸：長期借款——應付利息
（3）支付利息。
借：應付利息、長期借款——應付利息
　貸：銀行存款
（4）歸還本金。
借：短期借款、長期借款
　貸：銀行存款

2. 應付職工薪酬業務

(1) 計提。

借：業務活動費用，單位管理費用、在建工程、研發支出、加工物品等
　　貸：應付職工薪酬

(2) 代扣款項。

借：應付職工薪酬
　　貸：其他應收款——代墊水電費等

(3) 實發。

借：應付職工薪酬
　　貸：財政撥款收入
　　貸：零餘額帳戶用款額度
　　貸：銀行存款

(四) 淨資產核算

淨資產業務包括本期盈餘、本期盈餘分配、累計盈餘、專用基金、無償調撥淨資產等。

會計分錄：

(1) 收入類轉入「本期盈餘」。

借：事業收入等
　　貸：本期盈餘

(2) 支出類轉入「本期盈餘」。

借：本期盈餘
　　貸：單位管理費用等

(3) 本期盈餘轉入「本期盈餘分配」。

借：本期盈餘
　　貸：本期盈餘分配

(4) 從結餘中提取「專用基金」。

借：本期盈餘分配
　　貸：專用基金

(5) 將「本期盈餘分配」轉入「累計盈餘」。

借：本期盈餘分配
　　貸：累計盈餘

(6) 將「以前年度盈餘調整」轉入「累計盈餘」。

借：以前年度盈餘調整
　　貸：累計盈餘

【例 57】某事業單位本年度財政撥款收入和事業收入為 20 億元，單位管理費用為 18 億元，本年提取專用基金 1.9 億元，年初累計盈餘為 0.1 億元，以前年度盈餘調整增加累計盈餘 0.3 億元，並從其他事業單位無償調入一批物品原價 200 萬元，應承擔調入費用 10 萬元。請完成本期有關財務會計方面的結轉分錄。

【解析】
(1) 將本期收入、費用結轉「本期盈餘」。
借：財政撥款收入、事業收入　　　　　　　　　　　2,000,000,000
　　貸：本期盈餘　　　　　　　　　　　　　　　　　2,000,000,000
同時，借：本期盈餘　　　　　　　　　　　　　　　1,800,000,000
　　　　　貸：單位管理費用　　　　　　　　　　　　1,800,000,000
(2) 將本期盈餘的餘額結轉到「本年盈餘分配」。
借：本期盈餘　　　　　　　　　　　　　　　　　　　200,000,000
　　貸：本期盈餘分配　　　　　　　　　　　　　　　　200,000,000
(3) 提取專用基金。
借：本期盈餘分配　　　　　　　　　　　　　　　　　190,000,000
　　貸：專用基金　　　　　　　　　　　　　　　　　　190,000,000
(4) 將本年盈餘分配轉入「累計盈餘」。
借：本年盈餘分配　　　　　　　　　　　　　　　　　 10,000,000
　　貸：累計盈餘　　　　　　　　　　　　　　　　　　 10,000,000
(5) 以前年度盈餘調整轉入「累計盈餘」
借：以前年度盈餘調整　　　　　　　　　　　　　　　 30,000,000
　　貸：累計盈餘　　　　　　　　　　　　　　　　　　 30,000,000
綜上所述：累計盈餘的餘額＝0.4（億元）。
(6) 無償調入物品，應按照200萬元－10萬元＝190萬元的淨額反應。
借：庫存物品　　　　　　　　　　　　　　　　　　　　1,900,000
　　貸：無償調撥淨資產　　　　　　　　　　　　　　　　1,900,000

(五) 收入、費用的核算

1. 收入業務
借：銀行存款、應收帳款、預收帳款等
　　貸：事業收入等

2. 支出業務
借：業務活動費用、單位管理費用等
　　貸：財政撥款收入（財政直接支付）
　　　　零餘額帳戶用款額度（財政授權支付）
　　　　銀行存款（貨幣資金支付）

(六) 報表

行政事業單位的財務報表一般包括資產負債表、收入費用表、現金流量表。
行政事業單位預算會計報表至少包括預算收入支出表、預算結轉結餘變動表和財政撥款預算收入支出表。

第七節　內部控制

一、行政事業單位內部控制概述

（一）內部控制的範圍

目前，行政事業單位內部控制的風險是經濟風險，不包括非經濟風險。

財政部 2012 年發布、2014 年 1 月 1 日起實施的《行政事業單位內部控制規範（試行）》將單位內部控制的客體界定為單位經濟活動的風險，主要包括預算業務、收支業務、政府採購業務、資產管理、建設項目、合同等。

（二）行政事業單位內部控制目標

1. 合理保證單位經濟活動合法合規
2. 合理保證單位資產安全和使用有效
3. 合理保證單位財務信息真實完整
4. 有效防範舞弊和預防腐敗
5. 提高公共服務的效率和效果

（三）行政事業單位內部控制原則

1. 全面性原則
2. 重要性原則
3. 制衡性原則
4. 適應性原則

（四）行政事業單位內部控制建設的組織與實施

1. 組織

（1）單位負責人應當對本單位內部控制的建立健全和有效實施負責。

（2）單位應當單獨設置內部控制的職能部門（內控部門）或確定負責內部控制建設和實施工作的牽頭部門（如財會部門）。比如中央單位的機關事務管理局、辦公廳或計劃財務部，地方政府的財政部門，學校、醫院的財務處等。

（3）內控部門或牽頭部門應該充分發揮財會、內部審計、紀檢監察、政府採購、基建、資產管理等部門或崗位的作用。

2. 實施

（1）梳理各類經濟活動的業務流程。

關鍵業務流程有：預算業務、收支業務、政府採購業務、資產管理業務、建設項目管理業務、合同管理業務。

（2）明確業務環節。

關鍵業務環節有決策環節、執行環節和監督環節。凡是有可能導致單位重大經濟利益流出的環節，就是關鍵環節。

（3）系統分析經濟活動風險。

經濟活動風險包括系統風險和非系統風險。

（4）確定風險點。

風險點就是業務中出現的低效、浪費和舞弊點，比如，木桶原理中的「短板」就是風險。

（5）選擇風險應對策略。
（6）建立健全單位各項內部管理制度。
（7）相關部門和人員嚴格執行內部控制制度。

【例58】2018年，某省財政廳依照《行政事業單位內部控制規範（試行）》對所屬事業單位開展內部控制工作專項檢查。檢查中發現某下屬事業單位的做法是：

（1）單位負責人甲某接到財政部文件後，就在文件上批示「請乙同志負責組織實施」，其中，乙是分管財務後勤的副職。

（2）乙在文件上批示「請財務處牽頭負責，盡快研究制定具體實施方案」。

（3）文件發到財務處，財務處處長丙某召集處內工作人員開會研究方案制定，請大家發表意見，他說：「內部控制建設涉及單位各個部門，我們只是牽頭部門，制訂具體實施方案不是一天兩天能完成的，今天請大家來開個會，出出主意。」

（4）會計核算科科長丁某說：「我們財務處人手緊張，完成目前的工作都很吃力，哪有精力來開展內部控制和進行日常管理，希望領導能把這事推掉。」

（5）資金結算科科長戊某說：「這個內控規範不太現實，與錢有關的我們管得了，其他的像決策機制、人事制度、組織結構等我們管不了，還有政府採購、建設項目等，已超出了我們所能管的範圍，建議只在我們財務部門實施內部控制。」

（6）預算管理科科長己某說：「我們可以聘請管理諮詢公司給我們做諮詢，如有必要也可以委託他們來幫助我們設計，單靠我們的力量確實難以承擔此事。」

【解析】

（1）甲的意見不正確。單位負責人應對本單位內部控制的建立健全和有效實施負責。

（2）乙的意見正確。單位應當確定內部控制牽頭部門作為內部控制建設具體工作部門，研究制訂具體實施方案。

（3）丙的意見正確。內部控制要堅持全面性原則。

（4）丁的意見錯誤。內部控制建設需要建立有效的組織和工作機制，既然單位已經明確由財務處牽頭負責，就不能以各種借口逃避內部控制建設的責任。

（5）戊的意見錯誤。內部控制要堅持全面性原則。

（6）己的意見正確。內部控制建設工作必要時可以聘請仲介機構提供專業諮詢服務。

二、行政事業單位風險評估和控制方法

（一）風險評估工作機制

（1）成立風險評估工作小組，由單位領導（單位負責人、分管財務工作的領導等）擔任組長。該小組應該是跨部門的，也可以設置在內控部門或牽頭部門。

（2）形成定期對經濟活動的風險評估機制，至少每年評估一次，重大變化應及時重估。評估結果應形成書面報告後提交單位領導班子，作為完善內部控制的依據。

（二）風險評估程序

1. 目標設定

目標設定包括整體目標和每個控制對象的重點目標。比如，資產的重點控制目標是安全和完整。

2. 風險識別

第一，單位層面關注的重點。

（1）內部控制工作的組織情況，包括組織機構和職責分工。

（2）內部控制機制的建設情況，包括決策、執行、監督三權分立制衡機制，權責匹配機制，議事決策機制等。

（3）內部管理制度的完善和執行情況。如合同管理制度的建立和實施。

（4）內部控制關鍵崗位工作人員的管理情況。如執收崗位的管理。

（5）財務信息的編報情況。

（6）其他情形。

第二，業務層面關注的重點。

（1）預算管理情況，包括預算編製、執行、決算的合法、真實、完整、準確和及時。

（2）收支管理情況，包括收入的歸口管理，支出的合法性、真實性、程序性。

（3）政府採購情況，包括預算和計劃的遵循，驗收，檔案保存。

（4）資產管理情況，包括資產的歸口管理，清查盤點，處置。

（5）建設項目情況，包括概算，審批程序，招投標，建設資金管理、檔案保存及移交。

（6）合同管理情況，包括歸口管理，合同談判、簽訂、執行以及糾紛處理。

（7）其他情況。

3. 風險分析

風險分析包括定性分析和定量分析。

4. 風險應對

風險應對包括風險規避、風險降低、風險分擔和風險承受四種。

【例59】某事業單位採用以下措施防範風險：①新產品在試製階段發現諸多問題而果斷停止。②採取多領域、多地域、多項目、多品種的投資分散風險。③購買財產保險；④提取壞帳準備。請問分別屬於哪些風險應對策略？

【解析】①屬於風險規避；②屬於風險降低；③屬於風險分擔；④屬於風險承受。

（三）風險控制方法

（1）不相容崗位相互分離，比如錢帳分管；決策、執行、監督分離控制等。

（2）內部授權審批控制發，如建立重大事項集體決策和會簽制度等。

（3）歸口管理。各類業務活動的風險控制要有歸口管理部門或牽頭部門。

（4）預算控制。預算管理貫穿經濟活動全過程。

（5）財產保護控制。採用資產記錄、實物保護、定期盤點、帳實核對等措施，保障資產安全完整。

（6）會計控制，如配備會計機構、會計人員、強化崗位責任制、會計程序、會計檔案管理。

（7）單據控制，如按照規定填製、審核、歸檔和保管經濟活動涉及的表單和票據。
（8）信息內部公開控制，如將信息公開和保密規定相結合。

三、行政事業單位層面內部控制

（一）建立內部控制的組織架構

確立內部控制職能部門或確定牽頭部門負責組織協調內部控制工作。同時，發揮兩個作用：①協調作用。協調作用包括財會、政府採購、基建、資產管理、合同管理等部門和崗位的溝通協調機制。②監督作用。充分發揮內部審計、紀檢監察部門的監督作用。

（二）建立內部控制的工作機制

1. 建立單位經濟活動的決策、執行和監督相互分離的機制

（1）類似企業的法人治理結構：董事會負責決策，經理層負責執行，監事會負責監督。

（2）有些行政事業單位：決策權放在黨委會，執行權放在行政辦公會，監督權放在紀委和監察部門。

2. 建立健全議事決策機制

明確單位領導班子集體決策的重大經濟事項的範圍。比如建立健全《黨委會議事規則》《局長辦公會議事規則》《三重一大事項決策規則》等。

要做好決策紀要的記錄、流轉和保存工作。要如實反應議事過程以及每位議事成員的意見，並要求每位成員進行核實、簽字認可，並將決策紀要及時歸檔、妥善保存。

【例60】2016年國務院辦公廳印發《重大經營投資決策責任終身追究制度》，議事規則和會議記錄是評判責任的重要憑據。

3. 建立健全內部控制關鍵崗位責任制

（1）關鍵崗位包括預算業務管理、收支業務管理、政府採購管理、資產管理、建設項目管理、合同管理及內部監督。

（2）監督措施包括輪崗和專項審計。

（三）對內部控制關鍵崗位工作人員的要求

注重職業道德修養和專業勝任能力。

（四）編製財務信息的要求

（1）嚴格按照法律、法規進行會計機構設置和人員配備。
（2）落實崗位責任制，確保不相容崗位相互分離。
（3）加強會計基礎工作管理，完善財務管理制度。
（4）按照法定要求編製和提供財務信息。
（5）建立財會部門與其他業務部門的溝通協調機制。

（五）運用現代科技手段加強內部控制：信息化控制

【例61】公安機關的「天網工程」、財政預算的「大平臺監督」及高速公路的電子不停車收費（ETC）聯網結算系統都是信息化控制的典範。

四、行政事業單位業務層面的控制

(一) 預算業務控制

1. 主要風險

(1) 編製質量不高,編製與執行脫節,預算約束不夠。

(2) 預算指標分解不合理,導致財權和事權不匹配,影響職責履行。

(3) 未按照規定額度和標準執行預算,影響預算的嚴肅性和執行進度。

(4) 未按照規定編製決算報表,導致決算和預算脫節;未按規定開展績效評價,導致對預算管理缺乏監督。

2. 預算編製的關鍵措施

(1) 落實各部門的預算編製責任。要貫徹全面預算要求,明確規定業務部門在預算編製中的職責並加以落實。

(2) 採取有效措施保障預算編製的合規性。財會部門應發揮牽頭作用和政策宣貫作用。

(3) 建立單位內部各部門的溝通協調機制。

(4) 完善編製方法,細化預算編製。年度工作計劃是預算編製的基礎,要求細緻具體。

(5) 強化歸口管理部門和財會管理部門的審核責任。

【例62】各業務部門提出會議費預算,必須經過歸口管理部門(辦公室)的審核,主要審核其必要性和合理性;同時,必須經過財會部門的審核,審核其合規合法性。

(6) 重大項目採取立項評審制度。

建設工程、大型修繕、信息項目和大宗物資採購,既有外部評審程序,也可以建立內部評審程序,只有通過評審才能列入預算。

3. 預算批復環節的關鍵控制措施

(1) 明確預算批復的責任。

財政部門批復預算到單位,單位財會部門必須負責對單位內部的預算批復工作進行統一分解管理,設置預算管理崗位管理該項工作。同時,設立預算領導小組(或通過單位領導班子會議)對預算工作實施統一決策。

【例63】財政批復某單位2018年會議費13萬元,單位財會部門應該再根據各部門預算控制數再次分解批復。比如:辦公室分配6萬元,業務部分配5萬元,人力資源部和財會部門各分配1萬元。

(2) 合理進行內部預算指標的分解。

(3) 合理採用預算批復的方法。具體方法有:總額控制、逐項批復、分期批復、上級單位統籌管理、歸口部門統一管理。要預留機動財力。

(4) 嚴格控制內部預算的追加調整。

4. 預算執行環節的關鍵控制措施

(1) 預算執行申請控制。預算執行方式包括三種:

①直接執行。

②政府採購執行。

③依申請執行。對於支出金額大，非經常性發生的業務儘管預算已經批復，但是預算不等於必須發生的金額，實際執行有可能發生變化，所以執行前應該申請。

（2）預算執行審核和審批控制必須由歸口管理部門和財會部門進行審核，並按照規定權限審批。

【例64】某業務部門要搞培訓，需要申請經費20萬元，則應當經過歸口管理部門（比如培訓部或人事處）和預算管理部門（財會部門）審核，然後交給分管領導審核，單位負責人審批。如果需要集體決策的，則應當提交辦公會議研究同意後，再履行上述簽字手續。

（3）資金支付控制。

【例65】某單位的資金支付控制程序為：經辦人員填製合同支付申請單或費用報銷單或借款申請單，提供原申請批准憑證及發票等，交審核崗位審核（稽核），財務負責人簽字，單位領導批准，出納支付，會計記帳。

（4）預算執行分析控制。定期召開分析會，財會部門通報總體情況，各執行部門匯報具體情況，分析存在的問題、原因，提出解決的措施和辦法。

5. 決算與評價環節的關鍵控制措施

（1）決算控制。按照財政決算的要求完成各項決算，分析決算和預算的差異原因、存在的問題和提出改進措施。

（2）績效評價控制。按照績效管理的規定和要求完成績效評價，加強追蹤問效和績效考核。

（二）收支業務控制

1. 收入控制

（1）主要風險。

① 各項收入未按照法定的項目和標準徵收，收費許可證未能辦理或年檢，導致收費不規範或亂收費的風險。

② 未能統一由財會部門收費、管理和監控，導致「小金庫」或貪污舞弊問題。

③ 違反收支兩條線管理規定，導致「小金庫」或資金體外循環等問題。

④ 執收部門與財會部門溝通不夠，單位未能掌握所有收入項目的金額和時限，造成應收未收，可能導致單位利益受損的風險。

⑤ 票據、印章管理風險。沒有加強對各類票據、印章的管控和落實保管責任，可能導致票據丟失、相關人員發生錯誤或舞弊的風險。

（2）關鍵控制環節及控制措施。

① 收入歸口管理：財會部門統一管理錢和帳。

② 嚴格執行收支兩條線，及時足額上繳國庫或財政專戶，防止截留、挪用或私分財政收入。

③ 建立收入分析和對帳機制。

④ 建立健全票據和印章管理制度。

設立票據專管員，配備保險櫃，不允許轉讓、出借、代開、買賣財政票據、發票等，不得擅自擴大票據適用範圍。建立印章使用授權批准和登記制度。

2. 支出控制

（1）主要風險。

① 支出申請不符合預算管理要求，支出範圍及開支標準不符合相關規定，基本支出和項目支出之間相互擠占，可能導致預算失控和經費控制目標難以實現。

② 經費支出未經適當的審核和審批，重大支出未經單位領導班子集體研究決定，可能導致錯誤或舞弊的風險。

③ 支出不符合國庫集中支付制度、政府採購、公務卡結算等國家有關政策的規定，可能導致支出業務違法違規的風險。

④ 採用虛假票據或不合規票據報銷，導致假發票套取資金等支出業務違法違規的風險。

⑤ 對各項支出缺乏定期的分析及監控，對重大問題缺乏應對措施，可能導致單位支出失控的風險。

（2）關鍵控制環節及控制措施。

① 明確各項支出事項的開支範圍和開支標準。開支標準包括外部標準和內部標準。外部標準是指國家或者地方法規制度規定的標準，內部標準是指單位根據自身實際制定的標準。

【例66】根據《中央和國家機關差旅費管理辦法》，北京市部級、司局級、處級及以下幹部住宿費標準調整為：1,100元、650元、500元。這屬於外部標準。

② 加強支出事前的申請控制。

【例67】某事業單位事前審批分為兩類：

一是經費類。金額小、不形成資產、5,000元以下的購買事項且不簽訂合同的，填製經費申請單。

二是採購類。購買資產或勞務，金額在5,000元以上的，需要簽訂合同的，填製採購執行申請單。

③ 加強支出的審批控制。單位應當明確支出的內部審批權限、程序、責任和控制措施。審批人必須在規定的權限內履責，不得越權審批。

【例68】某事業單位的支出審批權限如下：

第一，5萬元以下（含），局長審批。

第二，5萬元以上至50萬元以下（含），局長辦公會集體決策，局長審簽。

第三，50萬元以上，局黨委集體決策後，局長審簽。

④ 加強支出審核控制。重點審核單據的真實、合法、有效和完整。

⑤ 加強資金支付和會計核算控制。重點是稽核、會計、出納。

⑥ 加強支出業務分析控制。發現異常，及時有效處置。

（三）債務業務控制

1. 主要風險

（1）未經充分論證或未經集體決策，擅自對外舉借大額債務，可能導致不能按期還本付息，單位利益受損的風險。

（2）債務管理和監控不嚴，債務的具體情況不清，沒有做好還本付息的相關安排，可能導致單位利益受損或財務風險。

（3）債務沒有按照國家統一會計制度規定納入單位會計核算，形成帳外債務，可能導致單位財務風險。

2. 關鍵控制措施

（1）不相容崗位分離控制。確保債務管理與資金收付、債務管理與債務會計核算、債務會計核算與資金收付等不相容的崗位相互分離。不得由一人管理債務的全過程。

（2）授權審批控制。大額債務的舉借和償還要經過單位領導班子集體研究，並按照國家規定履行報批手續。

（3）日常管理。加強債務的會計核算和檔案保管工作，定期對帳和檢查控制，進行債務清理，防範和控制財務風險。

（四）政府採購控制

1. 主要風險

（1）預算和計劃編製問題。沒有編製預算和計劃、政府採購預算和計劃編製不合理，可能導致採購失敗或資金、資產浪費的風險。

（2）政府採購活動不規範，未按規定選擇採購方式，招投標程序不規範、發生舞弊，導致訴訟或處罰及資金損失的風險。

（3）採購驗收不規範，付款審核不嚴格，導致資金損失和信用受損風險。

（4）採購業務相關檔案保管不善，導致採購業務無效、責任不清的風險。

2. 關鍵控制環節和控制措施

（1）合理設置政府採購業務管理機構和崗位。

一般設置：採購決策機構、採購業務執行機構（比如歸口管理部門、財會部門、資產管理部門）等，並在崗位設置上確保不相容的崗位相互分離。

【例69】某事業單位《商務採購管理辦法》規定：

① 決策機構：10萬元以上的單位領導班子辦公會決策，10萬元以下的單位負責人決策。

② 執行機構：申請部門根據採購計劃要提出採購申請，資產管理部門按照資產配置標準進行審核；商務管理部門審核採購程序和方式；財會部門審核預算和經費安排。

（2）採購預算與計劃管理。

①原則。原則為：先預算，後計劃，再採購。

②程序。業務部門在採購預算指標批准範圍內，定期提交本部門採購計劃—採購歸口管理部門審核其合理性，財會部門審核其合規合法性—單位決策機構按照權限審批—提交政府集中採購機構採購。

（3）採購活動管理。

單位應對政府採購活動實施歸口管理，建立政府採購部門、資產管理、財務、內部審計、紀檢監察或崗位相互監督、約束的機制。

（4）採購項目驗收管理。指定部門或專人進行驗收並出具驗收證明。

【例70】某事業單位的圖書採購，驗收時由圖書管理員編號並入庫管理。

（5）質疑投訴答復管理：指定牽頭部門和配合部門，依法依規定及時答復處理。類似政府設立的信訪局牽頭處理群眾來信來訪。

（6）採購業務記錄控制。

採購業務記錄控制包括妥善保管採購預算和計劃、各類批復文件、招標文件、評標文件、合同文件、驗收證明等相關資料，分類統計、通報有關信息。

(7) 涉密採購項目管理。

單位應當與相關採購機構簽訂保密協議和在合同中設定保密條款。

(五) 資產控制

1. 貨幣資金控制

(1) 主要風險。

① 財會部門未能實現錢帳分管、印章分管，導致貨幣資金被貪污挪用。

【例71】「會計首富——卞中」案件暴露管理漏洞

2004年11月9日，北京市第一中級人民法院對國家自然科學基金委員會（以下簡稱國家基金委）財務局經費管理處原會計卞中貪污、挪用公款案做出一審判決，卞中被判處死緩，剝奪政治權利終身，並處沒收個人全部財產。被告人吳鋒同時被法院以挪用公款罪、玩忽職守罪判處有期徒刑8年。

1995年8月至2003年1月，卞中在擔任國家基金委綜合計劃局計劃財務處出納和財務局經費管理處會計期間，分別採取偽造銀行信用憑證、電匯憑證、進帳單等手段貪污公款1,262.37萬元，另外挪用公款19,993.3萬元轉入北京匯人建築裝飾工程有限責任公司及其女友柴某家人開辦的東方旭陽公司帳內，用於上述兩家公司的營利活動。1995年8月，卞中伙同當時擔任國家基金委綜合計劃局財務處會計的吳鋒（捕前系國家基金委財務局經費管理處副處長，卞中的直接領導），私自將公款1,000萬元人民幣存入中國農村發展信託投資公司，並以委託貸款方式借給廣州保稅區銀鴻國際貿易有限公司進行營利活動。

8年時間，貪污、挪用2億多元，為什麼竟一直未被發現呢？

北京市海澱區檢察院反貪局瀆職檢察處處長劉英介紹，國家基金委每年撥款規模高達20多億元，但實際控制這筆巨額基金流向的卻只有財務局下屬經費管理處的3名財務人員。這3個人誰是會計、誰是出納分得並不清楚。卞中實際上不僅僅只負責登記帳目，還包攬了整個自然科學基金的撥款工作，就連財務局局長的個人名章和支票他也可以很輕易地拿到，這樣的職權早就超越了一名會計應有的權限。可以說，卞中長期貪污、挪用巨額資金除了主觀的因素之外，國家基金委在財務管理上的混亂和漏洞是更為致命的原因。劉英說，他們去國家基金委經費管理處辦公室調查時發現，支票在該辦公室就像普通紙張一樣，抽屜裡到處都是。

北京市海澱區檢察院反貪局偵察二處處長張磊介紹說，儘管國家基金委每年都進行審計，但都只是對帳面進行審計，沒有實際審計。如果國家基金委能夠在每年的審計中去查看銀行的原始對帳單，就可以很早發現卞中的問題了。

雖然卞中作案手段隱蔽，又有上級保護，但分析他作案的過程不難發現，管理和監督制度上存在的漏洞給他的大膽作案提供了便利條件。

（資料來源：中國稅務報）

② 對資金支付申請沒有嚴格審核把關，或者沒有必要的審批手續，或者沒有履行集體審批或聯合簽署程序，導致貪污挪用。

【例72】2001年，蔡某利用擔任四川省交通廳公路局局長的職務便利，未經集體研究，個人決定將四川省交通廳公路局的公款500萬元通過四川金路交通實業有限責任公司借給陳小寒使用。並利用職務之便，為他人謀取利益，共收受他人賄賂8萬元。2010年1月12日，蔡某被成都市中級人民法院以挪用公款罪和受賄罪判處13年有期徒刑。

③ 貨幣資金的核查控制不嚴，未建立定期、不定期抽查核對庫存現金和銀行存款的制度，可能導致貨幣資金被貪污挪用。

④ 未嚴格按照銀行帳戶的管理規定，出租和出借帳戶，可能導致單位違法違規或者利益受損。

【例73】甲事業單位負責人通過與某仲介機構簽訂虛假交易合同，劃撥資金給該仲介機構銀行帳戶，然後繳納一定的手續費後套現洗錢。該仲介機構完成交易後銷戶。

（2）關鍵控制環節及控制措施。

① 不相容崗位分離控制。

首先，加強對出納的管理。出納不得監管稽核、會計檔案保管和收入、支出、債權、債務帳目的登記工作。

其次，加強印章管理。嚴禁一人保管收付款項所需的全部印章。財務專用章應當專人保管，個人名章應當由本人或其授權人員保管。要單獨配備保險櫃，印章要人走櫃鎖。

最後，簽章管理。有關負責人應當嚴格履行簽字或簽章手續。總之，誰簽字，誰負責。

② 授權審批控制。

首先，建立審批制度，明確審批人的權限、審批流程、責任追究等。

其次，執行的責任必須按照明確的審批意見辦理。對於審批人越權審批的事項有權拒絕辦理。

【注意】當前在審批簽字環節的突出問題有：①簽個名字，沒有明確意見。②模稜兩可，語焉不詳，或簽署「按照相關規定辦理」，規定並沒有說明或找不到，導致執行的人無所適從。經辦人最好問清楚簽字人是否同意，簽署明確意見再辦理。

③ 銀行帳戶控制。

建立開立、變更、銷戶等審批制度。嚴禁出租、出借帳戶。

【例74】某些個人提供勞務，因為不具備相關資格，所以借用某個單位的銀行帳戶收款，然後給些手續費套現。殊不知，該單位可能要付出更大的代價，如繳納流轉稅、所得稅等去化解，得不償失。

④ 貨幣資金核查控制。

單位應當指定經辦貨幣資金業務的會計人員，定期或不定期地盤點現金、抽查銀行存款。

2. 實物資產和無形資產控制

（1）主要風險。

① 資產管理職責不清，歸口管理、使用、保管部門不明，可能導致資產毀損、流失或被盜的風險。

② 資產管理不嚴，制度缺失，可能導致資產流失、資產信息失真、帳實不符等風險。

③ 未按照國有資產管理相關規定辦理資產的調劑、租借、對外投資、處置等業務，可能導致資產配備超標、資源浪費、資產流失、投資遭受損失等風險。

④ 資產日常維護不當，長期閒置，可能導致資產使用年限減少，使用效率低下。

⑤ 應當投保未能投保，不能有效防範資產損失風險。

(2) 關鍵控制環節及控制措施。

① 明確各種資產的歸口管理部門。比如，辦公車輛由辦公室和後勤部門負責，工程物資由基建部門負責，營業性資產由業務部門負責。

② 落實資產使用和保管責任人、落實資產使用人的責任。對貴重、危險、保密資產專人保管，專人使用，嚴格限制接觸條件和審批程序。

③ 按照國有資產管理的規定，明確資產的調劑、租借、對外投資、處置的程序、權限和責任。必須按照中央及地方的規定建立辦公用房、辦公家具、公務用車的配置標準，嚴禁超標準配置資產。

④ 建立資產臺帳、加強資產的實物管理，定期盤點，做到帳實相符、帳帳相符、帳卡相符。

⑤ 建立資產信息管理系統。做好資產的統計、報告、分析工作，實現對資產的動態管理。

3. 對外投資控制

(1) 主要風險。

① 未按照國家規定投資，可能導致對外投資失控，國有資產重大損失，甚至產生舞弊。

② 對外投資決策不當，未經集體決策，缺乏可行性研究論證，超過單位資金實力投資，可能導致投資失敗和財務風險。

③ 沒有明確管理責任，沒有建立資產保管制度，沒有加強對投資項目的追蹤管理，可能導致對外投資被侵占或者嚴重虧損。

【例75】某些單位投資管理部門熱衷於項目的投資前立項、可研、審批、投放工作，一旦資金支付就萬事大吉，而忽視投後管理、跟蹤管理，把它推給財務部門，財務部門限於工作界面的原因，往往是事後控制，發現投資項目嚴重虧損已經是「馬後炮」，於事無補。因此，加強投資部門對投資項目全程跟蹤管理十分重要。

(2) 關鍵控制環節及控制措施。

① 投資立項控制。立項就是提出項目建議書、審核批准立項、可行性研究的過程。要成立投資歸口管理部門，財會部門要參與資金、預期收益以及投資安全性的測算和分析，確保投資有資金保障。

② 投資決策控制。單位領導班子集體研究決策，按照國家規定履行報批程序。決策過程要詳細記錄並歸檔，以便明確決策責任。

③ 投資實施控制。編製投資計劃並嚴格執行，發生變化應經單位領導班子審批，屬於應報上級批准的，按照國家規定程序辦理。

④ 追蹤管理控制。指定部門和崗位對投資項目進行跟蹤管理。發生重大事件應及時向單位領導班子報告，加強會計核算，全面準確及時地反應對外投資的價值變動和投資收益。

⑤ 建立責任追究制度。對決策、執行失誤的人員追究責任。

4. 建設項目控制

(1) 不相容崗位。

不相容崗位包括：項目的建議和可行性研究、項目決策；概預算編製和審核；項目實施與價款支付；竣工決算與竣工審計。

（2）主要風險。
① 立項缺乏可研或流於形式，導致決策失誤；
② 違規或超標建設；
③ 項目設計方案不合理；
④ 招投標存在舞弊行為；
⑤ 項目變更審核不嚴格，投資失控、預算超支、工期延誤；
⑥ 結算和價款支付審核不嚴；
⑦ 竣工驗收不規範；
⑧ 竣工決算失真；
⑨ 資產或檔案移交不規範，可能導致形成帳外資產。
（3）關鍵控制環節和控制措施
① 建立與建設項目相關的議事決策機制。
【注意】對項目建議和可研報告的編製、項目決策做出明確規定，確保項目決策科學、合理。建設項目應當經單位領導班子集體研究決定，嚴禁任何個人單獨決策或者擅自改變集體決策意見。
② 擇優選擇具有相應資質的設計單位。重大項目應當採用招標設計。
③ 建立全套審核機制。
【注意】項目建議書、可行性研究報告、設計方案、概預算等應當經單位的規劃、技術、財會、法律等相關人員審核或委託專家評審會或仲介機構評審並出具評審意見。
④ 招標控制，確保公平、公正、合法、合規。
⑤ 建設項目資金和工程價款支付控制。
【注意】單位應當按照審批下達的投資計劃和預算對建設項目資金實行專款專用，嚴禁截留、挪用和超批復內容使用資金，財會部門加強價款支付審核，按規定辦理價款結算。
⑥ 工程變更控制。
【注意】經過批准的投資概算是工程投資的最高限額，未經批准，不得調整和突破。單位項目的工程商洽和設計變更應該按規定履行相應的審批程序。
⑦ 加強項目記錄控制和建設檔案的管理。
⑧ 加強竣工決算控制，程序是：竣工決算 竣工決算審計—檔案移交—資產移交。
【注意】建設項目已經實際使用但是超過時限未辦理竣工決算的，單位應根據實際投資暫估入帳，轉作資產管理。
5. 合同控制
（1）主要風險。
① 未明確簽訂合同的範圍和條件，喪失合同訂立機會，或不恰當地簽訂擔保合同、投資合同和借貸合同。
② 故意將應招投標和較高級別領導審批的重大合同分拆為若干較小的非重大的合同。
③ 對合同對方資格審查不嚴格，導致簽訂無效合同或單位經濟利益受損。
④ 對技術性強和法律關係複雜的合同，未組織技術、法律、財會等專業人員參與審核。

⑤ 未明確授權審批和簽署權限，合同專用章保管不善，導致未經授權或超越權限簽訂合同。
⑥ 合同生效後，對未明確的事項未簽訂補充合同，導致合同無法正常履行。
⑦ 未按照合同規定履行合同。
⑧ 對履行合同缺乏有效監督。
⑨ 未按照規定辦理合同變更、解除手續。
⑩ 合同及相關資料登記、流轉和保管不善，導致產生糾紛的風險。
⑪ 合同涉密事項洩露，導致國家、單位利益受損。
⑫ 合同糾紛處理不當，導致單位利益、信譽和形象受損。
（2）關鍵控制環節及措施。
① 合同訂立控制。注意明確合同訂立的條件、範圍和審批權限。
【注意】對影響重大、涉及較高專業技術或法律關係複雜的合同，應該組織法律、技術、財會等工作人員參加談判，必要時可聘請外部專家參加工作。嚴禁違規簽訂擔保、投資和借款合同。
② 合同履行控制。建立履行監督制度，財會部門付款前控制。
【注意】對未按照合同履約而要求付款的，財會人員應及時向單位負責人報告。
③ 合同登記控制。合同歸口管理部門應建立合同登記檔案，對合同進行分類、統計、執行監督，實施全過程管理。同時，提交財會部門作為帳務處理依據。
④ 合同糾紛控制。合同糾紛的處理方式包括協商、仲裁和訴訟等。

五、行政事業單位內部控制的評價和監督

（一）自我評價
1. 實施主體
自我評價的實施主體為單位內部審計部門。
2. 評價內容
自我評價的內容為內部控制制度設計的有效性和執行的有效性。
3. 設計有效性應當關注的重點
（1）合法性和合理性。合法性和合理性是指是否依據內部控制基本規範和行政事業單位內部控制規範（試行）。
（2）全面性。全面性是指是否覆蓋所有經濟事項、全過程、所有關鍵崗位、所有部門和人員。
（3）重要性。重要性是指是否關注重點環節、重要活動、重點崗位及所有存在重大風險隱患的地方。
（4）適應性。適應性是指與環境、業務特點、複雜程度以及風險管理是否匹配。要滿足「成本效益原則」。
4. 執行有效性的評價
（1）各業務控制在評價期是如何運作的。
（2）各業務控制是否持續、一致地運行。
（3）有關內部控制的機制、內部管理制度、崗位職責、內部控制措施是否得到有

效執行。

(4) 執行業務控制的工作人員是否具備必要的權限、資格和能力。

5. 自我評價報告內容

(1) 對有效性發表意見。

(2) 存在的問題。

(3) 整改建議。

(二) 內部監督

1. 實施主體

內部監督的實施主體為內部審計部門或專職內部審計崗位，同時注意發揮紀檢監察部門的監督作用。

2. 內容及要求

內部監督要求定期或不定期檢查監督機制、管理制度和關鍵崗位的運行，通常不少於一年一次。

(三) 外部監督

1. 財政部門監督

2. 審計部門監督

六、內部控制報告

(一) 編報工作

按照「統一部署，分級負責，逐級匯總，單向報送」方式，由財政部統一部署，各地區、各垂直管理部門分級組織實施，並以自下而上的方式逐級匯總，非垂直管理部門向同級財政部門報送，各行政事業單位按照行政隸屬關係向上級主管部門單向報送。單位主要負責人對本單位內部控制報告的真實性和完整性負責。

(二) 監督檢查

同級財政部門、主管部門監督檢查報告的真實性、完整性和規範性。

【復習重點】

1. 掌握部門預算編製的原則、方法及要求，部門預算執行及調整的要求。
2. 掌握中央部門結轉和結餘資金管理要求。
3. 掌握政府收支分類科目的內容及運用。
4. 掌握國庫集中收付制度、公務卡管理制度的基本內容和相關政策要求。
5. 掌握政府採購的當事人的要求、範圍對象、執行模式、採購方式和程序、採購合同、政策要求和特殊規定。
6. 掌握行政事業單位國有資產管理內容及管理要求。
7. 掌握行政事業單位財務管理規定和會計處理。
8. 掌握行政事業單位內部控制的目標、原則、組織實施、風險評估和控制方法，單位層面和業務層面主要風險和關鍵控制措施，內部控制評價與監督、內部控制報告。

【同步案例題】

一、事業單位資產管理和會計處理

【資料】甲單位為中央級環保事業單位，單位總會計師組織有關人員就下列事項進行研究：

①關於甲單位準備編製的 2019 年度「一上」預算草案，財務處李某建議將實施「營改增」後應繳納的增值稅，按照政府支出功能分類科目列入「節能環保」類，按照政府支出經濟分類科目列入「商品和服務支出」類的「稅金及附加費用」款。

②甲單位為進行環境治理，採用公開招標方式採購一套大型設備（未納入集中採購目錄範圍，但達到政府採購限額標準）。甲單位自 2018 年 6 月 20 日發出招標文件後，供應商投標非常踴躍，截至 7 月 2 日已經收到 10 家供應商的投標文件。物資採購處張某建議，鑒於投標供應商已經較多，為滿足環境治理工作迫切需要，會後第二天（7 月 3 日）立即開始評標。

③甲單位的一臺大型儀器設備於 2018 年 6 月提前報廢。該儀器設備的帳面原值為 1,000 萬元，累計折舊為 900 萬元，帳面價值為 100 萬元。資產管理處孫某建議，該儀器設備的帳面價值不足 800 萬元，未達到財政部門審批標準，報上級主管部門審批即可。

④甲單位按規定程序報經批准於 2018 年 6 月對外轉讓一項股權投資，投資帳面價值為 300 萬元；該投資原由甲單位投出自行研發的專利權形成。轉讓該投資取得收入 380 萬元，另支付相關稅費 2 萬元。財務處李某建議將該投資收入扣除相關稅費、投資收益後的淨額 298 萬元上繳國庫。

⑤甲單位所屬的重點實驗室為國家級重點實驗室。為了更好地發揮該重點實驗室的作用，經上級有關部門批准，甲單位定於 2018 年 12 月 31 日將該重點實驗室分立為獨立的中央級事業單位。本次會議對分立相關的資產評估等事宜進行研究。資產管理處孫某建議，該重點實驗室的分立屬於無償劃轉，不需要進行資產評估。

⑥經過批准，2019 年 1 月 1 日甲單位以銀行存款購入 2 年期國債 120 萬元，年利率為 8%，每年年末計提應收利息，到期一次收回本息存入銀行，假定不考慮有關稅費。

要求：

（1）根據國家部門預算管理、國有資產管理、政府採購、事業單位會計制度等相關規定，逐項判斷事項①至⑤的建議是否正確。如不正確，分別說明理由。

（2）根據資料⑥，按照《政府會計制度》的要求編製：購入國債和到期收回本息的會計分錄（包括預算會計和財務會計分錄）。

【解析】

（1）事項①的建議不正確。

理由：增值稅屬於價外稅，不列入支出預算。

（2）事項②的建議不正確。

理由：實行公開招標方式採購的，自招標文件開始發出之日起至投標人提交投標文件截止之日止，不得少於二十日。

（3）事項③的建議不正確。

理由：資產處置的審批權限按照資產的原值確定，該儀器設備的原值超過800萬元，應報經上級主管部門審核後，報財政部審批。

（4）事項④的建議正確。

（5）事項⑤的建議不正確。

理由：該重點實驗室的分立不屬於無償劃轉；該分立應進行資產評估。

（6）①購入國債的會計分錄。

預算會計：借：投資支出　　　　　　　　　　　　　　　1,200,000
　　　　　　貸：資金結存——貨幣資金　　　　　　　　　1,200,000
財務會計：借：長期債券投資　　　　　　　　　　　　　1,200,000
　　　　　　貸：銀行存款　　　　　　　　　　　　　　1,200,000

②到期收回本息的會計分錄。

預算會計：借：資金結存——貨幣資金　　　　　　　　　1,296,000
　　　　　　貸：其他結餘　　　　　　　　　　　　　　1,200,000
　　　　　　　　投資預算收益　　　　　　　　　　　　　96,000
財務會計：借：銀行存款　　　　　　　　　　　　　　　1,200,000
　　　　　　貸：長期債券投資　　　　　　　　　　　　1,200,000
　　　　　　　　應收利息　　　　　　　　　　　　　　　96,000

二、行政事業單位內部控制

【資料】某市衛生局女出納李某在4年時間裡挪用公款192萬餘元，用於自己和男友趙某消費。經法院開庭審理，李某因挪用公款罪被判處有期徒刑6年。以下是其犯罪過程：

（1）2004年2月，李某作為某醫院新聘用的合同工，被借調到某市衛生局任出納工作。2005年6月，由於該衛生局會計張某休產假，為應對日常資金收付業務，將其負責的財務印章交給由李某代管，以便李某能夠從銀行提取現金。李某以現金支票提現不入帳的方式從單位「借出」第一筆租房款1.5萬元，替男友趙某租了一間房子。李某從單位「借出」第一筆款項時，打了借條，想著日後還回去。

（2）趙某得知女友「有條件」養活自己，便開始了揮霍的日子，他常對李某說，反正從單位拿錢也沒有人知道。於是在趙某的鼓勵下，李某在2005年多次利用職務之便，以現金支票提現不入帳、收款不入帳等手段挪用公款20餘萬元，用於二人的吃喝玩樂。

（3）2006年1月，會計張某回來上班，李某將財務印章交還給張某，張某沒有發現任何異常。2006—2009年，李某以同樣的方式挪用公款170餘萬元。

（4）2009年4月，李某得知有關部門要審計帳目，這才慌了神。經過激烈思想鬥爭，李某最後投案自首。

要求：分析上述資料暴露出某市衛生局在貨幣資金業務內部控制方面哪些缺陷。

【解析】

(1) 出納人員管理不力。李某作為醫院新聘合同工，某市衛生局在未對其職業道德和業務能力進行充分調查瞭解的情況下，將其借調為本單位出納，埋下隱患。

(2) 不相容崗位分離措施無效。該衛生局雖然設一個會計、一個出納崗，當會計休假的時候，會計將財務印章都交給出納保管，致使出納保管了收付款項所需的全部印章，為舞弊提供了便利。

(3) 票據管理薄弱。從李某挪用資金所採用的收入不入帳的做法看，該單位在票據管理上存在薄弱環節。因為收款應當開具收據，如果能夠定期核對票據的存根和收入記帳的數目，應當能發現這一問題。

(4) 貨幣資金核查缺失。該衛生局沒有指定其他會計人員定期和不定期抽查盤點庫存現金、核對銀行存款餘額，導致未能發現現金支票提現不入帳問題。

(5) 監督檢查機制缺失。該單位多年未開展審計，致使李某4年間挪用公款192萬元卻沒有被發現。

參考文獻

[1] 全國會計專業技術資格考試領導小組辦公室. 高級會計專業技術資格考試大綱 [M]. 北京：經濟科學出版社, 2019.

[2] 李岳. 比爾·蓋茨智慧全集 [M]. 北京：中國商業出版社, 2007.

[3] 中共中央文獻編輯委員會. 毛澤東選集（第二卷）[M]. 北京：人民出版社, 1991.

[4] 鄧小平. 鄧小平文選（第三卷）[M]. 北京：人民出版社, 2009.

[5] 《黨的十九大報告學習輔導百問》編寫組. 黨的十九大報告學習輔導百問 [M]. 北京：學習出版社, 2017.

[6] 中華人民共和國財政部. 企業內部控制基本規範　企業內部控制配套指引 [M]. 北京：法律出版社, 2010.

[7] 王健平. 洛克菲勒家族傳 [M]. 武漢：華中科技大學出版社, 2019.

[8] 馬馳. 李嘉誠成就一生大業的資本 [M]. 北京：中國致公出版社, 2002.

[9] 財政部會計司編寫組. 企業會計準則第23號：金融資產轉移應用指南 [M]. 北京：中國財政經濟出版社, 2018.

[10] 財政部會計司編寫組. 企業會計準則第24號：套期會計應用指南 [M]. 北京：中國財政經濟出版社, 2018.

附錄

全書計算公式總覽

第二章　公式

1. 非折現的回收期＝收回投資當年之前的年限＋該年初未收回投資額/該年的現金流量
2. 折現的回收期＝收回投資當年之前的年限＋年初未收回投資額的現值/該年的現金流量的現值
3. 淨現值法（NPV）＝$\sum$ 每年淨現金流入量$\times(P/F, i, n)$
4. 修正的內含報酬率＝$\sqrt[n]{\dfrac{回報階段的終值}{投資階段的現值}}-1$
5. 現值指數＝未來現金淨流量的現值/原始投資額的現值的絕對值
6. 會計收益率＝年均淨收益/期初原始投資
7. 息稅前利潤 EBIT ＝銷售收入－變動成本－固定成本（注意：此處的變動成本和固定成本不包含利息費用）
8. 利潤總額＝息稅前利潤－利息費用
9. 淨利潤＝利潤總額－所得稅＝利潤總額×（1－所得稅稅率）
10. 稅後淨營業利潤＝ EBIT×（1－T）＝＝淨利潤＋利息費用×（1－T）
11. 現金淨流量的計算公式

（1）投資期間：

NCF＝－原始投資的絕對值

原始投資包括固定資產投資、流動資產投資、其他資產投資、機會成本等。

（2）營業期間：

①完整公式：考慮擴大規模有二次投資的情況。

NCF＝稅後淨營業利潤＋折舊＋攤銷 －該年營運資金增加額－該年資本支出
　　＝（淨利潤＋稅後利息）＋折舊＋攤銷－該年營運資金增加額－該年資本支出

②簡化公式：沒有擴大規模二次投資的情況。

NCF＝淨利潤＋折舊、攤銷等非付現費用　（間接法）
　　＝營業收入－付現成本－所得稅　　　（直接法）

＝（收入−付現成本）×（1−所得稅稅率）+折舊等非付現費用×所得稅稅率
（直接法）

（3）終結點：

NCF＝營業階段的年度現金淨流量+回收的流動資金+回收的固定資產殘值或處置固定資產的變價收入−殘值收入或變價收入繳納的稅金

12. 敏感系數＝淨現值或利潤等目標值的變動的幅度/參量值變動的幅度

13. 銷售百分比法（增量法）

公式：外部融資額＝資產增加−負債自然增加−預計留存收益

＝銷售增加額×資產銷售百分比−銷售增加額×負債銷售百分比−預計銷售總額×銷售淨利率×（1−現金股利支付率）

14. 內部增長率＝銷售淨利率×（1−現金股利支付率）/［資產銷售百分比−銷售淨利率×（1−現金股利支付率）］

15. 內部增長率＝稅後總資產報酬率×（1−現金股利支付率）/［1−稅後總資產報酬率×（1−現金股利支付率）］

16. 可持續增長率＝銷售淨利率×（1−現金股利支付率）×（1+最佳債務/權益比例）/［資產銷售百分比−銷售淨利率×（1−現金股利支付率）×（1+最佳債務/權益比例）］

17. 可持續增長率＝淨資產收益率×（1−現金股利支付率）/［1−淨資產收益率×（1−現金股利支付率）］

18. 企業集團外部融資需要量＝集團下屬各子公司的新增投資需求之和−其新增內部留存收益之和−其內部年度折舊額之和

19. 配股除權價格（基準價格）＝（配股前股票市價+配股數量×配股價格）/（配股前股數+配股數量）＝（配股前每股價格+配股價格×股份變動比例）/（1+股份變動比例）

20. 配股權價值＝（配股後股票價格−配股價格）/購買一股新股所需的配股權數

21. 可轉換債券轉換比率＝債券面值/轉換價格

22. 可轉換債券的轉換價值＝轉換比率×股票市價

23. 可轉換債券的贖回溢價＝贖回價格−債券面值

24. EBIT-EPS 分析法（每股收益分析法）公式：

$(EBIT-I_1) \times (1-T)/N_1 = (EBIT-I_2) \times (1-T)/N_2$

當預計的 EBIT＝無差異點時，採用權益方式和債務方式融資沒有區別。

當預計的 EBIT 大於無差異點時，採用債務方式融資較優。

當預計的 EBIT 小於無差異點時，採用權益方式融資較優。

第三章　公式

1. 本量利分析公式：目標利潤＝銷售收入−變動成本−固定成本
2. 比例預算法
（1）銷售利潤率法：目標利潤＝預計銷售收入×預計的銷售利潤率
（2）成本利潤率法：目標利潤＝預計營業成本費用×核定的成本費用率
（3）投資報酬率法：目標利潤＝預計投資資本平均總額×核定的投資資本回報率

3. 幾何增長率 $g = \sqrt[n]{\dfrac{v_n}{v_0}} - 1$

【注意】n ＝報告期年份數−基期年份數

目標利潤＝上年度目標利潤×（1+幾何增長率 g）

4. 上加法：通過留存收益預測目標利潤總額

第一步：企業留存收益＝盈餘公積+未分配利潤

第二步：淨利潤＝本年新增留存收益/（1−股利分配率）

第三步：目標利潤總額＝淨利潤/（1−所得稅稅率）

第四章 公式

1. 投資資本回報率＝稅後淨營業利潤/投資資本平均餘額＝$\dfrac{EBIT \times (1-T)}{投資資本平均餘額}$

其中：投資資本平均餘額＝（期初餘額+期末餘額）/2

投資資本＝有息債務+所有者權益

2. 淨資產收益率＝淨利潤/平均淨資產
3. 經濟增加值回報率＝經濟增加值/平均資本占用
4. 息稅前利潤＝稅前利潤+利息支出
5. 自由現金流（FCF）＝稅後淨營業利潤+折舊和攤銷−資本支出−營運資本淨增加額

6 經濟增加值＝稅後淨營業利潤−投入資本×加權平均資本成本率

【注意】2016 年中央國資委對該公式細化規定如下：

（1）稅後淨營業利潤＝淨利潤+（利息支出+研究開發費用調整項）×（1−25%）

其中，利息支出是指財務報表中「財務費用」項下的「利息支出」；研究開發費用調整項是指財務報表中「管理費用」項下的「研究開發費」和當前確認為無形資產的「研究開發支出」。

（2）投入資本＝調整後的資本額＝平均所有者權益+平均負債合計−平均無息流動負債−平均在建工程（符合主業規定）＝ 平均所有者權益+平均帶息負債−平均在建工程（符合主業規定）

（3）加權資本成本率＝債權資本成本率×（1−25%）×平均帶息負債/（平均帶息負債+平均所有者權益）+股權資本成本×平均所有者權益/（平均帶息負債+平均所有者權益）

（4）債權資本成本率＝利息支出總額/平均帶息負債，利息支出總額＝費用化利息+資本化利息

（5）股權資本成本＝$K_S = R_F + \beta (R_M - R_F)$，具體考核時採用的股權資本成本由中央國資委進行規定。

第七章 公式

一、作業成本法

1. 保本保利模型

（1）傳統的保本保利模型：

保本產銷量＝固定成本／（單價－單位變動成本）
保利產銷量＝（固定成本＋利潤）／（單價－單位變動成本）
（2）作業成本法下的保本保利模型：
保本產銷量＝固定成本／（單價－單位短期變動成本－單位產品分攤的長期變動成本）
保利產銷量＝（固定成本＋利潤）／（單價－單位短期變動成本－單位產品分攤的長期變動成本）
其中：單位產品長期變動成本的分攤＝與作業相關的那部分所謂固定成本／批次／該批次中的產品數量或＝長期變動成本／產品的數量
2. 定價模型
（1）傳統成本法下的定價＝（直接成本＋按照產量分攤的間接成本）×(1+加成率)
（2）作業成本法下的定價＝（直接成本＋作業成本）×（1+加成率）
3. 產品目標成本＝產品競爭性市場價格－產品的必要的利潤
二、混合成本分解方法：高低點法：
求解 $Y=a+bx$ 方程式
1. 單位變動成本 b＝（最高點業務量的成本－最低點的業務量的成本）／（最高點業務量－最低點業務量）
2. 固定成本總額 a＝最高點業務量的成本－單位變動成本×最高點業務量
或＝最低點業務量的成本－單位變動成本×最低點業務量
二、變動成本法
1. 變動生產成本＝直接材料＋直接人工＋變動製造費用
2. 變動總成本＝直接材料＋直接人工＋變動製造費用＋變動銷售費用＋變動管理費用
3. 固定成本總額＝固定製造費用＋固定銷售費用＋固定管理費用
4. 當期利潤＝營業收入總額－變動成本總額－固定成本總額
三、標準成本法
（一）標準成本的制定
1. 直接材料標準成本＝Σ 單位產品材料用量標準×材料價格標準
2. 直接人工標準成本＝Σ 工時用量標準×工資率標準
3. 製造費用標準成本＝Σ 工時用量標準×製造費用分配率標準
4. 產品單位標準成本＝Σ 直接材料標準成本＋直接人工標準成本＋製造費用標準成本
（二）成本差異的計算及分析
1. 直接材料成本差異＝價差＋量差
價格差異＝（實際價格－標準價格）×實際用量
用量差異＝標準價格×（實際用量－標準用量）
2. 直接人工成本差異＝工資率差異＋直接人工效率差異
工資率差異＝（實際工資率－標準工資率）×實際人工工時
人工效率差異＝標準工資率×（實際工時－標準工時）
3. 變動製造費用成本差異＝耗費差異＋效率差異
耗費差異＝（實際分配率－標準分配率）×實際工時
效率差異＝標準工資率×（實際工時－標準工時）

4. 固定製造費用成本差異計算（兩差異分析法）

（1）固定製造費用成本差異＝實際產量下實際製造費用－實際產量下標準製造費用
＝實際工時×實際費用分配率－實際產量標準工時×標準費用分配率

其中，

①實際費用分配率＝$\dfrac{實際費用}{實際工時}$

②標準分配率＝$\dfrac{預算費用}{預算產量下的標準工時}$

（2）耗費差異＝實際製造費用－預算產量下的標準費用＝實際費用－預算產量下的標準工時×標準費用分配率

（3）能量差異＝預算產量下標準固定製造費用－實際產量下標準製造費用＝（預算產量下標準工時－實際產量下標準工時）×標準費用分配率

第八章　公式

一、收益法

1. 企業自由現金流量＝EBIT×（1－T）＋折舊－資本支出－淨營運資本的增加。這裡的企業自有現金流量是指實體流量，包括債權人和股東的自由現金流量。

2. 折現率採用加權平均成本率。

公式：加權平均成本＝股權市值比重×權益資本成本＋債券市值比重×債券利率×（1－所得稅稅率）

其中，權益資金成本的計算方法為：資本資產定價法，公式為 $R_i = R_f + B(R_m - R_f)$

3. 分段折現，然後合計得到企業價值。

【歸納】企業價值＝有限期現值＋無限期現值

【歸納】關鍵是續營期價值的計算模型為：$TV_N = FCF_n \times (1 + g_{FCF}) / (r_{wacc} - g_{FCF})$

4. 哈馬達方程式

β_0 代表無負債的貝塔係數，β_1 為考慮負債的貝塔係數，將 β_0 調整為 β_1 為採用哈馬達方程 $\beta_1 = \beta_0 \times [1 + (1-T) \times D/E]$。

即負債經營的貝塔係數＝無負債的貝塔係數×[1＋（1－所得稅稅率）×負債的市場價值/權益的市場價值]

二、市場法

（一）可比企業法

1. 市盈率作為估值乘數

目標企業股權價值＝目標企業稅後利潤×可比企業的預測市盈率

【注意】稅後利潤要將非經常性損益剔除。

2. EV/EBITDA 乘數（息稅折舊攤銷前利潤）

目標企業價值＝目標企業息稅折舊攤銷前利潤×可比企業的 EV/EBITDA 乘數

3. EV/EBIT 乘數

目標企業價值＝目標企業息稅前利潤×可比企業的 EV/EBIT 乘數

4. EV/FCF 乘數

目標企業價值＝目標企業自由現金流量×可比企業的 EV/FCF 乘數

(二) 可比交易分析法

1. 支付價格/收益比=併購者支付的價格/稅後利潤

目標企業的價值=支付價格/收益比×目標企業當前的稅後利潤

2. 帳面價值倍數=併購者支付的價格/淨資產價值

目標企業的價值=帳面價值倍數×目標企業當前的淨資產價值

3. 市場價值倍數=併購者支付的價格/股票的市場價值

目標企業的價值=市場價值倍數×目標企業當前的股票的市場價值

三、以股權換取股權確定換股比例的是關鍵：

1. 每股淨資產之比：換股比例=目標企業當前的每股淨資產/併購企業當前的每股淨資產

2. 每股收益之比：換股比例=目標企業當前的每股收益/併購企業當前的每股收益

3. 每股市價之比：換股比例=目標企業當前的每股市價/併購企業當前的每股市價

四、併購收益計算：

1. 併購收益=併購後整體企業價值−併購前併購企業價值−併購前被併購企業價值

2. 併購溢價=併購買價−併購前被併購企業價值

3. 併購淨收益=併購收益−併購溢價−併購費用=併購後整體企業價值−併購前併購企業價值−併購買價−併購費用

第九章　公式

1. 權益結算的股份支付公式：

當期費用=（授予人數−實際離開人數−預計離開人數−行權人數）×每人授予份數×授予日每份權益工具公允價值×累計期數/等待期−上期累計費用

2. 現金結算的股份支付公式

（1）應付職工薪酬的貸方期末餘額=（授予人數−實際離開人數−預計離開人數−行權人數）×每人授予份數×每份當年資產負債表日的公允價值×累計年數/等待期數

（2）應付職工薪酬的借方發生額=支付現金=行權人數×行權價格×每人份數

（3）當期費用=應付職工薪酬貸方發生額=（應付職工薪酬期末餘額−期初餘額）+借方發生額

第十章　公式

一、行政單位公式

1. 當年預算支出完成率=年終執行數/（年初預算數+或−年中預算調整數）×100%

備註：上述年中執行數不含上年結轉和結餘支出數。

2. 支出增長率=［（本期支出數÷上期支出總額）−1］×100%

3. 人均開支=本期支出數÷本期平均在職人員數×100%

4. 項目支出比率=本期項目支出數÷本期支出總數×100%

5. 人員支出比率=本期人員支出數÷本期支出總數×100%

6. 公用支出比率=本期公用支出數÷本期支出總數×100%

二、事業單位公式
1. 當年預算收入完成率＝年終執行數／（年初預算數＋或－年中預算調整數）×100%
2. 當年預算支出完成率＝年終執行數／（年初預算數＋或－年中預算調整數）×100%
備註：上述年中執行數不含上年結轉和結餘支出數。
3. 人員支出比率＝人員支出÷事業支出×100%
4. 公用支出比率＝公用支出÷事業支出×100%
5. 人均基本支出＝（基本支出－離退休人員支出）÷實際在編人數×100%
6. 資產負債率＝負債總額÷資產總額×100%

備註：第一章、第五章、第六章無公式。

國家圖書館出版品預行編目（CIP）資料

中國高級會計師考照實務 / 張禮虎 編著. -- 第一版.
-- 臺北市：財經錢線文化，2020.05
　　面；　公分
POD版

ISBN 978-957-680-428-1(平裝)

1.會計師 2.國家考試 3.中國

495.3　　　　　　　　　　　　　109006702

書　　名：中國高級會計師考照實務
作　　者：張禮虎 編著
發 行 人：黃振庭
出 版 者：財經錢線文化事業有限公司
發 行 者：財經錢線文化事業有限公司
E - m a i l：sonbookservice@gmail.com
粉 絲 頁：　　　　　　網　址：
地　　址：台北市中正區重慶南路一段六十一號八樓815室
8F.-815, No.61, Sec. 1, Chongqing S. Rd., Zhongzheng Dist., Taipei City 100, Taiwan (R.O.C.)
電　　話：(02)2370-3310　傳　真：(02) 2388-1990
總 經 銷：紅螞蟻圖書有限公司
地　　址: 台北市內湖區舊宗路二段121巷19號
電　　話:02-2795-3656 傳真:02-2795-4100　網址：
印　　刷：京峯彩色印刷有限公司（京峰數位）

　本書版權為西南財經大學出版社所有授權崧博出版事業股份有限公司獨家發行電子書及繁體書繁體字版。若有其他相關權利及授權需求請與本公司聯繫。

定　　價：750元
發行日期：2020 年 05 月第一版
◎ 本書以 POD 印製發行